产品族设计与再制造主从优化技术

The Leader-follower Optimization Technology for
Product Family Design
and Remanufacturing Processes

马玉洁　著

化学工业出版社
·北京·

内容简介

资源耗竭与生态环境破坏问题的日益严重要求制造企业走“循环”的发展模式，再制造作为产品制造领域实现“循环”的一种有效方式，越来越被人们所接受。再制造理念要贯穿企业产品开发的全过程，不仅要在制造阶段考虑，更要在产品初始设计及再设计阶段就考虑如何实现再制造。本书详细阐述了产品设计与再制造过程不同阶段的交互决策机制，建立了产品设计与再制造过程的联合优化模型，充分利用产品上市后的各类有效数据，开展产品设计与再制造过程的定量优化研究，解决了该主题下存在的若干主从关联优化问题，进一步完善了产品设计与优化的理论体系。

本书适合产品设计与生产建模、分析等专业领域，包括模型仿真、算法设计以及与再制造相关领域的工程技术人员阅读，也可作为高等院校相关专业师生的教学参考书。

图书在版编目（CIP）数据

产品族设计与再制造主从优化技术 / 马玉洁著. —
北京：化学工业出版社，2024.2
ISBN 978-7-122-45284-9

Ⅰ.①产… Ⅱ.①马… Ⅲ.①工业产品-产品设计
Ⅳ.①TB472

中国国家版本馆CIP数据核字（2024）第057393号

责任编辑：陈 喆　　装帧设计：王晓宇
责任校对：宋 玮

出版发行：化学工业出版社（北京市东城区青年湖南街13号 邮政编码100011）
印 装：北京虎彩文化传播有限公司
710mm×1000mm 1/16 印张$13^1/_2$ 字数232千字
2024年6月北京第1版第1次印刷

购书咨询：010-64518888　　售后服务：010-64518899
网 址：http://www.cip.com.cn
凡购买本书，如有缺损质量问题，本社销售中心负责调换。

定 价：128.00元

Preface

前言

面向再制造的产品族设计或再设计过程不仅能够满足消费者差异化需求，还可以有效降低产品拆卸和再制造的难度。但是，由于不同零部件再制造技术的复杂性与专业性，促使更多专业企业加入与协作，这也就导致了在面向再制造的产品族设计与制造过程中涉及的不同决策主体之间必然广泛存在着“主从”的关系。同时，由于产品设计或再设计过程中要考虑再制造或受到原有产品架构的制约，需要对存在“主从”关系的决策主体进行关联考虑和协同优化。因此，本书对由面向再制造的产品族设计与制造过程中衍生出的一些比较有价值的主从关联优化问题进行了深入的研究，具体如下：

研究在产品族设计阶段，面向再制造的产品升级设计与再制造外包的主从关联优化问题。建立了一个基于 Stackelberg 博弈理论的非线性、混合整数的考虑多个再制造商及其外包商的产品族升级设计三层优化模型。此模型为解决涉及一个具有主导地位的决策主体和多个具有主从关系并有关联的两类主体之间复杂的交互决策问题提供了理论支撑。对此三层主从优化模型的求解包含两个步骤，首先通过解析的方法将三层主从关联模型转化为双层优化模型，然后根据双层规划固有的决策机制，采用嵌套遗传算法来完成对双层优化模型的求解。另外，将三层优化模型及算法应用到典型的发动机再制造产品升级设计案例中，通过分析案例结果，给出管理启示。

研究考虑拆卸和再制造的产品族设计主从优化问题，科学阐述和分析了该问题的主从结构框架，建立包含两个从者的双层优化模型，设计了嵌套遗传算法。并以笔记本电脑产品族为案例进行重点分析，将得到的结果与以往的两阶段方法和集成优化方法的结果进行对比，发现主从关联优化方法能更有效地解决面向拆卸和再制造的产品族架构优化设计问题。

研究拆卸后再制造零部件的可重构工艺规划和最优众包承包主从关联优化问题，从实际问题出发，构建了双层优化决策框架，确立了根据特征定义再制造零件族的观点，提出了基于特征的零件族优化设计方案，并分别建立了特征通用性和工艺通用性度量公式。进而解决了在构造函数数学表达式中遇到的一些问题，建立了双层优化模型，并设计了嵌套遗传算法。以一批需要再制造的汽车零部件为例，验证了提出的模型及算法的可行性和有效性。提出了零件族公共特征成本节约参数，并研究此参数的变化对上下层目标函数的影响，从而帮助制造企业和承包企业做出合理决策。

研究基于众包的再制造零部件工艺规划与生产调度主从关联优化问题。分析了在开放制造环境下废旧零部件再制造生产过程，基于构建的主从交互决策机制，建立了双层优化模型，优化了零部件的工艺规划和考虑众包因素的生产调度决策方案。并以汽车零部件为例，通过比较分析，验证模型及算法的有效性。设计了一个考虑众包和库存以及不考虑众包和库存的比较试验，通过分析结果得出管理启示。

本书采用定量优化的方式对面向再制造的产品族设计与制造过程中存在的重要主从优化问题进行研究，并给出了管理启示，对促进面向再制造的产品族全生命周期设计过程的发展和提高有重要的作用，同时对解决面向再制造的产品设计与制造过程中存在的具有冲突目标的科学问题具有一定的指导和借鉴意义。

在本书出版之际，感谢天津大学的杜纲教授，佐治亚理工学院的 Roger J. Jiao 教授以及同行专家的指导意见。在此，向对本书给予帮助的专家同仁一并表示诚挚的谢意。

为了方便读者阅读参考，本书插图经汇总整理，制作成二维码放于封底，有需要的读者可扫码查看。

由于作者的水平有限，书中难免有不足之处，恳请广大读者批评指正。

著 者

Contents

目录

第1章 绪论

现如今，循环经济作为一种指导原则，被广泛采纳，并以此提出各种激励政策来引导企业未来的战略和实践方向[1]。循环经济，顾名思义，是在意图和设计上具有恢复性或再生性的闭环过程，被公认为是一种可以减少资源浪费，同时可以提高企业竞争力的商业模式[2]。在实践中，它是通过一些再利用的方式得以体现的，例如：通过优化从材料到产品成形的各环节，尽可能保证资源的高利用率，同时尽量压缩工业废物的产出[3]。

再制造是产品制造领域里实现循环经济的一种有效手段，可以帮助企业减少自身资源供应的负担[4]。因此，制造企业开始将目光聚集在传统的产品族设计策略，把再制造作为产品族设计的重要考量[5]。目前很多企业都能够提供再制造的产品，如IBM、戴尔、富士施乐、柯达等[6]。通过再制造策略的实施可以在有效帮助制造企业降低成本的同时，显著减少资源浪费和对环境的污染[4]。由于产品设计是实现再制造的重要过程[7]，因此，制造企业为了更好实现资源的再利用，除了在生产阶段考虑再制造，更重要的是在产品初始设计及再设计阶段考虑如何实现再制造过程[8,9]。

产品的再制造设计是产品设计中的一部分，在产品设计阶段考虑再制造的优化设计决策方案会对产品的再制造环节产生直接影响。例如：Hatcher指出，要在产品设计阶段就将再制造纳入考虑，否则，产品生命周期末端的一切考虑都是没有意义的[10]。同时再制造平台数据也能充分证明产品设计的重要性：通过设计具有最佳材料利用率和零部件组合的产品，可以减少60%的碳排放[11]。基于面向再制造的设计，可以通过降低废物管理成本、减少拆卸时间和提高重新进入生命周期使用阶段产品的产量等方式来赚取资金[12]。另外，由于产品里各零部件的使用寿命不同，往往会出现整体评估还可以继续使用，但是局部性能不满足的情况。此时，就需要通过再制造，恢复产品整体的性能。再制造主要适用于仍有部分剩余价值的产品或零部件，通过再制造生产的产品可直接使用，而再制造的零部件可以应用到新产品或再制造产品中。然而目前针对面向再制造设计的研究主要集中于提高产品的再制造性或考虑再制造产品如何与新产品的竞争方面[13-16]，只有少部分研究关注了面向再制造的产品设计的优化问题，而在这些少部分研究中又主要将产品设计与后续的制造过程分离，作为两个阶段来分别优化，并且假设后续的再制造过程不能改变产品的架构与配置设计。

面向再制造的产品升级设计过程，是实现循环经济的又一重要方式。

考虑升级的产品再设计，既可以提高产品功能和性能，以便应对技术创新和顾客对产品不断演变的价值决定因素；又能通过保持核心部件的使用时间，节约社会资源，减少原材料的消耗[17]。面向再制造的产品升级设计策略对在闭环产品生命周期方面的优化至关重要，而产品的模块化设计是实现具有再制造组件的产品升级的关键[18]。模块化的设计可以将改进的组件与原始稳定的组件隔离开来，从而仅通过更换改进模块实现升级[19,20]。模块化架构具备许多优点。从制造商的角度来说，公司可以将先进的技术应用到某一特定部件中，只需要对某一模块进行重新设计和生产，而不用对产品整体进行重新设计和生产，从而实现开发和生产成本的最小化。在用户方面，消费者不必更换整个产品，只需要更新某一特定模块就能体验最新的技术成果，有效节省开支。从经济和社会发展的角度来看，产品的模块化升级可以减少废旧产品的产生，降低能源和其他自然资源的消耗[13]。因此，在过去的几十年里，有大量关于模块化的产品族设计或升级设计的研究文献，其中大部分是通过建立数学规划模型以及启发式算法来实现产品设计或升级设计优化的。虽然此类研究较多，但其中将再制造模块纳入产品设计或升级设计的优化研究还较少。

为了提高生产效率，保障再制造活动的顺利实施，对于复杂产品的再制造或对功能结构有特殊要求的产品的再制造，其产品架构和再制造产品配置需要与再制造实现关联考虑和协同设计[14]。再制造的实现从广义上讲包含若干环节，其中，拆卸是产品进行再制造过程中的重要步骤之一，是进行再制造的基础，再制造是将老旧零部件形状、尺寸以及性能等进行修复的过程，因此需要先拆分得到零部件[21]。此类核心环节的顺利实施，同最初的产品设计与规划是密切相关的。不仅产品的设计会影响再制造活动，同样的，再制造的实现也会反向影响产品的设计与规划。

由于再制造过程中旧的零部件可用性不确定，以及再制造工艺的复杂性，导致面向再制造的产品生产的难度增加，传统的制造模式不能高效完成零部件的再制造生产[22]。同时，随着制造业的日趋信息化[23]，现代再制造业正面临颠覆性的变化[24]，开放制造模式逐渐成为制造业发展的主流[25]，越来越被人们广泛接受[26]。开放制造是基于开放设计的原则，以开放、协作和分布式的方式进行生产的过程，它可以使制造商充分利用协作的优势，专注于自己的核心技术，提升企业的竞争力[27]。因此，开放的制造模式更有利于再制造零部件的生产加工。外包和众包是比较主流的体现开放制造的方式。外包和众包的引入决定了开放制造环境下再制造的实现同自制或外购决策、众包承包商的选择问题密切相关。因此，再制造的成功实施不仅与产品设计、再设计息息相关，与开放环境下自制与外购决策以及承包商选择等环节也是密不可分的。

在再制造产品设计和实现的过程中，必然涉及多主体之间的关联，比如制造商和承包商，而这些主体之间往往是“主从”结构，比如以制造商为主。因此，“优化”作为设计中的核心环节也往往具有“主从关联”结构。同时，双层规划作为数学规划的一种体现形式，可用来处理具有两层递阶结构的多决策主体之间的分布式系统优化问题，已在不同领域的研究中得到了广泛的应用，其理论和计算求解方法也得到了深入研究[28-30]。其中，由于面向再制造的产品设计与制造往往关乎的不止是一个决策主体，它们之间的决策目标往往也不同，甚至在有些情况下会存在相互冲突的现象，基于 Stackelberg 博弈理论的双层规划方法被广泛用来解决产品设计和开发过程中可能会面临的优化决策问题[31-41]。同时，也有在面向再制造的产品族设计与制造过程领域的部分研究文献中使用了双层规划方法来分析或解决存在的主从关联优化问题[42-44]。通过对面向再制造产品族设计与制造过程决策研究现状的分析，本书发现了目前研究中存在的问题及不足，认为 Stackelberg 博弈理论和双层规划方法对本问题的进一步研究具有重要的意义。

本书的研究内容可以为决策者进行再制造产品设计与制造过程决策提供参考，研究了面向再制造外包的产品族设计问题，面向拆卸和再制造的产品族设计问题，以及再制造零件的可重构工艺规划与最优众包承包、生产调度策略选择问题。相关研究可以更清楚反映面向再制造的产品族设计与制造过程之间涉及的不同主体之间的交互影响决策过程，并进一步对面向再制造的产品族主从关联优化决策链及决策方法的研究提供支撑。

基于以上背景和研究意义，提炼出本书的科学问题：面向再制造的产品族设计与制造过程的主从关联优化。本书的总体研究目标为：在面向再制造产品族设计与制造过程的相关研究的基础上，主要针对设计与制造过程中的主从关联优化问题进行深入研究，提出基于博弈理论的多层优化方法，着重对面向再制造产品族如何设置决策机制，如何构建优化模型，以及如何进行算法求解和对计算结果评估等一系列步骤开始研究。并通过对面向再制造的产品族设计与制造过程中涉及的实际案例进行结果分析，依此对提出的主从优化方法和所使用的求解算法的有效性、可行性进行检验，作为相关决策的理论依据。

本书第 3 ～ 6 章的主体结构主要是围绕面向再制造的产品族设计与制造的若干过程而展开的，主要涉及制造企业、再制造企业、拆卸企业以及这些企业可能会涉及的外包或众包承包企业。①在循环制造的背景下，为了满足消费者随着时间的推移，对于产品功能、性能以及美观程度要求的不断提升，同时增加市场对再制造的接受度，面向再制造组件的产品升级设计是制造领域应该考虑的一个重要问题，是目前产品设计的主流。同时，由于再制造过程的特殊性和复杂性，再制造过程往往涉及外包或众包等形式。因此，本书在第 3 章首先研究了较为典型的产品族升级设计问题——面向再制造外包的产品族升级设计。②在第 3 章中主要考虑了如何更好地利用再制造组件，再制造组件是由产品拆卸而来的，拆解对再制造有重要影响。影响拆卸效率和拆卸后零部件完整性的关键因素是产品设计过程中的架构和组装方式。出于对产品的拆卸和再制造因素的考量，在第 4 章侧重研究了产品设计阶段考虑产品拆卸及再制造问题。③在第 4 章中，所有组件的拆卸和再制造由企业独立完成。为了提高生产效率，同时顺应在互联网背景下开放制造的趋势以及考虑到再制造过程面临的工艺复杂性和特殊性，企业需要考虑组件再制造的进一步众包行为。在第 5 章研究了拆卸后零部件的再制造工艺规划与最优承包选择之间的相互影响过程，构建了一个再制造零部件加工与最优众包承包决策的主从优化模型。④众包承包商的生产决策不仅依赖于零部件的工艺规划，同时也对再制造零部件的工艺规划产生影响，在开放制造环境下，再制造零部件的工艺规划与生产调度的联合考虑非常必要。第 6 章在第 5 章的基础上，更进一步分析了工艺规划和生产调度的联合优化问题。图 1-1 为本书逻辑结构图。

本书对面向再制造产品族设计与制造过程的优化问题进行了细致和深入的研究，基于管理科学方法论，提出了本书的研究技术路线。首先，通过阅读国内研究文献以及经典著作，学习面向再制造的产品族设计与制造领域的基本理论和研究方法，同时穿插实际的企业调研，了解目前这个领域的基本概念和研究前沿以及企业遇到的实际瓶颈或难题，分析可能存在的不足。其次，将理论研究与实际情况相结合，识别可以研究的主体，并提炼和形成关键的优化决策问题，对该问题进行分析描述与情景假设，提出解决问题的方法。最后，基于博弈优化理论和方法、产品设计理论和设

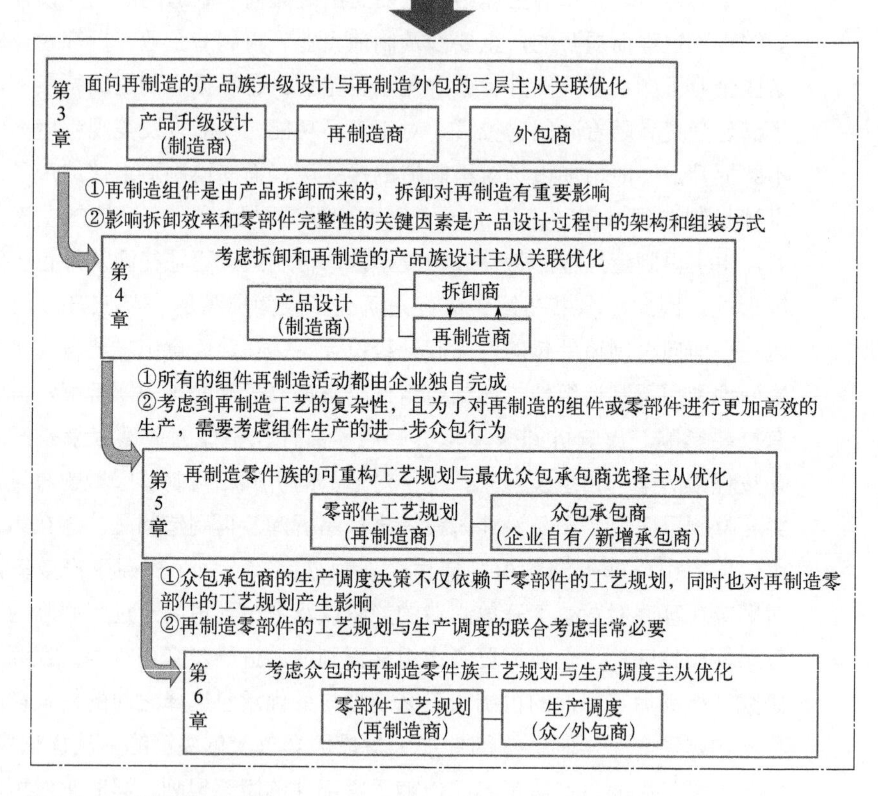

图 1-1　本书逻辑结构图

计方法等研究方法构建主从交互决策框架，以此为基础建立数学规划模型，设计求解双层规划的框架，开发求解模型所用的算法；通过对典型的再制造案例的分析，验证提出优化问题和求解算法的有效性和可行性。

本书研究的技术路线如图 1-2 所示。

图 1-2 是本书的技术路线，其中研究主体部分的逻辑思路大体可以概括为以下四点：

① 相关研究综述。精读面向再制造的产品族设计与制造过程及涉及的相关领域的经典综述文章，大量查阅国内外关于产品族设计、面向再制造的设计、再制造零部件工艺规划与生产调度、承包商选择和双层规划及其在产品设计与开发中的应用等方面的文献，并加以整理形成综述，从整

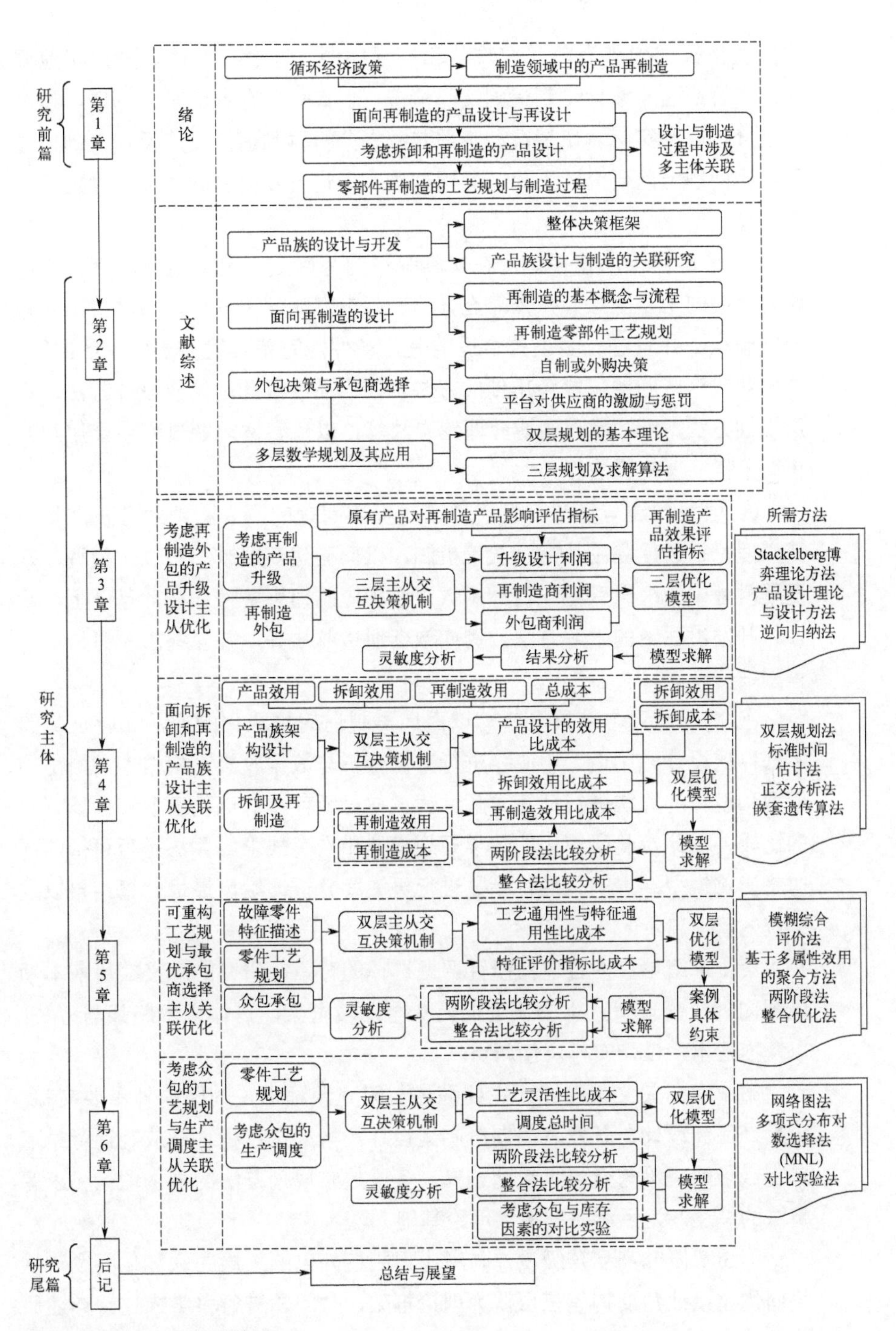

图 1-2　本书的技术路线图

体出发把握国内外当前研究现状和前沿问题。同时，对企业进行实地调研，了解产品族设计与制造的实际情况，咨询目前存在的难点问题。通过文献分析以及实际调研情况，整理并深入分析再制造产品族设计与制造过程优化问题当前研究的不足，明确这些不足进一步研究的意义，确定了研究问题。

② 关键决策问题提炼。在文献综述的基础上，定位出突破这些不足所要克服的主要困难，并依靠充分的实际考察和理论分析，精准找出问题的突破点，并且进一步设置合适的假设条件，完整表述将要研究的问题。提出解决这些问题可能会用到的方法，如产品族设计理论与设计方法、双层规划方法、Stackelberg 博弈理论方法等，以及案例求解过程中会用到的正交分析、遗传算法等。

③ 模型构建与算法开发。通过对提炼问题的深入和细致分析，基于博弈理论框架建立主从交互决策机制，以此构建双层或三层优化模型，并设置模型中的决策变量、目标函数以及相应的约束条件。在此基础上，设计和开发出适当的求解方法，例如嵌套遗传算法等，并介绍求解算法的流程和细节设计。

④ 案例研究与结果分析。以面向再制造的模块化的产品和特征化的零部件的设计和制造为中心，进行案例分析与数据收集。根据本书提出的模型和设计的算法进行计算求解。通过与已经存在的优化模型和计算方法的比较，以此检验所使用的数学规划模型和嵌套式求解算法是否可行，同时将影响模型结果的关键性参数进行灵敏度分析，给出最优计算结果以及相应的管理启示。

第 1 章绪论，内容包括研究课题选择的背景，研究的意义，目前本领域国内外研究现状，本书研究的目标与逻辑框架，具体技术路线与方法，以及描述本书工作安排及创新点。

第 2 章相关文献综述，主要综述与研究课题相关的国内外重要文献，包括产品族设计与开发、面向再制造设计及再制造过程、开放制造背景下自制或外购决策与众包承包商选择、多层数学规划方法的基本理论和求解算法的综述，为后续研究提供理论基础。

第 3 章研究产品升级设计与考虑再制造外包的三层关联优化问题，从协同优化设计角度构建三层博弈理论框架，对问题进行科学描述，详述研究背景，建立三层优化模型。产品升级设计作为第一层，第二层是再制造活动，第三层是考虑再制造的外包活动。根据三层优化模型开发了混合算法，应用于发动机产品族的升级架构设计案例，通过分析案例结果，给出管理启示。

第 4 章研究产品设计与考虑拆卸和再制造的主从优化问题。拆卸是产品再制造或产品维修的第一步，也是非常重要的一步。因此，描述了面向拆卸和再制造的产品族设计的研究策略，同时考虑到该问题中的主从关联结构，构建出基于 Stackelberg 博弈理论，考虑不同拆卸和再制造方案下的主从优化框架，优化了产品设计方案和考虑拆卸和组件再制造两方面因素的最优决策方案。设计了 0-1 非线性、整数双层规划模型，并开发了与双层优化模型求解思路相一致的双层嵌套遗传算法，随后借助笔记本电脑产品族的案例进行了重点分析。

第 5 章研究了拆卸后再制造零部件的可重构工艺规划和最优众包承包主从关联优化问题。从实际问题出发，构建了双层优化决策框架，建立了以考虑零件族可重构工艺规划为主，最优的众包承包决策为从的非线性 0-1 整数双层规划模型。模型上层以最大化零件族工艺通用性、特征通用性以及再制造可靠性比成本为目标，下层以最大化特征评价指标比成本为目标。本章开发了嵌套遗传算法，以简化的一批需要再制造的汽车零件为例，来验证提出的模型及算法的有效性。同时，将结果与整合优化方法和两阶段优化方法进行比较，并对模型中的多个参数进行联合灵敏度分析，得出管理启示。

第 6 章研究了考虑众包的再制造零件工艺规划与生产调度主从关联优化问题。利用主从优化决策机制，有效阐述和分析了该问题的主从结构框架。设计出一个双层优化模型，模型上层再制造零件族工艺规划考虑了废旧零件在加工过程中与普通零件的不同之处，增加了添加操作和去除操作两个方面的考虑，以一批零件的工艺灵活性为目标；模型下层考虑生产调度问题，以加工总时间最小化为目标。给出典型的在开放制造环境下一批汽车零件的再制造案例，并通过本书提出的遗传算法求解出案例中的函数模型。经过进一步比较和分析，检验了本书中模型及算法的可行性。对模型中的关键参数进行了灵敏度分析，并给出管理启示。

后记对本书的主要工作进行总结，讨论本书的局限性并指出未来的研究方向。

本书从主从关联优化的角度出发，对开放制造环境下面向再制造产品设计与制造过程中存在的由主从交互设计模式衍生出的一些比较有价值的主从关联优化问题进行了深入的研究，建立了若干主从优化决策机制，为再制造产品设计提供一种新的思路和优化方法。本书的成果可以简单总结为三点：

① 针对现实典型的一类三层结构主从交互的面向再制造产品族升级设计问题，建立了考虑再制造的产品族升级设计者与再制造商和再制造外包商关联决策的三层主从关联优化模型。该三层模型有两方面的特点，一是，产品族设计者与再制造商之间是“一对多”的主从关系；二是，再制造商和再制造外包商之间是“多对多”的主从关系，且多个再制造商之间可能存在竞争，多个再制造商和多个外包商之间的主从结构不可以用相互独立的多个双层优化模型来描述。因此，三层规划不是一个普通的双层数学规划的简单扩展，它不仅只有双层规划的属性，还有更加丰富的其他属性。模型中的“再制造”与“升级”的特色体现在设置了再制造成本节约参数和考虑再制造的升级产品销售价格弹性系数参数，有效明确了再制造产品的成本控制，并对企业给再制造产品的定价提供参考。设计了一种将逆向归纳法和嵌套遗传算法相结合的求解方法，并进行了应用案例分析。

以往针对面向再制造的产品族设计阶段的研究，主要关注的是可再制造的特性，以及如何提高再制造的能力，而本书侧重的是在面向再制造的产品族设计阶段考虑升级，融入了模块的新增、变更和拆分三个部分。同时，考虑到企业对具有特殊工艺的再制造加工技术会采用外包的形式进行生产制造的实际情况，本书增加了第三层再制造外包商的决策，为考虑再制造的升级设计与实施提供了更为完整的解决方案。

② 针对产品族设计者与拆解商和再制造商之间的主从交互设计问题，建立了产品族架构设计与拆卸和再制造两个主体之间协同设计的主从关联优化模型。模型下层分别是决策拆卸方案的选择和再制造方案的选择。模型中的“拆卸”和“再制造”的特色体现包括拆卸和再制造的效用、成本组成、产品连接方式的选择、产品和模块拆卸及再制造方案选择约束等。本书以双层嵌套遗传算法对上述模型进行求解，并进行了应用案例分析。

以往的研究是将产品族设计与拆卸和再制造分为不同的阶段考虑，在设计阶段只考虑产品族问题，当产品首次完成整个生命周期才会考虑产品的拆卸和再制造。本书提出在产品族设计阶段就把拆卸和再制造纳入考虑，通过案例分析，我们发现，在产品族设计时考虑拆卸和再制造问题，除了能够给顾客带来更好的用户体验外，还有另外两方面的优势：一是，有效增加拆卸后零部件的完整性和可再利用性，节约了再制造环节的成本；二是，从产品的全生命周期考虑，提升了产品再制造的效率，给企业带来了更大的利润。

③ 考虑了众包和外包的生产方式，通过对零部件再制造的工艺路径、众包承包及生产调度的选择来优化再制造过程，建立了再制造零部件的工艺规划与最优承包选择及生产调度方式选择协同设计的主从关联优化模型。模型中的“再制造”特色包括从损伤特征到工艺路径的转化和再制造时间处理等。同时，将组件的通用性纳入双层规划模型中，并解决了实际问题抽象建模过程中的若干技术难点。

以往的研究没有把外包的特殊性以及众包的决策纳入再制造产品生产过程中，未能体现出零部件的工艺规划与外包或众包制造下承包商选择的关联决策过程。本书提出将工艺规划和众包承包商选择，以及生产调度问题联合考虑，通过案例分析，验证了本书建立的模型和算法具有更好的优化结果。

第2章 产品设计与再制造技术

2.1 产品族设计与开发

2.1.1 整体决策框架

产品族是拥有共同的一个产品平台的一组类似但又具有各自特定特性/功能的产品组成的集合。由于产品族中有一系列功能不同、特征各异的产品，能很好适应各类顾客的分类细致的产品需求[37]。人们将产品族中特征明显的每一种称为产品变体，有时候也称为定制产品[45]。在生产同一个产品族的产品时会共用相同的组件、技术、接口等，甚至有的流程、子系统都是共用的。而这些共用的要素共同组成了产品族的生产平台，是这一类产品族的公共基础[46, 47]。针对分类明确的细分市场都有一产品族与之对应，而对于具体顾客的需求，产品族中的不同产品变体可以更加精准地来匹配[45]。

产品族的定义在十几年前被提出，随着此后的不断发展，产品族逐渐成为大规模制造中的核心概念之一，并且无论是对工业界还是理论界都产生了显著而深远的影响[48]。例如，近些年德国的大众汽车集团市场成绩显著，这与大众集团推行的基于产品平台的产品族战略是分不开的。大众集团在产品平台的开发和更新方面融入了大量的研发技术，换来的是在市场竞争中表现出的强劲持续的竞争力。图 2-1 是关于产品族设计和开发的完整决策流程框架，阐述了产品族设计的一般过程，该框架是在 2007 年 Jiao 等[45] 在对产品族设计和基于平台的产品开发等研究进行综述时提出的。随后，Pirmoradi[49] 等对该领域 2007 年之后的相关文献进行了综述，对产品面向再制造的设计与再设计过程的研究内容进行了补充，同时将整个的产品族设计与开发过程划分为三个不同阶段[45, 49]：首先是前端问题，此部分内容主要包括产品族的具体定位以及产品的组合，用确定的产品功能需求替换顾客的具体需求；其次是产品族问题，根据能够满足潜在制造约束的功能需求，设置适当的设计参数，此部分主要涉及产品平台设计、产品族架构设计、产品族配置设计、模块化和通用性之间的权衡设计以及产品族设计支持系统；最后是后端问题，此部分涵盖了产品或零部件的可制造性、制造过程中的工艺规划、供应链平台设计和资源配置、再设计和柔性平台设计等。最后这一阶段主要涵盖了产品族的制造、生产以及供应链相关问题。

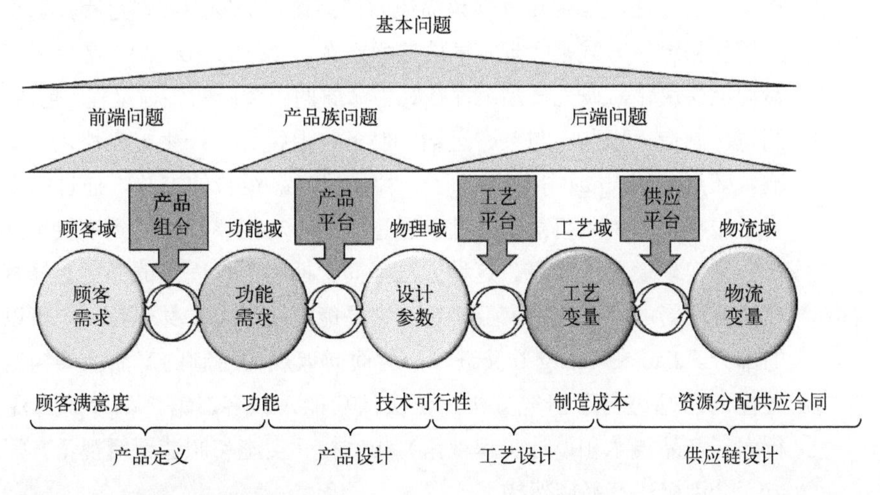

图 2-1　产品族设计的一般过程

2.1.2 产品族设计优化

产品族因其特殊性故需要专业的设计方法[50]。基于产品平台的产品族设计方法大致可以分为二种，分别是可伸缩产品族设计以及模块配置产品族设计[45]。其中，可伸缩（即参数化）产品族设计是利用伸缩变量在一个或多个维度上“拉伸”或“收缩”产品平台，以满足客户的各种需求[51]。模块配置产品族设计的目的是构建一个高度模块化的产品平台，不同的产品族成员只需要简单对一或多个功能模块进行添加、删除、更换就可以制造出来[52, 53]。在本书中，将聚焦于对模块配置产品族设计的研究。

早期的模块配置产品族设计主要是关于产品族决策框架和方法的研究。Ulrich[54] 按照产品设计的以下两个特点来定义模块化：产品设计中功能架构和实际功能的相似程度；尽量减少物理组件之间的偶然交互作用。Jiao 等[55] 提出了一个基于产品族架构的三视角表示方案：第一个是功能视角，它从客户和销售部门的角度描述产品系列，即功能领域；第二个称为技术视角，位于物理领域，由通过优化设计参数之间的可重用性来识别的设计构建块存储库组成；第三个为结构视角，描述了根据特定客户需求从构建块配置到最终产品的综合知识的过程。在此基础上，Jiao 和 Tseng[56] 从实际功能、技术特点和物理视角三种维度下研究面向大规模定制的产品族架构的方法，其中物理视角描述为产品设计的物理实现过程，通过不同的模块和组装方式来实现不同的技术问题。Gershenson 等[57] 考虑了产品生命周期模块化，研究产品组件在其生命周期中经历的各种过程（包括开发、测试、制造、组装、包装、运输、服务、退役等）产生的模块化和交互影响。随后，Dahmus 等[58] 展示了一种构建产品组合的方法，通过在产品族中重用模块来利用可能的共性。通过一种将功能模块映射到模块矩阵的方式，来实现模块的共享。这种方法不同于拥有一个固定的通过选择替代的模块开发新的产品变体产品平台，它是能够使平台本身作为一个可以选择的部分。Jiao 和 Tseng[59] 又进一步对面向大规模定制的产品族架构这一基础性的问题进行了研究分析，依次从功能（顾客、销售和市场的视角）、行为（产品技术和设计工程视角）和结构（实施和制造逻辑视角）等不同方面分别描述产品族架构。

近年来，产品族设计在不同的领域内被广泛应用，其设计优化方法也在不断扩展。Jiao 等[60] 进一步提出了协调产品和工艺变化的工艺平台概念。从一般产品和工艺结构、一般规划和一般变体表示等方面研究了工艺平台的基本问题，对基本模块化的产品族设计进行了进一步延伸拓展。Moon 等将产品平台的设计理念，通过集成面向对象的概念开发出用于捕获和重用服务族设计下的服务过程，并定义了表示服务和行为的属性。Jiao[62] 将产品设计同个性化和大规模定制联系到了一起，基于用户体验、产品差异化和协同创造的多元视角，讨论了面向客户和企业的产品协同设计问题。Fujita 等[63] 提出了“全球产品族”的概念，描述了其组成部分和复杂性，并在此基础上，提出了在给定的产品体系结构和供应链配置下，将选择模块生产、装配和最终分配的制造场所作为问题的实例，同时建立了模块通用化策略问题的数学模型。Tang 等[64] 在产品族配置设计中同时考虑了客户满意度和环境影响，并建立了一种分别以顾客满意度和碳排放量为目标的新型双目标优化模型。Wang 等[65] 研究了再制造产品族优化设计问题，将再制造产品规划、再制造参数选择纳入产品族设计中，开发了以公司总利润和碳排放量为决策目标的决策模型，并用遗传算法进行求解。

2.1.3 产品族设计与制造的关联研究

产品族设计与制造是两个紧密相连的过程。近年来，随着工业物联网和智能数据分析的不断进展，使企业能够转向一个开放的制造范式。这使得关于产品族设计与制造的关联问题的研究变得越来越受重视。例如：Jiao 等[60] 研究了基于平台规划的大规模定制制造中产品变体从设计到生产协调优化问题。Gray 和 Charter[66] 将产品设计和产品的再制造生产过程中的各个环节结合考虑，包括了设计与回收、拆卸、再制造以及升级等。Sundin[7] 研究了面向再制造的产品设计、工艺设计与制造中存在的问题，详细介绍了面向再制造的产品设计与制造过程之间的关联影响，以及如何改进再制造过程以促进高效生产等问题。

除此之外，一些学者基于博弈理论研究了产品族设计与制造的关联问题。Esmaeili 等[67] 分别在非合作和半合作博弈下分析了一个制造商、一个代理商和一个客户之间的交互影响，从而给出制造商的最优销售价格、保修期限和保修价格以及代理商的最优维护成本和维修成本。Liu 等[68] 建立了竞争产品线设计问题的 Stackelberg-Nash 博弈机制，模型中以新进入市场的公司为主者，已有的公司为从者，从者之间按照 Nash 均衡进行博弈，最终得出最优的产品线规划。Hernandez 和 Mistree[34] 基于博弈理论和一个妥协决策支持框架，研究了产品设计与制造的协调优化问题。Vishal 等[69] 建立了一个考虑模块升级能力设计与制造过程中考虑降低环境影响和提高利润的博弈模型。结果表明，虽然模块化的升级可能会加速部分制造子系统的替换，但它会延迟其他子系统的替换。同时，由于更频繁的引入和更换会加速淘汰，导致模块化的可升级性会使得某些产品的环境影响增加。

很多学者通过建立产品族设计与制造的优化模型，来研究二者的关联优化问题。Du 等[70] 建立了一个混合 0-1 离散和连续变量的非线性双层优化模型，用于优化产品族架构配置与参数设计的关联优化问题，分别以产品族的单位成本效用比和属性技术性能为目标，该模型中的属性优化与以往通常的属性优化模式不同，这里的属性拓扑结构不是固定的，而是可随配置进行选择和优化的。Sinha 等[71] 提出了一个多周期、多领导 - 跟随者 Stackelberg 博弈竞争模型。同时优化扮演主者地位的巨头公司在不同时期的产品制造生产水平、投资额和营销支出组成以及相应的小型公司的产品制造水平、投资和营销支出，并采用嵌套双层进化算法对模型求解。Liu等[72]建立了基于博弈理论的动态交互的双层优化模型，研究了产品族配置与供应商选择的协同演化问题。Wang等[65]研究了再制造产品族优化设计问题，建立了一个多目标数学规划模型。Fujita等[63]针对基于产品平台的产品族设计与供应链问题，建立了一个混合整数数学规划模型，用于研究面向全球化的产品族通用性模块策略与生产制造、产品组装和销售企业的全球布局。Mangun和Thurston[73]将产品设计与组件在生命周期结束后的重用与再制造等联合考虑，针对多属性优化问题架构出混合整数数学规划模型。Kwak和Kim[74]建立了一个混合整数数学规划模型，以制造企业的总利润最大为目标，将产品设计与新产品制造和再制造联合考虑。Kim和Kwak[75]通过建立两个混合整数优化模型，来比较产品设计与不同回收假设下再制造过程的联合决策。Wu等[76]研究了在开放制造环境下，基于众包产品族设计与延迟制造的联合优化问题。Pakseresht等[77]建立了基于Stackelberg博弈理论的产品族与供应链协同重构双层多目标优化模型。同时优化了产品族架构设计与包含供应、制造、组装和分销等供应链决策。Shang和You[78]提出了一个有效的不等价鲁棒优化方法，解决了在需求不确定的情况下进行生产规划和调度的问题。Chung等[79]提出了一种基于动态规划的定量优化方法，以帮助产品升级规划找到最优的升级计划，并结合相应的制造技术，达到对制造系统性能影响最小的情况下，使得总成本最小。

2.2 面向再制造的设计

2.2.1 再制造的基本概念与流程

再制造的应用起源于第一次世界大战，通过对坦克的再制造，再制造技术首先在工业层面发挥了作用[66]。再制造业在第二次世界大战期间得到了振兴，当时许多制造设施从普通生产转换为军事生产，在物资匮乏的情况下，为了保持社会的生产运行，很多使用中的产品都是再制品[7]。直到20世纪70年代后期，才逐渐开始了再制造的理论研究。目前，在学术界关于再制造的定义，有两种比较主流：一种是由 Haynesworth 和 Lyons[80] 提出的，另一种是由 Amezquita 等[81] 提出的。Haynesworth 和 Lyons[80] 认为再制造不仅仅是对破损物品的维修（Repair），也不是对产品的修复（Reconditioning），而是将产品恢复到新的状态的一种工业过程。同时，恢复后新的产品往往是由新的零部件和旧的零部件共同组装而成的，如果有必要，其性能可能会优于原始的新产品。该定义没有指出再制造的产品恢复到新的状态的程度。Amezquita 等[81] 认为再制造是通过重复使用、修复和更换部件等步骤，使产品恢复到新的状态，并给出了重复使用和修复的定义。重复使用是：从使用过的产品中选择好的零部件进行使用。修复是：通过表面处理、喷漆等方式重建一个产品的功能或性能。由此可知，再制造区别于新产品设计的一个重要特征属性是：再制造产品会受到新产品的架构及配置的制约，但新产品不会。在这两种定义基础上，Ijomah 等[10,82] 的研究进一步丰富了再制造的定义，在他们看来，再制造是将已使用的产品通过一系列工艺修复到与新品有同样的质量保障，并且在功能上也与新品有类似的状态。为更准确反映再制造产品的质量水平，在该定义中首次将质量保障作为一个指标，并且开创性地将再制造与维修、修复进行区分，阐述出再制造的不同点。Ijomah[83] 也在研究中对维修（Repair）、修复（Reconditioning）做了如下定义：

维修：只是对产品中指定故障的校正。维修后的产品同样有质量保证，但只针对已更换的零部件。

修复：将旧产品恢复到令人满意的工作性能的过程，这种工作状态可能低于新产品的功能状态。也就是说，修复后的产品质量要低于由原始设备制造厂商生产的新产品的质量。修复后的产品的售后服务要少于全新的产品，且服务只针对易磨损部件。

进入再制造过程的废旧 / 破损产品通常被称为“核心”（Core），再制造过程依次是：分类，检测，拆卸并进行清洗，可制造零部件替换，不可制造新件替换，重新组装，功能测试[84, 85]。以上步骤并不是一成不变的，不必墨守成规，实际操作时可根据产品种类、再制造零部件特点、数量等因素做适当的调整，本书仅描述了再制造的一般流程，如图 2-2 所示[83]。以摩托罗拉公司手机再制造过程为例，首先是对产品进行检测，找出损坏的零部件；其次对损坏部分进行拆除，回收报废零部件；然后将新备件和手机上拆除的完好备件重新组装产品；最后是对组装后的产品进行清洗和测试，以确保其正常工作。值得注意的是，在此示例中省略了修复步骤，因为损坏的部件被直接替换为新部件或备件，而最后一步的清洗操作是为了将上一位产品用户中留存的数据进行清除。另一个在全球较为典型的再制造案例是康明斯公司的再制造发动机生产过程：①拆卸发动机，对可以再制造的发动机进行拆卸，拆解成为各种组件或模块。②清洗零部件，清洗拆卸后零部件上的污垢。③机械加工和表面处理，把一些配件重新加工到所需的尺寸，并对其进行密封和表面处理。④装配，遵循发动机部件的装配顺序，利用新件及再制造件，重新组装为一台新发动机。⑤检测，首先通过对发动机的冷测试验检测压缩机的流油量，其次对发动机进行防漏测试以对发动机的水腔进行检测。从以上两个例子可以看出，既可以先"拆卸"，之后进行"检测"操作（如：探伤），也可以先进行"检测"操作。实际操作中，往往在对回收的旧产品进行分类时就一同完成了对外观的检测，而更加细致的检测一般都放在产品清洗步骤之后[7]。当然，不同产品的不同特点也影响了再制造的过程。因此，每一个再制造过程都是独特的，对于特定的产品类型，总是有必要选择一个有效的再制造策略。

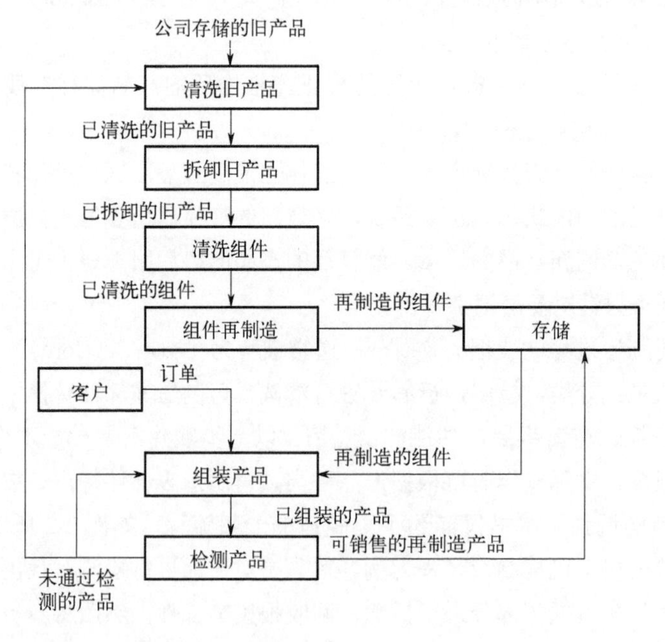

图 2-2　再制造的一般流程

2.2.2 面向再制造的设计

再制造设计（Design for Remanufacturing）是环境设计的一个重要分支，它与再循环设计（Design for Recycling）共同作为可持续产品设计概念的关键要素[86]。研究表明，产品在设计过程中的决策对产品能否再制造、以及再制造的难易程度都有显著的影响[10]。“再制造设计”作为一种设计活动的概念产生于人们认识到再制造的许多技术障碍可以在产品设计阶段被调整并改变[83, 87]。目前没有公认的关于再制造设计的定义，不同的文献对再制造设计的定义不同，例如：在 Shu 和 Flowers[88] 看来，再制造设计是为再制造过程中涉及的任何步骤提供便利的产品设计。Nasr 和 Thurston[89] 的研究丰富了再制造设计的内容，他们认为不仅要考虑产品的运营战略，还应该考虑实现再制造的各种具体设计细节。朱胜等[12] 对再制造设计具有更加广泛的理解，他认为再制造设计是一个完整过程，要对所有与之相关的生产、资源利用、回收、技术路线等方面进行全面统筹规划。Charter 和 Gray[66] 对再制造设计的理解是一种通过设计来促进再制造的联合设计过程。再制造设计包含许多方面，比如：拆卸、分类、清洗、恢复、组装和测试，这些方面在设计时往往是存在冲突的[88]。例如：当一个产品上连接两个零部件的卡扣的材料相同时，这些零部件可以快速被组装，并且在完成产品生命周期后进入原材料回收阶段时，也不需要拆卸。但是，如果这个零件需要被再制造，这两个连在一起的零件也许面临着被拆卸。这时，如果这个卡扣是比较脆或坚硬的材质，将大大增加了拆卸和再制造的难度。

在对再制造研究的初期，大部分学者的研究重点是在再制造产品较为典型的特性上，比如回收零件的耐用程度、技术可靠性能力以及是否能够升级等方面[90]。Lund 和 Mundial[90] 提出了用于评估各类产品的可再制造性的标准。Bras 和 Hammond[91] 提出了面向再制造的设计的可再制造性评估指标，从组装、清洗、拆卸、检测、测试、翻新、维修和更换几个角度分别建立了评价指标。Shu 和 Flowers[88] 认为紧固件和连接件的选择对组装、再制造、维修和材料回收这几个方面有着不一致甚至冲突的影响关系，从可靠性的角度分析了零部件组装和拆卸设计对产品再制造的重要影响。Hammond 和 Bras[92] 明确了包含组装、拆卸、修复等再制造环节的可再制造性评估指标。Matsumoto 等[93] 概述了再制造的趋势、驱动因素以及存在的障碍，并从面向再制造的产品设计、面向再制造的增材制造、面向再制造的运营管理和面向再制造的商业模式四个方面进行了综述。

近年来，有学者研究如何进行产品设计以提高产品的再制造能力[84]。Dowlatshahi[15] 描述了设计和实施再制造业务的战略框架，提出在设计阶段主要需要考虑五个战略因素，分别是：成本、质量、顾客服务、环境、政策或立法。Mangun 和 Thurston[73] 提出了一个在产品组合设计中结合组件重用的长期规划的模型，可以帮助企业明确组件如何被重用、回收或进行生命末端的处理状态决策，并认为以产品组合的方式进行设计与生产将给顾客带来更好的满意度，同时也能实现更低的再制造成本与环境影响，以及更好的产品可靠性。Ijomah 等[84] 认为阻碍产品再利用的主要因素可以分为非技术性因素和技术性因素，非技术性因素包括：新技术的更新、缺少再制造工具、商业表现以及立法因素，如：不允许用某种材料等。技术性因素包括：拆卸难度和材料的耐用性等。另外有些企业考虑到制造成本，在设计时把产品设计为单生命周期或者为了新产品的销量，使得产品不可再制造。Ijomah 等[83] 认为在再制造产品设计阶段面临如下几个关键问题：①非耐用材料会导致产品在再制造阶段破碎或在使用阶段变质，超出了能够“恢复”的范围。②防止部件分离或在分离过程中可能导致部件损坏的技术。③阻止升级、需要被禁止的物质或者工艺方法。④恢复到新产品同等性能的成本过高。Zwolinski 和 Brissaud[94] 通过研究已顺利实现再制造的部分产品的诸多特征，例如：经济、环境因素等外部特征以及产品的结构、再制造能力检测或测试标准等内部特征，总结了能实现再制造的产品应该具备的特点，从而将总结的特点应用到实际产品再设计过程中。Du 等[95] 设计了涵盖技术、经济、环境三个方面可行性标准的整合模型，并依据此模型完成了对旧机床的可再制造性的评估。Chakraborty 等[96] 综述了可再制造性的评价，从拆卸、清洗、检测和再组装四个方面确定面向再制造产品的设计原则，并以此为标准构建了一个可以评估不同产品是否具备可再制造性的层次模型。

随着产品族概念越来越被人们所熟知，最近几年关于产品族的再制造设计的学术研究成果不断，这些成果在工业领域大规模定制的背景下，可以有效帮助企业实现利益最大化。Tao 和 Yu[97] 研究了产品族在预先确定的产品需求和功能架构基础上的再利用和再制造过程，提出了一种基于零件技术寿命差异的产品族计划方法，建立了多目标优化模型，并以最大化制造商利润和有益的环境影响为目标。在 Kwak 和 Kim[98] 的研究中以全生命周期为视角，建立了用于评估产品族设计的定量优化模型，从产品回收和寿命结束后的恢复两方面最优地决策出产品寿命结束后末端管理的盈利能力。Wang[65] 等建立了考虑客户偏好、企业总利润和生产过程中温室气体排放的双目标数学优化模型，对产品族设计、再制造产品规划和再制造参数选择进行决策，采用遗传算法进行求解，并将架构的模型与算法应用到一个空调的产品族设计案例中。Wu 等[99] 研究了环境惩罚、需求数量和再制造边际成本对废旧产品退货率、制造商和供应商利润及联合收益的影响，建立了集成考虑再制造的产品族设计与供应链配置的多目标优化模型，并开发了一种新的非支配排序遗传算法 (NSGA-II)。Wu 等[100] 研究了考虑内部接口的再制造产品族模块配置选择问题。Joshi 和 Gupta[101] 研究了产品设计对使用物联网的产品回收的影响，提出了一个先进的再制造 - 订单 - 拆卸 - 订单（ARTODTO）系统，能够更好地满足对各种产品、元器件和材料的需求。Wang 等[102] 提出了一个集成的定量决策模型，从经济方面评估再制造管理中的组件重用，考虑到的成本因素包含零部件制造、逆向物流、再加工和惩罚成本等，最终得出进行零部件重用的最佳产品采购成本。

2.2.3 面向再制造的升级设计

面向再制造的设计是一个包含多方面的设计，包含如面向拆卸的设计、面向核心收集的设计、面向多生命周期的设计、面向升级的设计等[103]。升级设计适用于组件或产品具有市场生命力、能够进入技术变革领域的情况。面向再制造的升级设计是一种通过丰富产品的功能来延长产品生命周期的再制造策略，可将其视为多生命周期设计的一个组成部分[104]。升级被定义为一种积极主动的方法，通过这种方法，产品架构和功能得到迭代改进，以响应技术创新和客户价值决定因素的演变[105]。同时，产品的升级可能会在产品生命周期的后期创造新的商业机会，如服务升级、产品重用和产品再制造[106]。Ishigami 等[107] 明确了平台是产品结构的一部分，它不随着产品的代数升级而改变，提出了升级的设计涉及功能的变化，如在新一代产品中添加、替代或删除一个功能。Chung 等[108] 提出了一个确定现有产品最优升级计划的动态规划模型，假设产品用户是决策者，所提议的模型以最低成本为目标，优化明确满足未来性能需求的升级的时间和内容。Xing[109] 在他的工作中提出产品的升级能力受到设计阶段决定的功能、物理和结构特征配置的强烈影响。建立了产品的可升级性指数模型，认为产品的可升级性受到代际的相容性、延长使用的适用性以及面向生命周期的模块化三个指标的影响。通过实际案例的分析，得出产品的升级的实施需要从客户需求、可营销性、商业利润和技术趋势等方面进行综合考虑。

消费者的审美和市场技术的变化速度日益增加，使得在产品的生命周期结束时，产品非常容易过时并遭到淘汰，为此，一些学者特别将升级设计与再制造相结合，拓宽再制造在受限行业和市场的应用[66]。在再制造的过程中，升级产品功能以满足客户需求，可以满足消费者日益增加的消费需求并延长产品的使用寿命[7]。目前在升级设计建模和优化方面的工作集中在基于重新利用策略场景的最佳配置，主要涉及工程、环境、经济、社会等因素[109]。优化目标往往是促进可实现的替代方案的开发，如：最优的材料选择[110, 111]、产品配置[110, 112]、产品性能[110, 112] 等。Tsubouchi 和 Takata[113] 提出了一个模型，用于确定基于模块的设计升级的最佳时间和内容。该模型试图在满足客户需求的同时，最大限度地减少生产带来的环境负荷。Xing 等[114] 建立了考虑多个维度的产品可升级性的数学模型，在产品的设计阶段提供一种整体的措施，以评估产品是否有潜力延长使用寿命，并在再制造过程中适应功能的增量变化和改进。Rachaniotis 和 Pappis[115] 提出了一组系统再制造的决策模型，该模型中零部件的恶化率不同，对系统的重要性程度也不同，该模型确定了应该重用、替换、升级或处理哪些部分，以便将整个系统的性能最大化。Kim 和 Kwak[75] 提出了再造品的市场定位模型。该模型在设计新产品时，考虑零部件可能的升级，以再制造产品的利润最大化为目标，该模型是对再制造产品的设计和销售价格进行优化。Kwak 和 Kim[74] 明确了初始产品设计和升级设计发生的时间点，认为升级设计是在再制造阶段实施的。建立了以整个生命周期利润最大化为目标的混合整数非线性规划模型，以此来寻找最优产品设计决策，即新产品和再制造产品的规格和销售价格等。同时，对初始设计和生命周期结束阶段的设计升级进行优化，提供相应的生产策略，包括生产数量和回收率。Copani 和 Behnam 等[105] 研究了考虑升级的再制造产品服务系统（PSS），对创新再制造与升级商业模式进行了结构化的定义和配置。

2.2.4 面向再制造的拆卸设计

再制造的一个重要组成部分是拆卸过程，因为面向再制造的拆卸的一般目标是增加回收和重用的零件数量，同时尽量减少丢弃量。一般来说，拆卸可以被定义为一种将产品分成其组成部分的系统方法[116]。拆卸有两种类型：选择性拆卸和完全拆卸。选择性拆卸是从产品中移除一个或多个组件，以回收产品的有价值的部分，并移除有害材料、部件或组件的过程[117]。完全拆卸是要将一个产品中所有的部件或组件全部分离出来。此外，拆卸可以分类为：①非破坏性，不涉及部分拆卸（螺钉松开、脱离、压出等）；②准破坏性，拆除廉价零件（拆除接头，涉及拆卸技术有火焰切割、高压水枪切割、激光切割等）；③完全破坏性，不受控制地破坏产品结构（切碎，涉及拆卸技术有车削、铣削等）[118]。

一般来说，在拆卸系统中有几个主要的研究问题，如拆卸计划和调度、车间调度和控制、拆卸预测等。Tang 等[119] 综述了考虑再制造背景下，拆卸过程建模和拆卸工艺规划的方法。Lee 等[120] 综述了拆卸规划和调度相关内容，包括：产品表示、拆卸级别、报废选项的拆卸排序以及相关的产品设计 / 重新设计问题，并指明了进一步的研究方向。Luo 等[121] 介绍了一种产品选择性拆卸规划中多层产品表示与最优搜索相结合的方法，其中多层表示是基于产品设计中形成的产品结构，并且该文章使用蚁群搜索过程来寻求拆卸序列最优解。Habibi 等[122] 建立了将回收与拆卸规划联合考虑的数学规划模型，通过结果分析表明联合考虑的优化结果在成本和满意度上具有更优的结果。Feng 等[123] 同样将拆卸与生命周期末端的回收联合考虑，以最大化企业利润和最小化环境影响为目标，将拆卸柔性工艺规划通过对组件的可重用性和与组件混合的拆卸序列的识别来确定拆卸层次。Ren 等[124] 研究了基于遗传算法的异步并行拆卸规划（Asynchronous Parallel Disassembly Planning, APDP）问题。通过添加优先级约束和在遗传算法中设计编码策略解决了目前业界大多数工作都集中在需要机械手之间同时启动它们的任务的问题。

除了考虑拆卸的成本因素外，近年来也有学者研究拆卸的性能评估。Go 等[125] 综述了几种可拆卸性方法，包括展片图法、寿命值法和可拆卸时间法，并对各种方法进行了评价。Kroll 等[126] 从产品回收再利用的角度评估了产品拆卸容易性，从七个角度描述了一种评价家电产品拆卸性的方案，允许设计者将设计的形式属性转换为定量分数，从而找到设计中的弱点并寻求替代方案的方法。Tseng 等[127] 的研究试图建立一个面向拆卸的产品模块化设计的四阶段评价方法。四个阶段分别为评价量化各零部件连接关系、评价对零部件进行分类、评价产品再制造过程的成本及利润以及评价产品和组件的拆卸工艺规划。Huang 等[128] 把考虑产品组件之间的关系纳入拆卸规划决策过程中，通过构造组件矩阵和模块化来确定产品拆卸的理想模式从而实现促进回收、再利用和减少（Recycling, Reuse and Reduction, 3R）的目的。Liu 等[129] 研究了便于机床拆卸和再制造的模块化设计问题，结合产品生命周期不同阶段的特点，建立了考虑再制造的模块化设计拆卸标准。由于拆卸结果不确定性的主要来源之一是消费后产品使用的环境以及产品的质量或状态，Bentaha 等[130] 开发了一种适用于产品寿命终止后质量变异性下的拆卸工艺规划决策工具。其目标是使拆卸过程的利润最大化，利润的计算方法是回收零件所产生的收入与拆卸任务的成本之间的差额，其中，拆卸成本会受不同的拆卸工艺路径的影响。

2.2.5 再制造零部件工艺规划

基于平台的工艺规划是一项将设计信息转化为制造过程并确定操作顺序的工作，旨在通过利用可重用性和工艺变化多样性来提高大规模生产效率[131, 60]。维持工艺规划的一致性并持续优化是一项艰巨的任务[132]，因此，计算机辅助工艺规划（CAPP）应运而生[133]。一般来说，CAPP 方法可分为两类：变体法和生成法。大多数较早的 CAPP 系统可以根据变型方案进行分类[134]，这种方法的成功取决于成组技术和计算机数据库检索。成组技术（GT）的目的是找到零件族和机器单元，使它们形成具有一定数量的功能自治单元，从而更容易控制[135, 136]。当企业得到订单后，先根据成组技术给若干零件划分零件族，然后进入可重构的工艺规划阶段，企业将从数据库中检索以前类似的工艺计划，并对其进行修改以适应新的部分。该方法特别适用于产品种类相对固定、每种数量较小的零件族或大批量种类单一的零件族[132]。生成方法是根据零件的特征和制造要求自动生成最佳工艺计划。这种方法基本上都依托于人工智能技术。一般生产的零件变体种类较多，批量较小的企业会采用这种方式。然而，到目前为止，还没有开发出一种针对这种方式的满足工业需求的零件族可重构的工艺规划通用的框架[137]。

与传统的工艺规划相比，再制造工艺规划要复杂得多，由于回收零部件质量的不确定性、加工时间和交货期的差异性等原因，合理地确定一批待加工零件的工艺规划往往耗费更多的时间[138]。He 等[139] 提出了一种基于本体的再制造的工艺规划快速建模方法。该方法的一个重要特点如下：首先，是再制造本体为各种来源的信息和知识的管理提供了一个统一的框架。然后，从最相似的成功再制造案例中提取知识，用于快速生成再制造工艺规划，这种方式可以节省大量的时间和成本。Jiang 等[138] 从零件的可靠性和成本角度研究了再制造工艺规划。该研究的一个重要特色是：将可靠性用再制造作业的故障率表示，再制造作业的故障率受回收的旧产品质量的影响，工艺成本包括机器成本和刀具成本。另外，还建立了多目标优化模型，并采用遗传算法来进行求解。Zheng 等[140] 研究了一种成本驱动的混合加、减再制造工艺规划方法。该方法用于修复寿命到期的零部件或将寿命到期的零部件重新制造成为具有新的功能和性能的零部件。为了克服该过程目前需要大量的人工干预来进行再制造零件的特征识别等问题，该文章提出了一种加、减特征自动提取方法，并将工艺规划任务转化为成本最小化的优化问题，通过建立混合整数规划模型和算例分析来验证提出方法的有效性。罗瑶和高更君[141] 研究了工艺规划后一阶段——再制造零部件的生产调度优化问题，在问题中考虑了需要再制造的零件的质量不确定因素，在模型中采用对可再制造零件进行质量等级划分的方式来应对调度过程中不确定性因素的影响。

然而，传统的工艺规划方法和后续的生产制造是分开的。如果零件在做工艺规划时没有考虑企业生产资源，就往往会造成这样一种结果：规划部门按照零件的最优实现方式确定了工艺路线，而实际的生产中会发生某种资源过度使用（例如：某种设备或工装夹具）而其他资源空载的现象发生[142]。因此，为解决传统工艺规划和生产阶段资源不匹配的情况，现在研究工艺规划和零件生产的文献中大部分采用如下方法：首先根据工艺优化准则，给出具有一定等级的每个零件的所有备选工艺规划方案。具有最高优先级的工艺路径在生产时被优先提交给生产部门。如果第一优先计划不适合目前的车间状态，再将第二优先级的工艺路径提供给后续生产调度系统[143]。这种工艺规划的方式过于重视生产而忽视零件族工艺规划的目标整体性，与此同时，鲜有将工艺规划与后续生产动态协同研究的文章。

2.3 开放制造背景下自制或外购决策与承包商选择问题

2.3.1 自制或外购决策

顾名思义，自制或外包决策意味着对于某个特定零部件，考虑在内部制造还是外部购买的问题[144]。其中，外包不仅仅是采购原材料和标准化的中间产品，它还意味着与某个企业建立一种合作伙伴的双边关系[145]。由于自制或外购决策不仅影响公司与供应商、分销商以及顾客的关系，而且还影响企业的生产方式、核心能力等。因此，自制或外购决策对工业企业在市场上的成功有着重要意义，通常被认为是重要的战略决策[146]。

自制或外购决策又称为外包决策，传统的外包决策主要是从财务、非财务、有形、无形这四个角度测量和权衡的[147]。例如：Lahiri 和 Kedia[148] 从供应商的角度出发，认为上游企业更加看重承包商的人力资本、组织资本、管理能力和伙伴关系的质量这几方面的能力。Li 等[149] 提出基于生产成本和规模经济的动态博弈模型来研究一个供应商和多个客户选择策略，其目标是供应商的利润最大化。Liu 等[68] 用双层规划研究了产品族架构和外包决策的联合优化问题，外包决策中考虑了成本的效用和非成本效用，其非成本因素主要从风险、交货期和外包的质量三个方面来衡量承包商的选择。Wang 和 Yang[150] 提出用混合多准则决策方法来权衡众包下的承包商的选择，认为承包决策受到六个方面的影响，分别为：经济、资源、战略、风险、管理和质量。

在开放制造的背景下，有很多关于外包决策与产品或零部件设计与规划的相关研究问题。Leng 等[151] 以中国渭南国家高新技术园区中制造企业的生产模式为基础，研究了在社会制造背景下，零件加工外包（Parts Machining Outsourcing, PMO）与承包商选择优化问题。论文中的外包指的是从外部供应商 / 合作伙伴那里购买制造 / 加工服务（如钻孔、铰孔、铣削和非传统加工等），而不是成品部件或产品外包。在这种情况下，外包商之间如何协调订单，包括数量、价格、生产间隔和交货批次，正成为供应链战略的重要组成部分。由于回收和生产过程的特殊性、生产过程的不确定性严重影响了再制造，也影响了企业的再制造选择。Wang 等 [152] 研究了订单型制造商面临的战略选择，即通过自我再制造或外包需要再制造的组件来获取产品生产的材料。通过随机建模方法，构建两级闭环供应链来获取制造商的采购策略和生产计划，并考虑再制造和生产两阶段产量的不确定性。Tsai 等[153] 研究了再制造外包决策的条件，发现企业对成本和材料投入的不确定性越大，就越可能从外包伙伴转移的成本信息中获益。段彩丽和陈晓春[154] 研究了不同外包策略下的模块化的产品设计与包含制造商和供应商的供应链决策分析。结果显示：不同的产品模块化程度将适用于不同的最优模块外包策略。基于目前面临的客户需求的频繁变化，从而导致产品种类的显著增加情况下，Olivares-Aguila 和 Elmaraghy[155] 研究了产品和供应链平台的联合开发问题，将承包商分为平台承包商和非平台承包商，非平台承包商可以根据不同的生产需要而增加或删除。通过建立的联合开发框架，来实现产品和制造系统领域的有效和快速的重新配置，有效地应对不断增加的产品多样性。Lee 等[156] 以完成时间最小为目标，重点讨论了每个工艺都有备选设备的生产调度问题，其中包括众包下可选的承包设备和本厂设备。

2.3.2 众包承包商选择问题

众包指的是一家公司或机构以公开呼叫的形式将一项任务外包给具有不同知识领域的一群人的行为[157]。其中，开放制造环境下的承包不仅仅是采购原材料和标准化的中间产品，它还意味着一家公司在互联网平台上与一群制造企业建立一种合作伙伴的双边关系[158]。同时，由于众包由人群（Crowd）和采购（Sourcing）两个词组成，且采购决策往往会通过对制造商和承包商产生影响，进而间接影响企业的产品设计与制造等多个环节[146]。因此，开放制造环境下的承包决策对工业企业在市场上的成功有着重要意义，通常被认为是重要的战略决策[159]。

最近，有一些学者开始研究将众包承包纳入工艺规划和产品制造过程。Chan 等[160] 和 Mishra 等[161] 都以零件加工的总时间最小为目标，在模型中考虑了众包下的承包工艺引起的加工时间变化这一项因素。Khazankin 等[162] 考虑了一种众包平台的替代架构，该平台根据众包承包商的可用性和技能分配任务。Wu 等[163] 描述了一个基于云计算的设计制造系统架构中的众包过程，其中包含设计过程、制造服务和供应链管理。Huang 和

Ardiansyah[164] 考虑了一个众包问题的交付计划，采用混合整数规划模型使成本最小化。Kaihara 等[165] 建立了一个基于众包制造的资源仿真模型，以评估基于交货期和机器使用的制造效率。通过分析后得出结论为：在众包制造中实现了资源共享，有效提高订单完成率和资源利用率，并随着可供选择的供应商的数量增加，订单完成率也会提高。

除此之外，Lee 等[156] 认为在众包下的承包决策过程中，除了需要考虑时间以外，企业还需要考虑财务和非财务的因素，如：从过程能力[166]、交付能力和报价等方面以及它们之间的权衡[167]，但可重构的工艺规划中研究众包下的承包的文献几乎没有考虑这些因素。

2.3.3 平台对供应商的激励与惩罚

在基于平台的众包系统中，对承包商的激励与惩罚问题得到了广泛的关注。因此，如何建立有效的激励和惩罚机制是平台众包系统中具有挑战性的研究。许多众包网站的激励机制依赖于小额支付形式的金钱奖励，平台承包商或承包人完成任务后平台以现金形式支付报酬[168]。离线激励和在线激励是目前存在的两种典型的激励方式[169]。例如：Yang 等[170] 设计了基于博弈理论的离线激励机制。但是，离线激励机制假设所有的用户从一轮任务分配开始就会停留，之后就不能接受新的投标。换句话说，离线激励机制在更实际但动态的移动感知设置中并不符合实际情况[171, 172]。Zhang 等[173] 提出了一种在线激励机制，包含两种基于在线反向标售的在线激励机制。但是这种动态的激励机制不能根据候选承包人的历史声誉状态做出选择，导致激励或承包过程效率低下。Wang 等[169] 提出了移动众包系统中隐私保护的激励机制。

另外，随着平台经济和众感模式的不断发展，基于激励或惩罚的众包商业范式受到了学术界和各行业的广泛关注。通过众感系统，平台或众包商可以招募智能手机用户来提供响应服务。Bower 等[174] 阐述了激励承包的主要特征，并对三种实际合同进行了概述和比较，分别是成本激励、调度和交货期激励以及性能和技术激励。作者发现，激励方式的架构需要使客户和承包商的需求一致，正确分配风险，并允许一个适当水平的客户参与。Katmada 等[175] 首先综述了用户动机和激励的相关文献，其次，介绍了一些成功运用激励与惩罚机制的众包平台案例，例如：公民参与平台和开放创新平台等，最后，就提出的激励机制给予相应评价。Ting 等[176] 研究了将两种激励机制以及消费者预期的积极和消极情绪纳入城市规划设计中，探讨顾客的行为意向（Behavioral Intentions, BIs）与绿色酒店发展之间的关系，并采用结构方程模型对研究假设进行检验。Nie 等 [177] 采用两阶段 Stackelberg 博弈模型，逆向归纳分析移动用户的参与水平和众感服务提供商（Crowdsensing Service Provider）的最优激励机制。为了激励参与者，通过考虑底层移动社交领域的社交网络效应，设计了在线激励机制。

2.4 多层数学规划及其应用

2.4.1 双层规划基本理论

双层规划又称双层优化、层次优化或二层规划，作为数学规划的一种推广，最早由 Bracken 和 McGill[178] 研究和提出。它是指高层次决策模型约束条件中包含子优化问题的数学规划。它是一种用于对分散决策进行建模的工具，它由领导者在第一级别的目标和跟随者在第二级别的目标组成。当第二级本身是双层规划时，将产生三层规划。通过扩展此思想，可以定义具有任意数量级别的多层规划[179]。双层规划的方法一般涉及两个决策者，二者以非合作和顺序的方式采取行动和做出反应，适用于处理主从优化的决策问题[28]。因此，双层规划在学术界得到越来越多的重视，它在各个领域都得到了越来越广泛的应用，例如可重构的工艺规划和生产调度领域[180]、产品族架构和供应链的领域[181]。双层规划虽然可以作为数学规划的一种推广形式，但它与普通的数学规划有着很大的不同。由于模型的上层中含有下层的最优解或最优值函数，一般来讲，这个解函数不是线性的，也不可微，即使是线性的双层规划，也是 NP-hard的[182, 183]，并且当上层的约束中含有下层决策变量时，其可行域可能是不连通的[30]。其一般形式如下：

$$\min F(x, y)$$
$$\text{s.t.}\quad G(x, y) \leqslant 0$$

其中 y 解自下面的问题

$$\begin{aligned} &\min f(x, y) \\ &\text{s.t.} \quad g(x, y) \leqslant 0 \end{aligned} \tag{2.1}$$

其中，F 表示模型上层的目标函数，x 和 G 分别为模型上层的决策变量和约束条件；f 为模型下层的目标函数，y 和 g 则分别为模型下层的决策变量和约束条件。从双层规划模型结构可以发现，一方面，模型上层的目标函数不仅受到上层的决策变量的影响，还与模型下层的决策变量有关。同时，模型上层的约束条件中也有可能同时包含上层和下层的决策变量。另一方面，模型下层的目标函数和约束条件中有时也会包含上层的决策变量，上层决策变量的变化也会影响下层的决策。

为了求解双层规划，首先对双层规划解的概念进行梳理，通过分析可知：

双层规划的约束域：

$$S \triangleq \left\{(x,y) \middle| g(x,y) \leqslant 0, h(x,y) \leqslant 0\right\}$$

对任意给定的 x，下层问题的约束域：

$$S \triangleq \left\{y \middle| h(x,y) \leqslant 0\right\}$$

上层的决策域 $S \triangleq \{x|$ 存在 y 使得：

$$g(x,y) \leqslant 0, h(x,y) \leqslant 0\}$$

对任 $x \in S(x)$，下层的合理反应集：

$$P(x) \triangleq \left\{y \middle| y \in \operatorname{argmin}\left\{f(x,y), y \in S(x)\right\}\right\}$$

诱导域，记为

$$IR \triangleq \left\{(x,y) \middle| (x,y) \in S, y \in P(x)\right\}$$

其中，诱导域为约束域 S 与合理反应集 $P(x)$ 的交集。

如果下层的合理反应集 $P(x)$ 中的解唯一，说明模型下层问题的解是唯一解。也就是说，对于任意的上层决策变量值，在式 (2.1) 中，下层的决策变量都可以表示为上层决策变量的函数。这时，如果对任何变量 (x, y) 都属于 IR，(x^*, y^*) 属于 IR 且 $F(x^*, y^*) \leqslant F(x, y)$，则称 (x, y) 为双层规划模型的可行解，(x^*, y^*) 为双层规划模型的最优解。

如果下层的合理反应集 $P(x)$ 中的解有多个，说明模型下层问题的解是不唯一的。此时，也必然会导致双层规划模型的上层函数 $F(x, y)$ 的最优解不唯一，这种解一般认为是没有价值的[30]。这种情况的处理方式之一是将下层最优目标函数值传递给上层，以保证上层最优目标函数值唯一[70]。这属于值形双层规划，为式 (2.1) 的一种特殊形式。

2.4.2 双层规划的求解算法

由于双层规划的上层问题包含下层的优化函数或者解，也就是说上层的解要依靠下层的解函数。而下层的解函数在多数情况下是不连续且非线性的，这也就导致了双层规划，即使是线性双层规划，也是非凸规划。这就是双层规划求解复杂的一个重要原因。其中，Jeroslow 首先分析得出双层线性规划为 NP-hard 问题[184]。学术界一直致力于研究双层规划的求解方法，本书把双层规划的求解分为线性双层规划求解和非线性双层规划求解方法分别进行综述。

对于线性双层规划的求解，一般有以下几种方式可以求得精确解。

① 当模型下层无约束或者只有简单约束时，采用单层数学规划的解法求解。

② 当模型下层是连续变量的凸规划时，可先用 KKT 条件代替下层问题再采用单层数学规划的解法求解[185]。

③ 当线性双层规划最优解的个数有限时，可采用 K 次最好法[186] 求解。

Colson 等[187, 188]、王广民等[189] 在关于双层规划的文献综述中详细阐述了这些精确算法。这些精确算法只能求解特定几类双层规划模型，并不具有普遍适用性。而用于解决实际问题的双层规划模型往往是非线性双层规划，对于求得精确解有一定的挑战。

对于非线性双层规划模型的求解，也就是不满足上述简单类型条件的模型均定义为复杂模型，常用近似算法来求解[190]。Liu[191] 针对有多个从者的多层规划模型开发了遗传算法对其求解。Tutuko 等[192] 开发了双层规划的求解框架，认为粒子群算法有较快的搜索速度和鲁棒性，所以采用了粒子群算法嵌入求解框架。第一步是用模糊的计算方式确定主者的决策变量值；第二步是将主者的值传递给从者；第三步从者采用粒子群算法计算从者的最优目标函数值。Kuo 和 Huang[193] 首先将下层的目标函数设置为：下层的目标函数 + ε × 上层的目标函数，用粒子群算法求解；然后将下层的目标函数设置为：下层的目标函数 $-\varepsilon\times$ 上层的目标函数，同样用粒子群算法求解；第三步判断是否第一步获得的最优解同时也是第二步获得的最优解，如果是则为此双层规划模型的最优解，以此计算最优函数值。Sinha 等[71] 使用密集的计算嵌套进化策略来求解多时期、多主多从、非线性的 Stackelberg 博弈问题，采用了嵌套的进化算法来进行求解。Xia 等[194] 认为嵌套遗传算法由于计算成本随下层规划的复杂性而迅速增加，且最优解函数有时无法用响应面来近似，设计了最优解函数来近似求解双层规划模型。Pakseresht 等[77] 设计了一个双层多目标粒子群算法，来解决基于 Stackelberg 博弈的产品族架构和供应链联合设计的双层规划问题。

本书采用嵌套的框架结构来求解双层规划问题，是基于整体的设计思路的，完全基于双层规划解的概念而设计的一种求解框架。它能够反映双层规划解的机制，保证了解在约束域中，在近似程度上更符合双层规划的求解过程。其他的求解结构也许会得到更快的求解速度，却没有严格遵守双层规划上、下层解的约束，容易破坏解的近似程度。采用遗传算法是由于遗传算法具有更好的全局搜索能力和良好的鲁棒性，但如粒子群算法、蚁群算法等同样可以嵌入到嵌套结构中来求解双层规划模型。

2.4.3 三层规划及求解算法

三层优化属于层次优化，是 Bracken 和 McGill[178] 首次将层次优化定义为数学规划的一种推广。它是 Stackelberg 博弈的一种延伸，用于解决具有多个决策者的分散规划问题，其中每个主体都寻求自己的利益最大化[195]。

目前，三层优化逐渐受到学术界的重视，并被广泛应用于各个领域。Huang 等[196] 针对零部件选择、定价和库存等决策的协调优化问题建立了一个多层数学规划模型，以协调计算机行业中由多个供应商、单个制造商和多个零售商组成的多级供应链中的企业决策。Esmaeili 等[67] 对保修服务合同采用了三层博弈论方法，三类决策主体分别是：制造商、代理商和客户。He 等[197] 提出了页岩气供应链经济和环境全生命周期优化的三级建模框架，以控制水资源管理和温室气体减排。Wu 等[198] 运用 Stackelberg 博弈理论建立了一个三层协调决策模型，用于电动汽车产品族架构设计和延迟承包决策。

三层优化模型并不是双层优化模型的简单扩展。它的一个应用场景是，当主者和从者之间存在多个主从关系时，可以通过在原问题的主者上增加一个共同的主者来对原本问题进行整体优化。这是多个主从双层优化模型不能够替代的。

三层优化模型的求解方式也与双层优化模型略有不同，除了采用启发式算法外，许多学者也开发了其他求解算法。He 等[197] 提出一种改进的基于满意度的三层优化求解算法。Huang 等[196] 首先计算每个决策者的最佳反应函数，然后通过设计的算法来建立纳什平衡。Wu 等[198] 通过将第三层具有简单约束的模型确定了最佳反应函数后，代入到第二层，然后对第一层和第二层采用嵌套遗传算法来进行求解。

2.5 本章小结

本章对面向再制造的产品族设计与制造过程中衍生出的一些有价值的研究主题所涉及的关键部分进行了文献综述，一共包含四个小节。2.1 节概述了产品族设计与开发，包括整体决策框架、产品族设计的优化方法，以及其在产品族设计与制造中关联研究和应用，为后续关键问题的研究提供理论支撑。2.2 节阐述了再制造设计的基本概念和流程、研究现状及一般设计过程，为第 3 章及第 4 章提供依据。2.3 节综述了开放制造环境下自制或外购决策与供应商选择问题，包括自制或外购决策以及众包承包背景下供应商选择问题及平台对供应商的激励与惩罚机制，为第 3、5、6 章提供理论支撑。2.4 节综述了多层数学规划及其应用，包括基本理论和求解算法，为第 3 ～ 6 章的建模和案例计算提供依据。

从上面的综述可以发现，面向再制造的产品设计更多地关注于如何对产品设计以更好地实现再制造过程。而开放制造环境下的自制或外包决策，众包承包决策问题更加关注如何确定承包商的选择，以及承包的内在加工生产活动的决策。目前已有的研究往往是将面向再制造的产品设计与开放制造下承包商选择问题分别研究，或将面向再制造的产品设计问题与产品制造过程看成一个单层优化问题。缺乏对制造企业与众包平台或承包企业之间关联的研究。

本章采用主从关联优化的方式深入探讨了面向再制造的产品族设计与制造过程的问题，主要采用了双层规划的方法进行定量分析与研究。与其他双层规划模型和方法相比较不同之处在于，本章建立的双层规划模型应用于再制造的产品设计与制造领域，由于具有特殊的工程特性，模型建立以及相应的数学表达不同。因而在建立双层规划模型中会面临一定的挑战。

第3章 面向再制造的产品族升级设计与再制造外包的三层主从关联优化

3.1 概述

再制造是实现再利用的有效手段，考虑再制造的产品族生产加工虽然实现了企业的循环经济的商业模式，也具有更加低廉的价格，但往往由于不能满足消费者的各种需求而销量不理想[105]。为了应对挑战和增加再制造产品的销售份额，升级被认为是一种可能的策略，它与再制造结合，随着时间的推移，可以使使用过的产品的功能和美观程度得到技术上的提升，从而增加市场对再制造的接受度，既满足了客户要求升级产品的功能需求，延长了产品的功能寿命[199]，又使企业实现再利用和循环的需求，降低企业成本，获得了竞争优势[18]。它已被确定为循环经济中资源高效和可持续的战略手段。因此，这类产品的推出，使得企业获得了更为有利的市场竞争[104]。然而，这类产品与新产品设计是不同的，一方面，由于它是在原有产品结构的基础上进行的再设计过程，设计过程将受到原有产品架构的制约[200]。另一方面，升级设计的目的是更好地利用再制造模块[7]。因此，考虑再制造的产品族升级设计的配置方式区别于新产品设计的模块候选项选择的配置方式，演变为删除、替换和新增等方式[201]，最终形成了考虑再制造的升级产品族。这种既考虑使用再制造组件，又考虑产品升级问题的产品族设计与生产，必然会牵扯到多方产品实现的企业[16]。考虑到再制造产品与新产品的市场竞争因素，为了保证升级的再制造产品功能、性能及价位优势，产品族的设计需要在再制造企业的协作下共同完成[202]。

在面对考虑升级的再制造形势下，一方面，再制造企业也需要重视升级设计给再制造带来的风险与阻碍，再制造不单单是产品或组件的恢复，更涉及产品结构的改变及其他模块的配合[203]；另一方面，再制造本身又具有一些特殊的恢复技术和种类繁杂的加工工艺。以上两点使得再制造企业面临许多困难。而外包，是转移风险、降低由于不确定性造成的生产障碍的有效方式[204]。但是，外包给企业带来释放固定资本、增加企业灵活性等优势的同时，也给企业带来交易成本增加和知识适用性等问题[205]。然而，自制可以对生产的进度、质量等因素进行严格控制，但企业会变得庞大冗余，企业的大量资本难以得到释放[206]。因此，合理的外包决策对制造企业和再制造企业来说都是非常重要的，正确的决策结果将给三方带来事半功倍的效果[207]。

考虑再制造的产品族升级设计策略的实施，需要在最大化满足顾客需求和最小化自身运营成本之间进行权衡[208]。最优的产品族架构升级设计需要通过与再制造商的交互决策来优化确定产品模块的选择[100]。事实上，再制造承包及外包决策的成功实施必须在早期设计阶段就将其概念纳入其中[75]。对于模块化的产品而言，考虑再制造的产品族升级设计的架构和配置对选择合适的再制造加工过程非常重要[105]。同时，再制造企业一方面由于其加工能力、不同再制造企业的加工策略向上影响再制造的产品族升级最优架构和配置设计过程[201]。再制造模块的变更决策也会影响其外包模块及承包商的选择问题[49]，而外包商的决策同样会影响再制造商的决策[198]。

可以看出，上述产品族升级设计与再制造过程实际上是一个不断优化和做出决策的过程，其中升级设计、再制造模块选择及实现方式、再制造商及外包商的选择等问题都是可以定量优化的。而数学规划是定量优化的主要方式。本章研究的问题涉及一个产品族设计者、多个再制造商和多个再制造外包商三类主体的关联，是三者交互关联优化的过程。因此，研究考虑再制造外包的产品族升级设计的定量优化问题具有实际意义。然而，现有关于考虑再制造外包承包的产品族升级设计决策的交互影响的文章有限[10]。

本章研究的主要问题是：考虑再制造外包的产品族升级设计三层优化问题。其中，产品族升级设计与再制造的交互主要通过选择再制造模块和相应的承包商来实现，再制造和外包商的交互主要通过选择再制造的模块进一步外包实现。在本章研究的交互决策优化的过程中，通过三层优化模型来确定产品族升级优化设计与再制造模块的选择配置、再制造承包商以及其外包商的最优决策。因此，我们提出的考虑再制造的产品族升级设计问题为当前再制造策略的实施提供了一个更为完整的解决方案，并建立了三层优化模型，可以很好地处理本章研究问题的交互和协调优化。与现有的文献不同，本章研究问题的关键技术挑战如下：

（1）交互优化

为了获得最优的考虑再制造的产品族升级设计优化方案，有必要在产品设计阶段识别出产品中模块的类型（即：升级模块、再制造模块、平台模块等）。而再制造模块的生产往往由再制造企业完成，其中部分再制造模块由于其特殊的工艺技术等会由再制造商外包生产，设计和生产的决策脱节往往使得再制造过程变得非常复杂。而与现有的一些研究相比较，本章研究的考虑再制造的产品族升级架构设计问题涉及交互优化的过程，有可能需要的决策如：①哪些模块升级和再制造，以及再制造承包商的选择。②应该选择哪些外包商来生产哪些再制造模块。③再制造商和外包商如何运营来共同完成再制造模块的生产。这些不确定性使得产品族升级架构设计和再制造外包活动中包含了不确定 - 不确定的交互影响过程。另外，由于产品族架构涉及产品设计领域[45]，而再制造及后续的外包涉及工艺设计和供应链领域[209]，跨领域决策导致考虑再制造外包的产品族升级架构设计决策的实现更加复杂。

（2）三层决策

本章研究的问题涉及产品族设计、再制造商及再制造商的外包商三类关联决策的主体，且两两决策主体之间均具有“主从”结构。其中，产品族设计者与再制造商之间是一个一对多的主从关系，再制造商和再制造外包商之间涉及多对多的主从关系，且多个再制造商之间可能存在竞争，不可以描述为相互独立的多个双层优化问题。因此，本章的定量优化不是一个普通的数学规划问题，而是具有一定复杂性的三层优化问题。这个三层优化模型又面临两方面的挑战。一方面，考虑再制造产品族的升级设计的任务是由不同企业共同完成的，其中不同的利益相关者可能有许多不同，甚至冲突的目标 - 最大化自己的利益收入。另一方面，由于不同层次之间的交互影响关系，如相邻级直接交互影响和跨层次间接交互影响，本章涉及的制造商、再制造商和外包商，相应的优化过程需要明确处理不同主体中协调一致的主从交互决策关系。因此，如何建立可以准确描述考虑再制造外包的产品族升级设计的交互决策三层模型结构，且准确反映考虑再制造的产品族设计，再制造商模块的生产工艺与再制造商的分包生产之间的相互影响是本章的一个挑战。

（3）模型中的数学表达

在复杂的三层优化模型中，准确地用数学表达式描述本章的研究问题也是本章的一个重要挑战。具体在数学表达式建立过程中可能遇到的挑战分为两个部分。一方面，本章研究的问题涉及升级类型、模块的再制造选择、再制造方式等多个维度。如何建立可以准确描述产品模块的升级方式和再制造模块选择、模块的加工方式与具有不同加工能力的承包商关系的映射关系及数学表达式是一个难点。另一方面，本章研究的产品升级设计是在原有产品架构基础上进行的设计过程，如何用数学表达式区别地表述出体现原有产品架构基础的模块升级和新增模块升级设计，以及新增模块的模块化过程是数学表达式中的另一个难点。

与以往的研究相比，本章研究的主要贡献如下：①针对产品族架构升级设计问题，进一步考虑了再制造及其外包决策，为考虑再制造外包的产品及模块的配套生产提供了更为完整的解决方案。②建立了一个基于Stackelberg 博弈理论的非线性、混合整数的，考虑多个再制造商和多个再制造商的外包商（以下简称外包商）的产品族升级设计三层优化模型，为涉及一个主体和多个具有主从关系的，并且有关联的两类主体之间复杂的交互决策问题提供了理论支撑。同时，本章用数学表达式描述了多个维度的映射关系和取值范围，为模型中各主体相互影响、交互的优化决策过程的准确性提供了保证。③针对三层博弈模型的求解，首先通过解析的方式将三层博弈模型转化为双层博弈模型，然后根据双层规划固有的决策机制，采用嵌套遗传算法求解双层博弈模型。④本章提出了再制造成本节约和考虑再制造的升级产品价格弹性参数来分析实施再制造和升级策略的收益，通过灵敏度分析发现它们对决策者的利润有很大的影响。

3.2 考虑再制造外包的产品族升级设计

3.2.1 问题分析

企业已有产品族，上市使用后，经对消费者的功能需求和使用、维修数据分析，拟考虑对原有产品族进行再制造的升级设计。现对升级和再制造进行分析：①有新增功能需求若干，功能需求可归纳为对原产品结构的三种模块升级方式：新增某复合模块及其组件；某复合模块中基本模块变更；某复合模块拆分，其基本模块并入其他复合模块。②对原产品进行再制造分析，把现有模块分为可考虑再制造、不能再制造和能再制造三类。我们考虑由一个制造商、多个再制造商和多个外包商组成的一个三层供应链解决考虑再制造外包的产品族升级设计优化问题。制造商决策考虑再制造组件的产品族升级设计问题，以满足不同细分市场的顾客需求。而再制造商通过加工升级后不同的再制造组件，并交付给制造商以获得企业利润。由于其再制造工艺的特殊性，再制造商往往通过外包的形式加工一部分再制造组件，这就需要在整个产品生产的过程中将外包商也纳入其中。

产品平台上的公共模块在产品族架构升级过程中是不可以改变的，而其他复合模块和基本模块则可以升级。图 3-1 的上半部分说明了产品族开放级设计架构。产品升级方面，可以将模块划分为：①不能升级的公共复合模块的集合 $\boldsymbol{\theta}=\{1,2,\cdots,\theta\}$，可以升级的复合模块集合 $\boldsymbol{r}^{p}=\{\theta+1,\cdots,\Gamma\}$，可以新增的复合模块集合 $\boldsymbol{r}^{h}=\{\Gamma+1,\cdots,R\}$；②不可升级的基本模块集合 $\boldsymbol{G}_r=\{1,2,\cdots,G_r\}$，可以升级的基本模块集合 $\boldsymbol{K}_r^{p}=\{G_r+1,\cdots,K_r^{p}\}$，可以新增的基本模块集合 $\boldsymbol{K}_r^{h}=\{K_r^{p}+1,\cdots,K_r^{h}\}$。产品再制造方面，可以将模块的范围划分为：①不能再制造的复合模块集合 $\boldsymbol{R}^{N}=\{1,2,\cdots,R^{N}\}$，可以考虑再制造的复合模块集合 $\boldsymbol{R}^{A}=\{1,2,\cdots,R^{A}\}$，能再制造的复合模块的集合 $\boldsymbol{R}^{B}=\{1,2,\cdots,R^{B}\}$；②不能再制造的基本模块集合 $\boldsymbol{K}_r^{N}=\{1,2,\cdots,K_r^{N}\}$，可以考虑再制造的基本模块集合 $\boldsymbol{K}_r^{A}=\{1,2,\cdots,K_r^{A}\}$，能再制造的基本模块的集合 $\boldsymbol{K}_r^{B}=\{1,2,\cdots,K_r^{B}\}$。具体实施层面，本章已知：①基本模块升级方式集合 $\boldsymbol{N}=\{0,1,\cdots,N\}$，0 表示不升级；②复合模块再制造实现方式集合 $\boldsymbol{S}=\{1,2,\cdots,S\}$，基本模块再制造实现方式集合 $\boldsymbol{S}_n=\{1,2,\cdots,S_n\}$；③再制造商集合 $\boldsymbol{M}_s=\{1,2,\cdots,M_s\}$；④外包商集合 $\boldsymbol{C}=\{1,2,\cdots,C\}$。

在考虑再制造的产品族升级设计过程中，一开始并不知道哪些模块是应该再制造的，以及应该采用哪种再制造技术，只有通过和再制造企业的协同优化，才能最终确定。如图 3-1 的中间部分所示，制造企业确定如何升级模块，以及是否需要再制造，然后有再制造加工工艺技术的企业通过将整机拆卸和清洗后，加工再制造组件及模块，最终将加工完成的再制造组件及模块给制造企业，制造企业生产不需要再制造的组件，并由制造企业进行最终的组装和销售。在本研究中，制造商进行产品族升级设计，而再制造商最终决定再制造组件的加工及后续承包活动。本章的研究动机来自潍柴动力及潍柴再制造公司等一系列再制造企业关于再制造发动机的例子，在这个实例中，潍柴动力负责设计满足当前市场需求的升级产品，并确定哪些模块可以再制造。而如潍柴再制造公司等一系列再制造企业则针对潍柴动力给出的可以再制造的模块进行具体生产加工操作，并将一部分非核心模块外包给其他企业来完成，以达到降低风险并保证生产效率的目的。

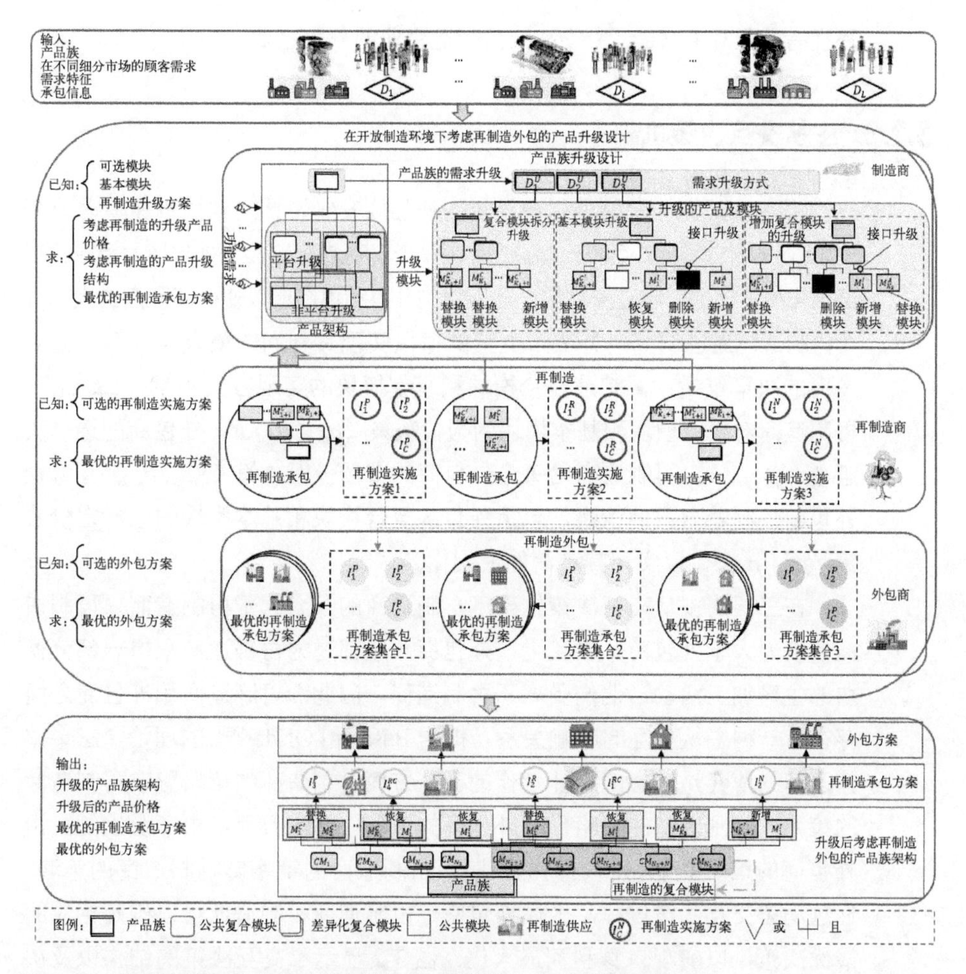

图 3-1　考虑再制造的产品族升级设计与再制造外包的关联决策

外包企业将承担再制造企业的一部分组件的加工生产任务。如图 3-1 中较低的部分所示，再制造商可以从一个或多个外包商中选择一个或多个外包商来生产具有特殊工艺的再制造复合模块或基本模块。根据具体的来自再制造商的订单加工信息，外包的产品模块由选定的外包商以定制的方式生产。用一个典型的案例来说明现在制造业外包的环境，如：Intel 公司为苹果电脑供应基带芯片，然而，它却将芯片的生产外包给台湾积体电路制造股份有限公司。假设一个产品族服务于 I 个细分市场，每个产品变体的升级设计及再制造生产有可选的总数为 M 个（M=1,⋯,M_s）的再制造企业，再制造企业由于其生产工艺的不同，受到加工工艺（s）的制约。同时，

还拥有总数为 C（C=1,…,c）的再制造企业的外包企业。

3.2.2 主从交互决策机制

将本章研究的考虑再制造外包的产品族升级设计问题抽象建模为一个由 1+M+C 个参与者（即一个制造商、M 个再制造商和 C 个外包商）组成的三层优化博弈模型。制造商决策产品族架构升级和再制造以使得其利润最大。每个再制造商通过调节自身决策变量的值以实现其利润的最大化。每个再制造商的决策包括：再制造复合模块和基本模块的实现方式决策（ζ_{sjr}, ζ_{skn}），再制造商对复合模块和基本模块的报价决策（p_{smjr}, p_{smkn}），外包商的选择决策（z_{mcjr}, z_{mckn}），再制造商给每个外包商的市场份额决策（$\vartheta_{mcjr}, \vartheta_{mckn}$）。每个外包商控制着自己的策略，包括外包的复合模块和基本模块的生产定价决策（p_{csjr}, p_{cskn}），以实现其利润的最大化。

在三层的主从交互决策框架下，制造商的权力大于再制造商，再制造商的权力大于外包商。事实上，外包商一般都是为再制造商承担一部分模块的生产加工活动，他们受雇于再制造商。因此，再制造商和外包商之间存在着一种主从交互的影响关系。根据 Basar 和 Olsder[210] 的理论，三个主体之间的博弈是动态的、非合作的。一方面，制造商的策略影响再制造商的策略，再制造商的策略影响外包商的策略。另一方面，由下及上的、由外包商的策略影响再制造商的策略，再制造商的策略影响制造商的策略。通过动态交互决策过程，个体外包商、再制造商和制造商可以确定相应的最优决策，以实现自身利润最大化。图 3-2 显示了交互决策的结构以及决策变量对不同决策者目标函数的影响。

图 3-2 表示三个决策主体之间的动态交互决策的过程。从图中上半部分可以看出，制造商通过向不同细分市场出售价格为 p_j 的升级后的再制造产品以获得收入。制造商的成本包括整个产品族的设计成本（C^D）、新模块和再制造模块的产品工程成本（C^G）、最终产品的组装成本（C^A）以及再制造模块的加工成本（RR_m）。其中，再制造商的收入是由再制造模块加工成本转化而来的。再制造商的成本包括再制造商的自制成本（C_m^S）、再制造商的外包成本（C_m^O），以及产品回收后的拆卸和清洗成本（C_m^R）。其中，外包商的收入是再制造商外包成本部分转化而来的。外包商的成本是由加工再制造复合模块和基本模块的成本组成。Q_j 描述的是产品的需求函数。

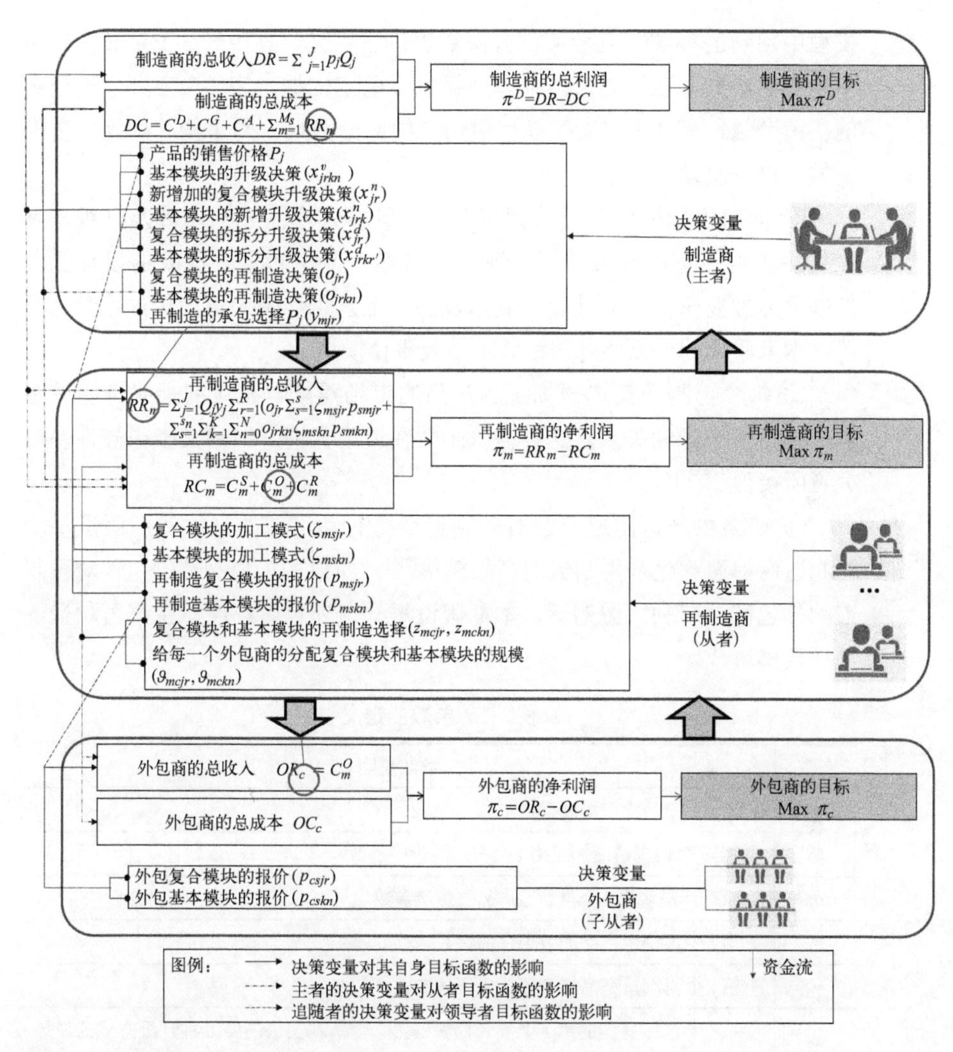

图 3-2　三层非合作动态交互决策

3.3 三层优化模型

3.3.1　符号与假设

为了更好地说明制造商、再制造商和外包商之间的数学模型，我们对模型中用到的参数、变量和部分函数进行了定义，其中表 3-1 定义了模型中用到的参数，表 3-2 为再制造升级方案确定依据，表 3-3 定义了模型中的决策变量，表 3-4 定义了模型中用到的部分函数。为了构建模型，我们还做了以下假设。

① 面向再制造的产品族架构升级设计中，产品平台不涉及升级，其他模块及组件可以决策是否升级[201]。升级产品平台需要改变的设计涵盖的部分更加复杂，同时涉及的制造及加工工艺也会带来更大的成本[45]。因此，本章假设的产品族升级设计不涉及平台模块。

② 每个再制造商选择加工的产品的市场需求与相应的最终产品设定的零售价格成线性关系。这种需求函数在市场营销方向的文献中被许多研究者所接受[198, 211]。

③ 如果生产再制造产品对再制造商是有利可图的话，我们假设每个再制造商都愿意生产再制造的产品模块[212]，如果加工再制造的组件对再制造的外包商是有利可图的话，本章假设每一个外包商都愿意生产再制造的组件及模块[213]。

表 3-1　参数的定义

参数	参数说明
δ_j	第 j 个产品的市场规模
ξ_{mj}	第 m 个再制造商加工第 j 个产品的价格参数
α_j	原有产品对第 j 个再制造产品的影响参数
β_j	第 j 个再制造产品的效果评估参数
γ_j	第 j 个再制造产品的升级效果评估参数
c_{jrkn}^{Dv}	第 j 个产品变体的第 r 个复合模块的第 k 个基本模块的第 n 种升级方式的设计成本
$c_{jrkr'}^{Dd}$	第 j 个产品变体的第 r 个复合模块拆分后的第 k 个基本模块进入第 r' 个基本模块的设计成本
c_{jrk}^{Dn}	第 j 个产品变体的第 r 个复合模块新增第 k 个基本模块的设计成本
c_{jrk}^{GUn}	第 j 个产品变体中新增第 r 个复合模块中的第 k 个基本模块的工程成本
$c_{jrkr'}^{GUd}$	第 j 个产品变体的第 r 个复合模块拆分后的第 k 个基本模块进入第 r' 个复合模块的工程成本
c_{jrkn}^{GUv}	第 j 个产品变体的第 r 个复合模块的第 k 个基本模块的第 n 种升级方式的工程成本

续表

参数	参数说明
c_{csjr}	第 c 个外包商的第 s 种再制造方式下选择加工第 j 个产品的第 r 个复合模块的成本
c_{cskn}	第 c 个外包商的第 s 种再制造方式下选择加工第 k 个基本模块选择的第 n 种再制造方式的成本
l_{mcjr}	第 j 个产品的第 r 个复合模块由第 m 个再制造商分配给第 c 个外包商的报价改变的敏感程度
l_{mckn}	第 c 个外包商对第 k 个基本模块选择第 n 种升级方式由第 m 个再制造商选择的报价改变的敏感程度
c_{jr}^{R}	第 j 个产品的第 r 个复合模块不再制造的工程成本
c_{jrk0}^{R}	第 j 个产品变体的第 r 个复合模块的第 k 个基本模块选择不升级的不再制造的工程成本
c_{j}^{a}	第 j 个产品的组装成本
c_{jrk0}^{AMv}	第 j 个产品变体的第 r 个复合模块的第 k 个基本模块选择不升级的不再制造的组装成本
c_{jrkr}^{AMd}	第 j 个产品变体的第 r 个复合模块拆分后的第 k 个基本模块进入第 r 个复合模块的组装成本
$c_{jrkr'}^{AUd}$	第 j 个产品变体的第 r 个复合模块拆分后的第 k 个基本模块进入第 r' 个复合模块的升级组装成本
c_{jrkn}^{AUv}	第 j 个产品变体的第 r 个复合模块的第 k 个基本模块的第 n 种升级方式的组装成本
c_{jrk}^{AUn}	第 j 个产品变体中新增第 r 个复合模块中的第 k 个基本模块的组装成本
T_{jr}	第 j 个产品的第 r 个复合模块再制造后的使用寿命
T_{j}	第 j 个再制造产品的使用寿命
T_{jrkn}	第 j 个产品变体的第 r 个复合模块的第 k 个基本模块的第 n 种升级方式生产的组件的使用寿命
c_{smjr}	第 m 个再制造商选择第 s 种加工方式加工第 j 个产品的第 r 个复合模块的自制成本
c_{smkn}	第 m 个再制造商选择第 s 种加工方式加工第 k 个基本模块采用的第 n 种升级方式的自制成本
c_{mj}^{dw}	第 m 个再制造商再制造第 j 个产品的拆卸和清洗成本
H_{smjr}	第 m 个再制造商选择第 s 种加工方式加工第 j 个产品的第 r 个复合模块的最高报价
H_{smkn}	第 m 个再制造商选择第 s 种加工方式加工第 k 个基本模块采用的第 n 种升级方式的最高报价

针对长生命周期产品，目前产品的失效形式包括几大类，如：磨损、腐蚀、断裂和其他（包括老化和泄漏）等，通过对失效形式的分析得出产品的再制造升级方案的梳理[12, 66]。根据再制造升级方案的梳理，提炼再制造方案决策变量，具体如表 3-2 和表 3-3 所示。

表 3-2　再制造升级方案表

领域	内容	作用	方法	变量提炼
零部件的重用性	长寿命设计	实现零部件的直接重用	通过适当增加强度或选择材料来实现零部件的寿命延长	恢复：x_{jrkn}^{v}
	可修复性设计	实现零部件修复后重用	设计时增加零部件的可靠性，减少零部件的不可恢复失效，防止过度磨损或腐蚀	表现增强升级：x_{jrkn}^{v}
功能模块的替换性	标准化接口设计	便于进行模块更换	采用标准接口，可以在必要时进行模块增加或替换，实现功能升级	合并升级：x_{jr}^{d}, $x_{jrkr'}^{d}$
	功能预置设计	通过预测，预留未来的功能扩展结构	可以改造的结构，并预留模块接口，增加升级性	新增功能升级：x_{jr}^{n}, x_{jrk}^{n}

表 3-3　决策变量

决策变量	变量说明
制造商决策变量	
p_j	连续变量，第 j 个产品变体再制造后的销售价格。$j \in \boldsymbol{J}$
x_{jr}^{n}	0-1 离散变量，第 j 个产品是否新增第 r 个复合模块。$j \in \boldsymbol{J}\ r \in \boldsymbol{r}^{h}$
x_{jrk}^{n}	0-1 离散变量，第 j 个产品的第 r 个复合模块是否包含第 k 个基本模块。$j \in \boldsymbol{J}\ r \in \boldsymbol{r}^{h}$ $k \in \boldsymbol{K}_r^{h}$
x_{jr}^{d}	0-1 离散变量，第 j 个产品是否拆分第 r 个复合模块。$j \in \boldsymbol{J}\ r \in \boldsymbol{r}^{p}\ r \equiv \{r \mid r \in \boldsymbol{r}^{p}, r \neq r'\}$
$x_{jrkr'}^{d}$	0-1 离散变量，第 j 个产品的拆分第 r 个复合模块的第 k 个基本模块是否转移到第 r' 个复合模块中。$j \in \boldsymbol{J}\ r \in \boldsymbol{r}^{p}\ k \in \boldsymbol{K}_r^{p}\ r' \in \boldsymbol{r}^{p}\ r \equiv \{r \mid r \in \boldsymbol{r}^{p}, r \neq r'\}$
x_{jrkn}^{v}	0-1 离散变量，第 j 个产品的第 r 个复合模块的第 k 个基本模块是否选择第 n 种模块升级方式。$j \in \boldsymbol{J}\ r \in \boldsymbol{r}^{p}\ k \in \boldsymbol{K}_r^{p}\ n \in \boldsymbol{N} n=0,1,2$ 分别表示不升级、删除、替换
o_{jr}	0-1 离散变量，第 j 个产品的第 r 个复合模块是否再制造。$j \in \boldsymbol{J}\ r \in \boldsymbol{R}$

续表

决策变量	变量说明
o_{jrkn}	0-1 离散变量，第 j 个产品的第 r 个复合模块的第 k 个基本模块的第 n 种升级方式是否再制造。$j \in \boldsymbol{J}$ $r \in \boldsymbol{R}$ $k \in \boldsymbol{K}_r^p + \boldsymbol{K}^h$ $n \in \boldsymbol{N}$
y_{mjr}	连续变量，第 m 个再制造承包商是否选择第 j 个产品变体的第 r 个复合模块。$j \in \boldsymbol{J}$ $m \in \boldsymbol{M}_s$ $r \in \boldsymbol{R}$
再制造商的决策变量	
ζ_{msjr}	0-1 离散变量，第 m 个再制造承包商的第 s 种再制造实现方式是否被第 j 个产品变体的第 r 个复合模块选择。$s \in \boldsymbol{S}$ $j \in \boldsymbol{J}$ $r \in \boldsymbol{R}^A + \boldsymbol{R}^B$
ζ_{mskn}	0-1 离散变量，第 m 个再制造承包商的第 s 种再制造实现方式是否被第 k 个基本模块的第 n 种升级方式选择。$s \in \boldsymbol{S}_n$ $k \in \boldsymbol{K}_r^A + \boldsymbol{K}_r^B$ $n \in \boldsymbol{N}$
p_{msjr}	连续变量，第 m 个再制造承包商的第 s 种实现方式的第 j 个产品的第 r 个复合模块的报价。$s \in \boldsymbol{S}$ $m \in \boldsymbol{M}_s$ $j \in \boldsymbol{J}$ $r \in \boldsymbol{R}^A + \boldsymbol{R}^B$
p_{mskn}	连续变量，第 m 个再制造承包商的第 s 种实现方式的选择加工第 k 个基本模块对应的第 n 种升级方式的报价。$s \in \boldsymbol{S}_n$ $m \in \boldsymbol{M}_s$ $k \in \boldsymbol{K}_r^A + \boldsymbol{K}_r^B$ $n \in \boldsymbol{N}$
z_{mcjr}	0-1 离散变量，第 m 个再制造商是否选择第 c 个外包商来加工第 j 个产品变体的第 r 个复合模块。$m \in \boldsymbol{M}_s$ $c \in \boldsymbol{C}$ $j \in \boldsymbol{J}$ $r \in \boldsymbol{R}^A + \boldsymbol{R}^B$
z_{mckn}	0-1 离散变量，第 m 个再制造商是否选择第 c 个外包商来加工第 k 个基本模块对应的第 n 种升级方式。$m \in \boldsymbol{M}_s$ $c \in \boldsymbol{C}$ $k \in \boldsymbol{K}_r^A + \boldsymbol{K}_r^B$ $n \in \boldsymbol{N}$
ϑ_{mcjr}	连续变量，第 m 个再制造商给第 c 个外包商加工第 j 个产品变体的第 r 个复合模块的规模。$m \in \boldsymbol{M}_s$ $c \in \boldsymbol{C}$ $j \in \boldsymbol{J}$ $r \in \boldsymbol{R}^A + \boldsymbol{R}^B$
ϑ_{mckn}	连续变量，第 m 个再制造商给第 c 个外包商加工第 k 个基本模块对应的第 n 种升级方式的规模。$m \in \boldsymbol{M}_s$ $c \in \boldsymbol{C}$ $k \in \boldsymbol{K}_r^A + \boldsymbol{K}_r^B$ $n \in \boldsymbol{N}$
外包商的决策变量	
p_{csjr}	0-1 离散变量，第 c 个再制造外包商用第 s 种实现方式加工第 j 个产品的第 r 个复合模块的选择的报价。$c \in \boldsymbol{C}$ $s \in \boldsymbol{S}$ $j \in \boldsymbol{J}$ $r \in \boldsymbol{R}^A + \boldsymbol{R}^B$
p_{cskn}	0-1 离散变量，第 c 个再制造外包商用第 s 种实现方式加工第 k 个基本模块对应的第 n 种升级方式的报价。$c \in \boldsymbol{C}$ $s \in \boldsymbol{S}_n$ $k \in \boldsymbol{K}_r^A + \boldsymbol{K}_r^B$ $n \in \boldsymbol{N}$

表 3-4 函数的定义

函数	函数说明
Q_j	产品 P_j 的需求，$Q_j=\delta_j-\xi_j p_j+\varrho_j \Phi_j+\beta_j \mathcal{M}_j+\gamma_j \mathcal{H}_j$
C^D	制造商对于整个产品族的设计成本
C^G	制造商对于整个产品族的工程成本
C^A	制造商对于整个产品族的组装成本

续表

函数	函数说明
c_j^D	制造商对于第 j 个产品的设计成本
RR_m	第 m 个再制造商的再制造成本
Φ_j	原有产品对第 j 个再制造产品的影响，$\Phi_j = \sum_{r=1}^{R^A} V_{jr} o_{jr} + \sum_{r=1}^{R^B} V_{jr} o_{jr}$
V_{jr}	原有产品对第 j 个再制造产品的第 r 个复合模块的再制造影响评估。$V_{jr} = \frac{\left[\left(W^r w^c v_{jr}^c + 1\right)\left(W^r w^d v_{jr}^d + 1\right)\left(W^r w^p v_{jr}^p + 1\right)\left(W^r w^g v_{jr}^g + 1\right) - 1\right]}{W^r}$
$\mathcal{M}_j$	第 j 个再制造产品的效果评估，$\mathcal{M}_j = \sum_{r=1}^{R}\left(\sum_{k=1}^{K_r^A}\sum_{n=1}^{N} o_{jrkn} V_{jrkn} + \sum_{k=1}^{K_r^B}\sum_{n=1}^{N} o_{jrkn} V_{jrkn}\right)$
V_{jrkn}	第 j 个产品的第 r 个复合模块的第 k 个基本模块采用第 n 种升级方式的再制造效果评估。$V_{jrkn} = \frac{\left[\left(W^k w^f v_{jrkn}^f + 1\right)\left(W^k w^e v_{jrkn}^e + 1\right)\left(W^k w^c v_{jrkn}^c + 1\right) - 1\right]}{W^k}$
v_{jrkn}^f	第 j 个产品的第 r 个复合模块的第 k 个基本模块选择的第 n 种升级方式的功能、性能的改进的指标值。$v_{jrkn}^f = v_{jrkn}^{f1} + v_{jrkn}^{f2}$
v_{jrkn}^e	第 j 个产品的第 r 个复合模块的第 k 个基本模块选择的第 n 种升级方式的环境益处的指标值。$v_{jrkn}^e = v_{jrkn}^{e1} + v_{jrkn}^{e2}$
v_{jrkn}^c	第 j 个产品的第 r 个复合模块的第 k 个基本模块选择的第 n 种升级方式的成本节约的指标值。$v_{jrkn}^c = v_{jrkn}^{c1} + v_{jrkn}^{c2}$
$\mathcal{H}_j$	第 j 个产品的升级效果评估指标。$\mathcal{H}_j = \sum_{r=\theta+1}^{\Gamma}\sum_{k=G_r+1}^{K_r^p} x_{jr}^d x_{jrkr'}^d V_{jrkr'}^d + \sum_{r=\Gamma+1}^{R}\sum_{k=K_r^p+1}^{K_r} x_{jr}^n x_{jrk}^n V_{jrk}^n + \sum_{r=1}^{R}\sum_{k=G_r+1}^{K_r^p}\sum_{n=1}^{N} x_{jrkn}^v V_{jrkn}^v$
C^{GU}	制造商决策产品升级的工程成本
OR_c	第 c 个外包商的总收入
OC_c	第 c 个外包商的总成本
Q_{mcjr}	第 j 个产品的第 r 个复合模块选择第 m 个再制造商外包给第 c 个外包商的数量，$Q_{mcjr} = \vartheta_{mcjr} - \iota_{mcjr} p_{csjr}$
Q_{mckn}	第 k 个基本模块选择第 n 种再制造方式由第 m 个再制造商外包给第 c 个外包商的数量，$Q_{mckn} = \vartheta_{mckn} - \iota_{mckn} p_{cskn}$

本章构建了再制造升级决策评价指标，用于评估再制造升级产品的需求量。其中包含三个部分，分别是成本节约、环境益处和功能 / 性能的改进。Jiang 等[214] 在考虑产品的再制造过程带来成本节约时，考虑了再制造过程中带来的原材料成本节约、加工成本节约和逆向物流成本节约。Fadeyi 等[215] 认为再制造升级设计是一个能使得利润翻倍，同时可以显著

减少碳排放，能够在制造过程中减少 15% 的能源消耗的一个过程。梅赛德斯 - 奔驰在再制造过程中强调了环境影响，将再制造带来的环境益处总结为：能源节约、有害物质排放和二氧化碳排放[216]。Khan 等[18] 认为再制造产品的功能和性能的丰富来满足不断变化的消费者偏好的能力是可升级性原则的核心。Xing 等[114] 评价产品的再制造升级能力时考虑了升级的兼容性指标（Compatibility to Generational Variety，CGV），扩展利用的适应性指标（Fitness for Extended Utilization，FEU）和面向生命周期的模块化指标（Life-Cycle Oriented Modularity，LOM）。其中升级兼容性指标指的是：用工程度量索引（Engineering Metrics，EM）来衡量升级的参数变化导致新功能的改进对这个产品变体的相容性。扩展利用的适应性指标表征和测量组件的重用性，由功能重用性（Functional Reusability，FRe）和物理重用性（Physical Reusability，PRe）组成，功能重用性是在使用一段时间后，升级后的功能和技术指标仍然能保持在用户需求范围。物理重用性是使用一段时间后，产品的可靠性（Reliability，R）仍然保持在一定范围。面向生命周期的模块化指标表示的是产品的架构被组件的连接和关系所影响的程度。产品的模块化是简化产品架构的重要手段，模块化是一个表明模块内部相关性和模块间相互联系的指标。模块化产品通过促进组件的分离、交换和插入，服务于升级和再制造的共同利益。产品的模块化程度是指产品在结构配置中模块内部关联（Correspondence Ratio，CR）和模块间依赖的程度（Cluster Independence Index，CI）。综上所述，本章确定的产品升级性评价指标如图 3-3 所示。从图中可以看出，功能、性能的改进包含两方面，分别是再制造满足程度和再制造修复效果；环境益处包含再制造能源节约和再制造有害排放降低两个部分；成本节约包含材料成本节约和加

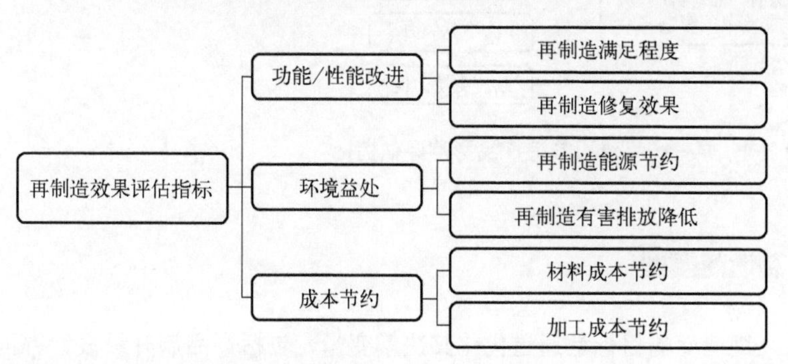

图 3-3 再制造产品效果评估指标

工成本节约两个部分。

接下来对再制造产品的效果评估函数中用到的符号和参数进行解释，W^k为相对比例常数，其范围是 0 ～ 1，w^f、w^e和w^c是各自评估指标的权重。v_{jrkn}^{f1}和v_{jrkn}^{f2}分别为第j个产品的第r个复合模块的第k个基本模块选择的第n种升级方式的再制造满足程度和再制造修复效果评估指标值。v_{jrkn}^{e1}和v_{jrkn}^{e2}分别为第j个产品的第r个复合模块的第k个基本模块选择的第n种升级方式的再制造能源节约和再制造有害物质排放评估指标值。v_{jrkn}^{c1}和v_{jrkn}^{c2}分别是第j个产品的第r个复合模块的第k个基本模块选择的第n种升级方式的再制造材料成本节约和再制造加工成本节约评估指标值。

另外，本章还构建了原有产品对再制造产品的影响指标，包含四个方面，分别是顾客偏好、销售渠道、价格竞争力和政府支持力度，具体见图 3-4。同样的，对原有产品对再制造产品的影响指标函数中用到的符号和参数进行解释。W^r为相对比例常数，其范围是 0 ～ 1，w^c、w^d、w^p和w^g是各自评估指标的权重。v_{jr}^c、v_{jr}^d、v_{jr}^p和v_{jr}^g分别为第j个产品的第r个复合模块的顾客偏好、销售渠道、价格竞争和政府支持力度的指标值。再制造升级效果评估指标函数中包含三个参数，分别是$V_{jrkr'}^d$、V_{jrk}^n和V_{jrkn}^v，分别代表拆分第j个产品的第r个复合模块，将其第k个基本模块并入第r'个复合模块的升级效果评估，新增第r个复合模块中的第k个基本模块的升级效果评估指标以及产品变体j的第r个复合模块的第k个基本模块选择第n种升级方式的升级效果评估指标值。

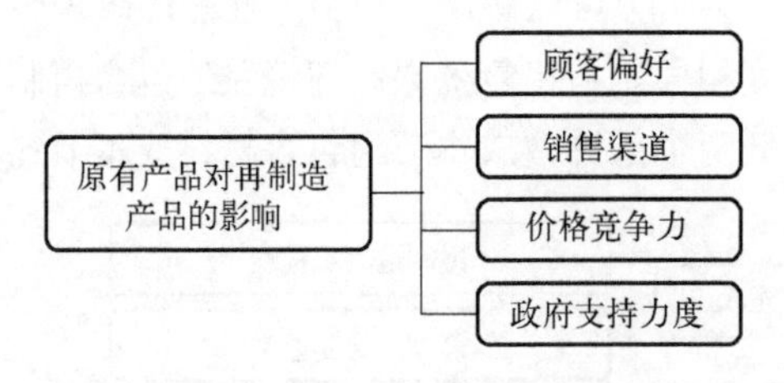

图 3-4　原有产品对再制造产品影响评估指标

3.3.2 制造商模型

制造商的目标是通过优化其决策变量，包括产品族升级设计、再制造决策、再制造商选择和零售价格，使利润最大化。制造商的利润等于其总收入减去总成本。总收入：

$$DR=\sum_{j=1}^{J}p_jQ_j \tag{3.1}$$

式中，Q_j 表示对产品 p_j 的需求，$Q_j=\delta_j-\xi_jp_j+\varrho_j\Phi_j+\beta_j\mathcal{M}_j+\gamma_j\mathcal{H}_j$。考虑到再制造产品价格较低且是环保产品[217]，在保证质量的前提下，价格较低的产品必然会增加产品需求，从而使制造企业受益[218]。例如，Gartner 的说明提到了打印机原始制造企业的收入由于再制造产品的生产而得到了较大幅度的增加[219]。参数 ξ_j 是产品族升级架构设计再制造外包决策中再造品 p_j 销售价格的弹性系数，是衡量价格变化引起的数量变化的敏感性指标。参数 ξ_j 称为“价格弹性系数”，其值为正数。

制造商的总成本包括产品族升级架构设计的设计成本（C_j^D）、工程成本（C_j^G）、组装成本（C^A）和再制造成本（RR_m）。每个产品架构的总设计成本为：

$$C_j^D=c_j^D+\sum_{r=\theta+1}^{R}\left[\sum_{k=G_r+1}^{K_r^p}\left(\sum_{n=1}^{N}x_{jrkn}^{v}c_{jrkn}^{Dv}+x_{jr}^{d}x_{jrkr'}^{d}c_{jrkr'}^{Dd}\right)+\sum_{k=K_r^p+1}^{K}c_{jrk}^{Dn}x_{jr}^{n}x_{jrk}^{n}\right] \tag{3.2}$$

工程成本分为两大类，分别是升级的工程成本（C^{GU}）和不再制造的工程成本（C^{GR}），其中升级的工程成本为：

$$\begin{aligned}C_j^{GU}=Q_j\sum_{r=\theta+1}^{R}\Bigg\{&\left(1-o_{jr}\right)\sum_{k=K_r^p+1}^{K}x_{jr}^{n}x_{jrk}^{n}c_{jrk}^{GUn}\\&+\sum_{k=G_r+1}^{K_r^p}\left[x_{jr}^{d}x_{jrkr'}^{d}c_{jrkr'}^{GUd}\left(1-o_{jrk0}\right)+\sum_{n=1}^{N}\left(1-o_{jrkn}\right)\left(\sum_{n=1}^{N}x_{jrkn}^{v}c_{jrkn}^{GUv}\right)\right]\Bigg\}\end{aligned} \tag{3.3}$$

不再制造的工程成本分为三个组成部分，分别是所有不再制造模块的工程成本（C^{GR-N}），可以考虑再制造的集合中，决策不再制造的工程成本（C^{GR-A}），一定再制造的复合模块集合中，某些决策不再制造的基本模块的工程成本（C^{GR-B}）。

$$C^{GR-N}=\sum_{j=1}^{J}Q_j\sum\nolimits_{r=1}^{R^N}\left(\left(1-o_{jr}\right)c_{jr}^{R}\right) \tag{3.4}$$

$$C^{GR-A}=\sum_{j=1}^{J}Q_j\sum_{r=1}^{R^A}o_{jr}\left[\sum_{k=1}^{K_r^A}c_{jrk0}^{R}\left(1-o_{jrk0}\right)+\sum_{k=1}^{K_r^N}c_{jrk0}^{R}\left(1-o_{jrk0}\right)\right] \tag{3.5}$$

$$C^{GR-B}=\sum_{j=1}^{J}Q_j\sum_{r=1}^{R^B}o_{jr}\left[\sum_{k=1}^{K_r^A}c_{jrk0}^{R}\left(1-o_{jrk0}\right)+\sum_{k=1}^{K_r^N}c_{jrk0}^{R}\left(1-o_{jrk0}\right)\right] \tag{3.6}$$

因此，我们得到不再制造的工程成本为：

$$C^{GR}=C^{GR-A}+C^{GR-N}+C^{GR-B} \tag{3.7}$$

总工程成本为：

$$C^{G}=C^{GU}+C^{GR} \tag{3.8}$$

组装成本包含四个部分，分别是产品层面的组装成本（C^{AJ})，可以选择升级的范围中的不升级的组装成本（C^{AM}），平台的组装成本（C^{AP}）以及升级范围内决策升级的组装成本（C^{AU}）。因此，组装成本为：

$$C^{A}=C^{AJ}+C^{AM}+C^{AP}+C^{AU} \tag{3.9}$$

其中，产品层面的组装成本为：

$$C^{AJ}=\sum_{j=1}^{J}Q_j c_j^{a} \tag{3.10}$$

可以选择升级的范围中的不升级的组装成本（C^{AM}）为：

$$C^{AM}=\sum_{j=1}^{J}Q_j\sum_{r=\theta+1}^{\Gamma}\left[\sum_{k=1}^{G_r}c_{jrk0}^{AMv}+\sum_{k=G_r+1}^{K_r^p}\left(\left(1-x_{jr}^{d}x_{jrkr'}^{d}\right)c_{jrkr}^{AMd}+x_{jrk0}^{v}c_{jrk0}^{AMv}\right)\right] \tag{3.11}$$

平台的组装成本（C^{AP}）为：

$$C^{AP}=\sum_{j=1}^{J}Q_j\sum_{r=1}^{\theta}\sum_{k=1}^{G_r}\sum_{n=1}^{N}c_{jrk0}^{AMv} \tag{3.12}$$

升级范围内决策升级的组装成本（C^{AU}）为：

$$\begin{aligned}C^{AU}=\sum_{j=1}^{J}Q_j&\left\{\sum_{r=\theta+1}^{\Gamma}\left[\sum_{k=G_r+1}^{K_r^p}\left(x_{jr}^{d}x_{jrkr'}^{d}c_{jrkr'}^{AUd}+\sum_{n=1}^{N}x_{jrkn}^{v}c_{jrkn}^{AUv}\right)\right]\right.\\&\left.+\sum_{\Gamma+1}^{R}\sum_{k=K_r^p+1}^{K_r}x_{jr}^{n}x_{jrk}^{n}c_{jrk}^{AUn}\right\}\end{aligned} \tag{3.13}$$

因此，制造商的总成本如下所示：

$$DC=\sum_{j=1}^{J}\left(1-\alpha_j\right)\left(C_j^{D}+C_j^{G}\right)+C^{A}+\sum_{m=1}^{M_s}RR_m \tag{3.14}$$

其中参数 α_j 描述了产品 p_j 对于制造商的成本节约程度，因为实施再制造可以降低成本[220]。例如，如今施乐的再制造产品占总产量的 25%。据估计，在全球范围内，每年节省的总成本约为 2 亿美元，而且可以从垃圾填埋场回收超过 2.5 万吨的材料。我们从材料成本和加工成本两个方面评估成本节约，加工成本包括设计成本和工程成本[27]，并将参数 α_j 称为"再制造成本参数"。参数 α_j 的取值范围为 0 ～ 1，反映了再制造战略实施过程中制造商的设计成本和工程成本之和的减少。

为使制造商利润最大化，制造商的决策模型（即子模型 M）为：

$$\text{Max } \pi^D = DR - DC \tag{3.15}$$

$$\text{s.t.} \quad 1+W^r = \left(1+W^r w^c\right)\left(1+W^r w^d\right)\left(1+W^r w^p\right)\left(1+W^r w^g\right) \tag{3.16}$$

$$1+W^k = \left(1+W^k w^{1f}\right)\left(1+W^k w^{1e}\right)\left(1+W^k w^{1c}\right) \tag{3.17}$$

$$\begin{aligned}&\sum_{r=\Gamma+1}^{R}\sum_{k=K_r^p+1}^{K}\left|x_{jr}^n x_{jrk}^n - x_{j'r}^n x_{j'rk}^n\right| \\ &\quad+\sum_{r=\theta+1}^{\Gamma}\sum_{k=G_r+1}^{K_r^p}\left(\left|x_{jr}^d x_{jrkr'}^d - x_{j'r}^d x_{j'rkr'}^d\right|\right. \\ &\quad\left.+\sum_{n=1}^{N}\left|x_{jrkn}^v - x_{j'rkn}^v\right|\right) > 0\end{aligned} \tag{3.18}$$

$$\sum_{k=G_r+1}^{K_r^p}\left(\sum_{n=1}^{N}x_{jrkn}^v + x_{jr}^d x_{jrkr'}^d\right) = 0, \ r, r' \in \boldsymbol{\theta} \tag{3.19}$$

$$\sum_{m=1}^{M_s} y_{mjr} = 1 \tag{3.20}$$

$$o_{jr} T_{jr} \geqslant T_j \tag{3.21}$$

$$o_{jrkn} T_{jrkn} \geqslant T_j \tag{3.22}$$

$$\sum_{k=1}^{\boldsymbol{K_r}}\sum_{n=1}^{N} o_{jrkn} - o_{jr} \geqslant 0 \ \ r \in R^A \tag{3.23}$$

$$\sum_{k=1}^{K}\sum_{n=1}^{N} o_{jrkn} - o_{jr} \geqslant 0 \ \ r \in R^B \tag{3.24}$$

$$\sum_{r=\Gamma+1}^{R} x_{jr'kn}^n = 0 \quad k \in \boldsymbol{K}^h \tag{3.25}$$

$$x_{jr}^n - o_{jr} \geqslant 0 \tag{3.26}$$

$$x_{jr}^d o_{jr} = 0 \tag{3.27}$$

$$x_{jrkn}^{v}-o_{jrkn}\geqslant 0\quad n\equiv\left\{n\middle|n\neq 1,n\in\boldsymbol{N}\right\} \tag{3.28}$$

$$x_{jr}^{n}x_{jrk}^{n}x_{jrk'}^{n}\mathcal{F}_{kk'}\left(x_{jrk}^{n}\right)\geqslant\psi \tag{3.29}$$

$$x_{jr}^{d}=x_{jrkr'}^{d} \tag{3.30}$$

$$p_{j}\geqslant 0 \tag{3.31}$$

$$x_{jr}^{n},x_{jrk}^{n},x_{jr}^{d},x_{jrkr'}^{d},x_{jrkn}^{v};o_{jr},o_{jrkn};y_{jmr}\in\{0,1\} \tag{3.32}$$

式 (3.16)、式 (3.17) 是聚合模型中的参数约束。式 (3.18) 是保证升级后的产品的差异化约束。式 (3.19) 定义了公共模块不能升级的约束。式 (3.20) 表示一个产品只能选一个再制造商。式 (3.21)、式 (3.22) 表示再制造模块的剩余寿命大于产品的寿命，属于再制造约束。式 (3.23)、式 (3.24) 表示再制造的复合模块和再制造基本模块的关系约束，如果复合模块再制造，则复合模块中的基本模块必定至少有一个需要再制造。式 (3.25) 表示受原产品架构制约而不能升级某模块的约束。式 (3.26) ～式 (3.28) 表示再制造和升级之间的关系约束。式 (3.29) 描述的是如果新增某两个基本模块，这两个基本模块同属于某新增的复合模块的耦合度约束。式 (3.30) 是拆分复合模块升级约束，如果决策拆分某复合模块，则其中的基本模块则一定并入了某个其他的复合模块中。式 (3.31) 和式 (3.32) 是制造商所有决策变量取值范围约束。

3.3.3 再制造商模型

每个再制造商的目标是使其利润最大化。每个再制造商的收入由两部分组成，一个是复合模块再制造的收入，一个是基本模块再制造的收入，具体如下所示：

$$RR_{m}=\sum_{j=1}^{J}Q_{j}y_{mj}\sum_{r=1}^{R}\left(o_{jr}\sum_{s=1}^{S}\zeta_{sjr}p_{smjr}+\sum_{s=1}^{S_{n}}\sum_{k=1}^{K}\sum_{n=0}^{N}o_{jrkn}\zeta_{skn}p_{smkn}\right) \tag{3.33}$$

每个再制造商在产品族架构升级设计的过程中需要考虑多种成本，包括自主制造成本（C_{m}^{S}）、外包成本（C_{m}^{O}）以及清洗和拆卸成本（C_{m}^{R}）。因此，再制造商的成本表达式如下所示：

$$RC_{m}=C_{m}^{S}+C_{m}^{O}+C_{m}^{R} \tag{3.34}$$

其中，再制造商的自主制造成本由复合模块的再制造成本和基本模块的再制造成本组成，具体表达如下所示：

$$C_m^S = \sum_{j=1}^{J} Q_j \sum_{r=1}^{R} y_{mjr} \left(\sum_{s=1}^{S} o_{jr} \zeta_{sjr} \prod_{c=1}^{C} \left(1 - z_{mcjr}\right) c_{smjr} \right. \\ \left. + \sum_{k=1}^{K} \sum_{s=1}^{S_n} \sum_{n=1}^{N} o_{jrkn} \zeta_{skn} \prod_{c=1}^{C} \left(1 - z_{mckn}\right) c_{smkn} \right) \tag{3.35}$$

外包成本包含复合模块的外包成本和基本模块的外包成本，具体如下所示：

$$C_m^O = \sum_{j=1}^{J} y_{mjr} \sum_{r=1}^{R} \left[\sum_{s=1}^{S} o_{jr} \zeta_{sjr} \left(\sum_{c=1}^{C} z_{mcjr} p_{csjr} Q_{mcjr} \right) \right. \\ \left. + \sum_{s=1}^{S_n} \sum_{k=1}^{K} \sum_{n=1}^{N} o_{jrkn} \zeta_{skn} \left(\sum_{c=1}^{C} z_{mckn} p_{cskn} Q_{mckn} \right) \right] \tag{3.36}$$

第 m 个再制造商的拆卸和清洗成本如下所示：

$$C_m^R = \sum_{j=1}^{J} \sum_{r=1}^{R} Q_j \, y_{mjr} \, c_{mjr}^{dw} \tag{3.37}$$

为了使每个再制造商的利润最大化，每个再制造商的决策模型（即子模型 M）为：

$$\text{Max } \pi_m = RR_m - RC_m \tag{3.38}$$

s.t.

$$\sum_{m=1}^{M_r} \sum_{c=1}^{C} z_{mcjr} Q_{mcjr} = \sum_{m=1}^{M_r} \sum_{c=1}^{C} z_{mckn} Q_{mckn} = Q_j \tag{3.39}$$

$$o_{jr} = \sum_{s=1}^{S} \zeta_{sjr} \tag{3.40}$$

$$o_{jrkn} = \sum_{s=1}^{S_n} \zeta_{skn} \tag{3.41}$$

$$\sum_{s=1}^{S} \zeta_{sjr} = 1 \tag{3.42}$$

$$\sum_{s=1}^{S_n} \zeta_{skn} = 1 \quad n = 0, k \in \boldsymbol{K}_r^A + \boldsymbol{K}_r^B \tag{3.43}$$

$$\sum_{s=1}^{S_n} \zeta_{skn} = 1 \quad n \in \boldsymbol{N}, n \neq 0, k \in \boldsymbol{K}_r^p \tag{3.44}$$

$$z_{mcjr'} = z_{mck'n} = 0 \tag{3.45}$$

$$o_{jr} o_{jrkn} \left(\sum_{n=0}^{N} z_{mckn} - z_{mcjr} \right) \geqslant 0 \tag{3.46}$$

$$\zeta_{skn} p_{smkn} \leqslant H_{smkn} \tag{3.47}$$

$$\zeta_{sjr} p_{smjr} \leqslant H_{smjr} \tag{3.48}$$

$$o_{jr} \geqslant \sum_{c=1}^{C} z_{mcjr} \tag{3.49}$$

$$o_{jrkn} \geqslant \sum_{c=1}^{C} z_{mckn} \tag{3.50}$$

$$\zeta_{sjr}, \zeta_{skn}; z_{mcjr}, z_{mckn} \in [0,1] \tag{3.51}$$

$$p_{smjr}, p_{smkn}; \vartheta_{mcjr}, \vartheta_{mckn} > 0 \tag{3.52}$$

等式 (3.39) 表示每个再制造商分配给所有外包商的外包产品模块的生产数量必须等于对应的需要再制造的产品变体的数量。等式 (3.40)、式 (3.41) 表示再制造与再制造方式的关系约束，如果选择了再制造，则一定会选择某种再制造方式，反之亦然。等式 (3.42)、式 (3.44) 表示每一种再制造方式只能选择一种实现方式。等式 (3.45) 表示某些核心模块，只能由再制造商通过自制的方式完成生产，而不能够外包生产。式 (3.46) 表示复合模块和基本模块的外包关系约束，如果某个复合模块外包，则相应的基本模块均外包生产。式 (3.47) 、式 (3.48) 表示再制造实现方式对应的再制造商报价应该小于再制造企业给出的最大值。式 (3.49)、式 (3.50) 表示只有选择了再制造，才有可能选择再制造外包商，如果没有选择再制造，则不能选择再制造外包商。式 (3.51) 、式 (3.52) 是再制造商决策变量的约束。

3.3.4 外包商模型

每个外包商的问题是确定其最优决策变量，包括从再制造商处获得的再制造的基本模块和复合模块的生产报价，以实现其利润的最大化。考虑到三层优化模型的复杂性，由于三层主从交互优化模型的可行域可能出现较小的情况，从而造成无解的现象，因此，在建立第三层优化模型时考虑了求解的便利性，对第三层模型进行了适当简化。每个外包商的总收入是外包商的报价演化而来，如式 (3.53) 所示。因此，每个外包商的总收入为：

$$OR_c=\sum_{j=1}^{J}\sum_{r=1}^{R}\sum_{m=1}^{M_s}y_{mjr}\left(\sum_{s=1}^{S}z_{mcjr}o_{jr}p_{csjr}Q_{mcjr}+\sum_{s=1}^{S_n}\sum_{k=1}^{K}\sum_{n=1}^{N}z_{mckn}o_{jrkn}p_{cskn}Q_{mckn}\right) \tag{3.53}$$

各外包商的总成本由外包的再制造基本模块和复合模块的生产成本组成：

$$OC_c=\sum_{j=1}^{J}\sum_{r=1}^{R}\sum_{m=1}^{M_s}y_{mjr}\left(\sum_{s=1}^{S}z_{mcjr}o_{jr}c_{csjr}Q_{mcjr}+\sum_{s=1}^{S_n}\sum_{k=1}^{K}\sum_{n=1}^{N}z_{mckn}o_{jrkn}c_{cskn}Q_{mckn}\right) \tag{3.54}$$

因此，每个外包商的决策模型（即子模型 C）的目标是使其利润最大化，为：

$$\text{Max}\ \pi_c=OR_c-OC_c\quad c=1,\cdots,C \tag{3.55}$$

$$\text{s.t.}\qquad p_{csjr},p_{cskn}\geqslant 0 \tag{3.56}$$

式 (3.56) 保证了决策变量的值的非负约束。

3.3.5 三层优化模型

基于制造商、再制造商和外包商的决策模型，即子模型 D、M 和 C，可将考虑再制造外包的产品族升级设计优化问题描述为一个三层优化模型。制造商是领导者，再制造商是从者，而外包商是再制造商的从者。三层优化模型（简称GM1）为：

$$\text{Max } \pi^D = DR - DC$$

s.t. Constraints 式 (3.16) ～式 (3.32)

$$\text{Max } \pi_m = RR_m - RC_m \quad m = 1, \cdots, M_s$$

s.t. Constraints 式 (3.39) ～式 (3.52)

$$\text{Max } \pi_c = OR_c - OC_c \quad c = 1, \cdots, C$$

s.t. Constraints 式 (3.56)

在三层动态优化的过程中，制造商获得再制造商的最佳响应，再制造商获得其外包商的最佳响应。首先，制造商通过初始化这些值来进行决策，这些值分别为：p_{mj}、x_{jr}^n、x_{jrk}^n、x_{jr}^d、$x_{jrkr'}^d$、x_{jrkn}^v、o_{jr}、o_{jrkn}和y_{mj}。再制造商在收到制造商的决策结果后，将这些决策结果作为给定的已知，继而依次输入：ζ_{sjr}、ζ_{skn}、p_{smjr}、p_{smkn}、z_{mcjr}、z_{mckn}、ϑ_{mcjr}和ϑ_{mckn}以使再制造商得到最大化的利润。最后，根据再制造商的决策结果，外包商通过初始化p_{csjr}和p_{cskn}的值来产生他们的定价决策，以使他们的利润最大化。

为了得到均衡解，再制造商在制造商改变其决策时调整其最优决策以使利润最大化，外包商也根据再制造商最新的决策调整其最优决策以使利润最大化，反之亦然。这个优化过程一直持续到没有人愿意改变决策，因为这个偏差会使利润低于最优值。通过这种方式，制造商、再制造商和外包商就面向再制造的产品族架构的升级设计达成了均衡解决方案[221]。

3.4 模型求解

下面描述每一个决策变量是如何被优化决策的。在3.4.1节，通过解析的方式获得求解外包商的报价p_{csjr}和p_{cskn}的最优反应集。然后，将p_{csjr}和p_{cskn}的解析解代入再制造商的决策模型中，可以将原来的三层博弈优化模型转化为双层博弈优化模型。为了解决这个双层优化模型，在3.4.2节采用了嵌套式的遗传算法。

3.4.1 外包商的最优反应函数

为了得到三层优化模型（GM1）的均衡解，由于 GM1 是一个具有完全召回的有限博弈，采用了逆向归纳法[67]。首先计算出各外包商的最佳反应函数，然后将各外包商的最佳反应集代入再制造商的决策模型中。我们首先采用分析方法来确定外包商的最佳反应集。为了得到外包商的最佳反应函数，本章建立了海赛矩阵。考虑到关于 p_{csjr} 和 p_{cskn} 两个变量的再制造商目标函数 π_c 的海赛矩阵（$\boldsymbol{H}$），我们有：

$$\boldsymbol{H}=\begin{bmatrix} -2\sum_{j=1}^{J}\sum_{r=1}^{R}\sum_{m=1}^{M_s}\sum_{s=1}^{S} y_{mj}z_{mcjr}o_{jr}\iota_{mcjr} & 0 \\ 0 & -2\sum_{j=1}^{J}\sum_{r=1}^{R}\sum_{m=1}^{M_s}\sum_{s=1}^{S_n}\sum_{k=1}^{K}\sum_{n=1}^{N} y_{mj}z_{mckn}o_{jrkn}\iota_{mckn} \end{bmatrix} \tag{3.57}$$

根据式 (3.57)，我们可以得到海赛矩阵的主子式，即 $-2\sum_{j=1}^{J}\sum_{r=1}^{R}\sum_{m=1}^{M_s}\sum_{s=1}^{S} y_{mj}z_{mcjr}o_{jr}p_{csjr}\iota_{mcjr}<0$ 和 $4\sum_{j=1}^{J}\sum_{r=1}^{R}\sum_{m=1}^{M_s}\sum_{s=1}^{S_n}\sum_{k=1}^{K}\sum_{n=1}^{N} y_{mj}^{2}z_{mcjr}o_{jr}\iota_{mcjr}z_{mckn}o_{jrkn}\iota_{mckn}>0$。可以看出，海赛矩阵是一个严格负定矩阵。通过求解以下方程，可以得到最优的 p_{csjr} 和 p_{cskn}：

$$\begin{cases} \dfrac{\partial \pi_c}{\partial p_{csjr}}=y_{mj}z_{mcjr}o_{jr}\left(\vartheta_{mcjr}+\iota_{mcjr}c_{csjr}-2\iota_{mcjr}p_{csjr}\right) \\ \dfrac{\partial \pi_c}{\partial p_{cskn}}=y_{mj}z_{mckn}o_{jrkn}\left(\vartheta_{mckn}+\iota_{mckn}c_{cskn}-2\iota_{mckn}p_{cskn}\right) \end{cases}$$

然后，我们获得了

$$\begin{cases} p_{csjr}=\dfrac{\vartheta_{mcjr}+\iota_{mcjr}c_{csjr}}{2\iota_{mcjr}} \\ p_{cskn}=\dfrac{\vartheta_{mckn}+\iota_{mckn}c_{cskn}}{2\iota_{mckn}} \end{cases} \tag{3.58}$$

将式 (3.58) 代入式 (3.36)，各再制造商的外包成本为：

$$C_m^{O'}=\sum_{j=1}^{J}y_{mj}\sum_{r=1}^{R}\left[\sum_{s=1}^{S}o_{jr}\zeta_{sjr}\left(\sum_{c=1}^{C}\frac{\left(\vartheta_{mcjr}+\iota_{mcjr}c_{csjr}\right)z_{mcjr}Q_{mcjr}}{2\iota_{mcjr}}\right)\right.$$
$$\left.+\sum_{s=1}^{S_n}\sum_{k=1}^{K}\sum_{n=1}^{N}o_{jrkn}\zeta_{skn}\left(\sum_{c=1}^{C}\frac{\left(\vartheta_{mckn}+\iota_{mckn}c_{cskn}\right)z_{mckn}Q_{mckn}}{2\iota_{mckn}}\right)\right] \tag{3.59}$$

将式 (3.59) 代入式 (3.34)，再制造商的决策模型为：

$$\pi_m=RR_m-C_m^S-C_m^{O'}-C_m^R \tag{3.60}$$

因此，可以将三层优化模型 GM1 重新表述为双层优化模型 GM2，如下所示：

Max $\pi^D=DR-DC$

s.t. Constraints 式 (3.15) ～式 (3.32)

Max $\pi_m=RR_m-C_m^S+C_m^{O'}+C_m^R$

s.t. Constraints 式 (3.38) ～式 (3.52)

在 GM2 中，一方面，子模型 M 包含许多复杂的约束，特别是等式 (3.18) 和式 (3.19)。除了连续的决策变量（p_{smjr}, p_{smkn}, ϑ_{mcjr}, ϑ_{mckn}）外，它还涉及离散的决策变量（如：ζ_{sjr}、ζ_{skn}、z_{mcjr} 和 z_{mckn}）。因此，它的解空间非常大且不连续。另一方面，子模型 D 和 M 都是非线性的，且制造商的决策模型不是凸的。由于这些特点，GM2 非常复杂，很难进行分析。因此，它不能被精确地求解。

3.4.2 嵌套遗传算法

针对双层优化模型固有的非凸性和不可微性，提出了求解优化模型的启发式算法。一般可分为单层变换方法和嵌套顺序方法[29]。在双层优化模型 GM2 中，上下层决策问题均涉及多个决策变量，使得单层决策转换非常困难。考虑到嵌套遗传算法利用了随机搜索技术，是强大的元启发式算法，可以很好地解决搜索空间大且不连续的双层优化问题。这是一种非常有效的解决方法，因为这种方法可以避免局部最优[181]。

3.4.2.1 算法设计

由于本章中转换的双层规划模型决策变量的离散性，使得传统的求解非线性双层规划的方法具有很大的挑战性。产品族升级设计和再制造决策的联合优化是双层规划模型上层和下层之间交互决策的过程，因此本章采用嵌套遗传算法对模型求解。图 3-5 具体展示了嵌套遗传算法的流程，它与双层联合优化的固有决策机制一致。

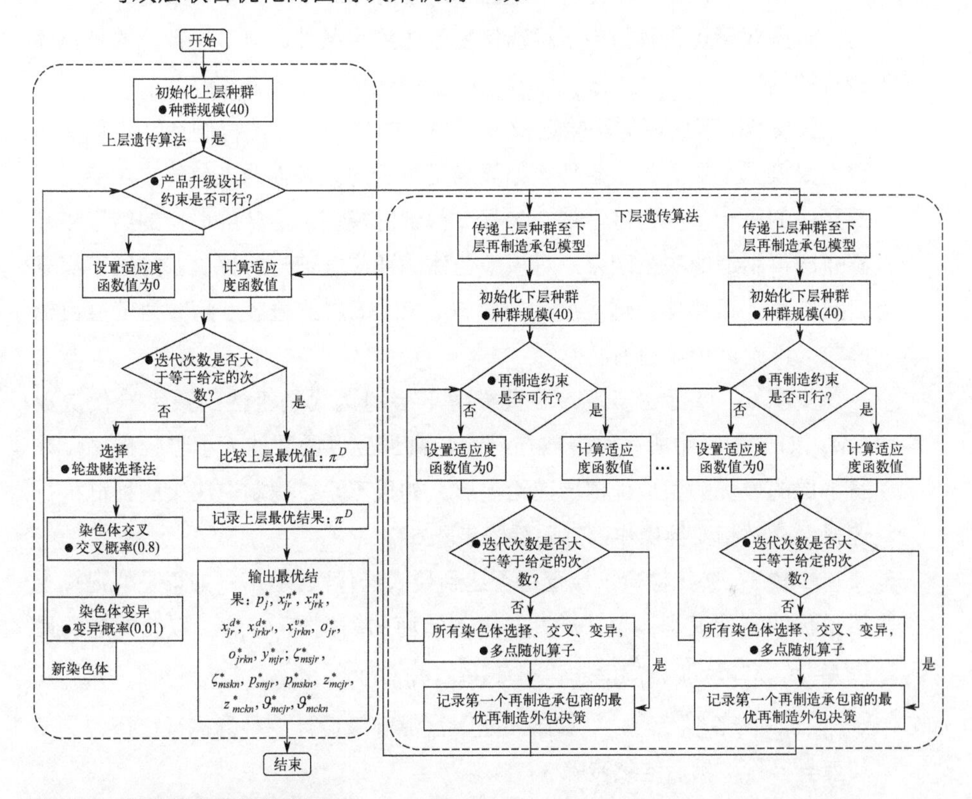

图 3-5　嵌套遗传算法流程图

步骤 1：参数设置。输入面向再制造的升级产品族设计参数，包括上层遗传算法的种群规模 N、最大迭代次数 GN、产品变体个数 J、模块升级的各项成本，工程成本，顾客需求等；下层遗传算法的种群规模 M、最大迭代次数 GM、再制造成本、外包成本等。

步骤 2：上层种群初始化。根据双层优化模型中上层决策变量的约束条件，初始化一系列种群的染色体（$x_{jr}^n, x_{jrk}^n, x_{jr}^d, x_{jrkr'}^d, x_{jrkn}^v; o_{jr}, o_{jrkn}; y_{jmr}$），选择合适的编码策略进行编码操作。

步骤 3：上层评估。验证上层（产品升级设计）染色体是否满足模型上层的约束条件。对于满足自身约束条件的染色体，将最优值设为适应度函数值，然后跳到步骤 4。对于不满足自身约束的染色体，适应度函数设置为 0，然后跳到步骤 7。上层的适应度函数值为上层目标函数值（制造企业的利润）。

步骤 4：下层种群初始化。上层传递的种群作为模型下层的参数，同时，根据双层优化模型中下层决策变量的约束条件，对下层种群的染色体进行初始化（ζ_{sjr} ,ζ_{skn} ;z_{mcjr} ,z_{mckn} ;p_{smjr} ,p_{smkn} ;ϑ_{mcjr} ,ϑ_{mckn} ）。

步骤 5：下层评估。验证模型下层（模块或组件的再制造）染色体是否满足模型下层的约束条件。如果满足自身约束条件的染色体，对模型下层产生的每一个染色体，结合步骤 2 得到的模型上层升级设计的结果和步骤 4 的再制造的决策结果，对该染色体的适应度值进行评价。如果不满足自身约束的染色体，适应度函数设置为 0。下层的适应度函数为下层目标函数（再制造企业的利润）。

步骤 6：可行性鉴定。检查模型下层的迭代是否达到最大迭代次数 GM。如果是，将所有种群放在一起，对适应度函数的大小进行排序，并将下层的最优解和最优值传递给上层。如果不是，再制造决策的种群执行选择、交叉和变异操作，然后继续步骤 5。

步骤 7：终止检查。检查是否达到最大迭代次数 GN。如果是，记录上层最优的制造商利润值（π^D）与再制造商的利润值（π_m），以及对应的最优解 p_j^* ,x_{jr}^{n*} ,x_{jrk}^{n*} ,x_{jr}^{d*} ,$x_{jrkr'}^{d*}$,x_{jrkn}^{v*} ,o_{jr}^* ,o_{jrkn}^* ,y_{mjr}^* ;ζ_{msjr}^* ,ζ_{mskn}^* ,p_{smjr}^* ,p_{mskn}^* ,z_{mcjr}^* ,z_{mckn}^* , ϑ_{mcjr}^* ,ϑ_{mckn}^*。如果不是，产品升级设计的种群执行选择、交叉和变异操作，然后继续步骤 3。

3.4.2.2 编码

本章建立的三层优化模型中，上层制造商优化模型和下层再制造商优化模型涉及的决策变量较多，我们仅以上层决策变量 x_{jrkn}^v 的编码为例来简要说明编码策略。如图 3-6 所示，对决策变量 x_{jrkn}^v 采用 0-1 编码策略。第一行为产品族层，不同颜色代表不同的产品族，同一颜色中基因值为 1 的表示这个产品族选择了某个产品变体。同样的，第二行为产品层，不同颜色的基因代表不同的复合模块，数字 1 表示选择了某个复合模块，数字 0 表示没有这个复合模块。相似的，第三行为基本模块层，表示基本模块是否被选择。第四行为升级层，表示每个基本模块选择了哪种升级方式，基

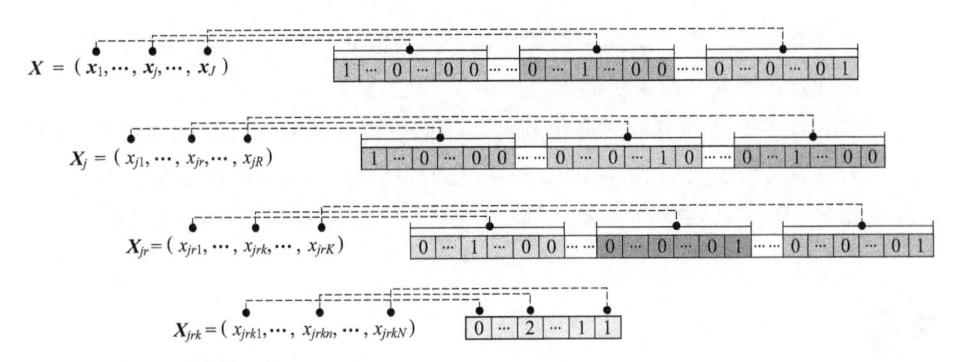

图 3-6　染色体编码

因值为 0 则表示不升级，基因值为 1 表示删除升级，基因值为 2 表示替换升级。

3.4.2.3　交叉与变异

选择操作是用选择算子在遗传算法中选择出部分可以使目标函数较优的染色体，作为父代染色体。其目的是在执行后续的交叉和变异操作的过程后，产生质量较高的一系列子代染色体，以完成遗传算法的迭代过程[222]。业界较常使用轮盘赌的方式选择较优秀的算子，也叫做比例选择法，因此，本章采用此种方式来进行算子选择。轮盘赌选择算子的主要思路是选择基因组，基因组被选中的概率为它们的适应度函数值与所有适应度函数值的和的比值。这也就说明了，当一组基因组计算出来的适应度函数值越大，它们被选中成为父代基因组的机会就越高。

在遗传算法中，选择操作之后紧跟着会执行交叉操作。交叉操作指的是两组基因组以一定的概率随机交叉部分基因的过程。交叉操作可以帮助遗传算法陷入局部最优，可以有效进行更大范围的搜索，因此是遗传算法的一个非常重要的环节。交叉操作有多种形式，如多点随机交叉、循环交叉、单点交叉等，本章采用单点随机交叉的方式，图 3-7 展示了两个父代染色体

	产品变体1					⋯	产品变体J				
	复合模块1	⋯	复合模块n	⋯	复合模块N	⋯	复合模块1	⋯	复合模块n	⋯	复合模块N
父染色体1	⋯ 3 2 4 2 2 ⋯	⋯	⋯ 1 1 1 0 3 ⋯	⋯	⋯ 1 3 0 2 4 ⋯	⋯	⋯ 0 2 3 1 2 ⋯	⋯	⋯ 1 1 2 3 1 ⋯	⋯	⋯ 2 4 1 3 3 ⋯
父染色体2	⋯ 1 0 3 1 1 ⋯	⋯	⋯ 0 2 4 0 1 ⋯	⋯	⋯ 0 2 1 3 1 ⋯	⋯	⋯ 2 1 0 2 3 ⋯	⋯	⋯ 2 3 1 1 2 ⋯	⋯	⋯ 4 1 1 0 2 ⋯
交叉											
后代染色体1	⋯ 3 2 4 2 2 ⋯	⋯	⋯ 1 1 1 0 3 ⋯	⋯	⋯ 0 2 1 3 1 ⋯	⋯	⋯ 2 1 0 2 3 ⋯	⋯	⋯ 2 3 1 1 2 ⋯	⋯	⋯ 4 1 1 0 2 ⋯
后代染色体2	⋯ 1 0 3 1 1 ⋯	⋯	⋯ 0 2 4 0 1 ⋯	⋯	⋯ 1 3 0 2 4 ⋯	⋯	⋯ 0 2 3 1 2 ⋯	⋯	⋯ 1 1 2 3 1 ⋯	⋯	⋯ 2 4 1 3 3 ⋯

图 3-7　染色体的交叉操作

的单点交叉过程。父代染色体在某个基因值之后相互交换后续的基因，以这种方式形成了两条新的染色体。

为了得到外包商的最优利润，我们将得到的最优值代入遗传算法中，即将 ϑ_{mcjr}^* 和 ϑ_{mckn}^* 代入等式 (3.59)。我们得到了外包商决策变量的最优值，即 p_{csjr}^* 和 p_{cskn}^*，并将它们代入等式 (3.61) 中，以获得外包商的最优利润 π_c^*。

3.5 发动机案例研究

本章以一类典型的考虑再制造的升级发动机产品为研究对象，以中国北方某发动机制造公司为研究目标，对考虑再制造的发动机产品族升级设计与实现进行了实证研究。案例中的数据来源于某品牌再制造发动机的官网，以及相应线下企业调研。本案例探讨了发动机的产品族升级设计优化问题，即确定哪些产品模块需要升级，哪些需要再制造，选择合适的再制造商和外包商。除了验证本章构建的模型外，我们还通过灵敏度分析进一步验证了不同参数的变化对每一个参与者利润的影响。为了掩饰公司的专有信息，同时，又不失研究的一般性，对使用的数据和信息进行了简化处理。

3.5.1 案例描述

案例中包括一家制造商、五家再制造商和六家外包商。该公司决定对原有产品族中的三款产品进行面向再制造的升级设计，以满足独立细分市场的客户定制化需求。制造商需要为特定的细分市场提供最合适的产品。发动机是一种典型的模块化产品，由于其结构非常复杂，我们在不影响合理性的情况下对其结构进行简化，如表 3-5 所示。在发动机产品族中，所有产品可以新增加的复合模块有 2 ～ 3 个，产品中第 3 个复合模块是可以拆分的模块，除了新增复合模块和拆分复合模块以外的复合模块均不可升级。复合模块 1 是产品平台模块，其基本模块也不考虑升级，其余的基本模块的升级依据模块的属性不同而各不相同。另外，这些示例中的输入参数值分别为：δ_1=50000，δ_2=60000，δ_3=40000。产品族考虑再制造的部分，复合模块中，CM_8 是能再制造的复合模块，CM_3 和 CM_4 是不能再制造的复合模块，其余为可以考虑再制造的复合模块，基本模块的再制造方式与升级方式有关联，具体见表 3-6。表 3-7 是产品升级的参数信息，其中如果 CM_4 被拆分，其基本模块分别可进入 CM_1、CM_5、CM_6、CM_7 和 CM_8。

表 3-5　升级结构

复合模块	名称	复合模块升级方式	名称	基本模块	名称	基本模块升级方式	名称
CM_1	曲柄连杆机构	U_{11}	平台，不能升级	M_{11}	气缸体	U_{111}	不升级
				M_{12}	气缸垫	U_{121}	不升级
				M_{13}	气缸盖	U_{131}	不升级
				M_{14}	曲轴箱	U_{141}	不升级
CM_2	点火系统	U_{21}	不升级（无这个模块）	M_{21}	蓄电池	—	—
				M_{22}	发电机		
				M_{23}	点火线圈		
		U_{22}	新增	M_{24}	分电器		
				M_{42}	启动开关		
		U_{42}	拆分升级	M_{43}	飞轮齿圈		
…	…	…	…	…	…	…	…
CM_8	配气机构	U_{81}	不升级	M_{81}	节气门	U_{811}	替换
						U_{812}	删除
				M_{82}	气门油封	U_{821}	替换
						U_{822}	删除
				M_{83}	凸轮轴	U_{831}	不升级
						U_{832}	替换
				M_{84}	摇臂	U_{841}	不升级
						U_{842}	替换

表 3-6　再制造结构

复合模块	再制造方式	名称	基本模块	升级方式	再制造方式	名称
CM_1	$\mathbb{N}_1$	补焊机加工修复工艺	M_{11}	U_{111}	$\mathbb{N}_{1111}$	表面熔覆
					$\mathbb{N}_{1112}$	微脉冲修补

续表

复合模块	再制造方式	名称	基本模块	升级方式	再制造方式	名称
CM_1	$\mathbb{N}_1$	补焊机加工修复工艺	M_{12}	U_{121}	$\mathbb{N}_{1211}$	等离子喷涂
					$\mathbb{N}_{1212}$	火焰喷涂
					$\mathbb{N}_{1213}$	电弧喷涂
					$\mathbb{N}_{1214}$	爆炸喷涂
			M_{13}	U_{131}	$\mathbb{N}_{1311}$	焊补
					$\mathbb{N}_{1312}$	堆焊
			M_{14}	U_{141}	$\mathbb{N}_{1411}$	离子注入技术
					$\mathbb{N}_{1412}$	表面强化技术
					$\mathbb{N}_{1413}$	低温离子渗硫技术
CM_2	$\mathbb{N}_2$	修理尺寸法	M_{21}	—	$\mathbb{N}_{2101}$	湿法冶金法
			M_{22}		—	—
			M_{23}		$\mathbb{N}_{2301}$	磁力研磨抛光
	$\mathbb{N}_3$	附加零件恢复			$\mathbb{N}_{2302}$	电解磨削
			M_{24}		—	—
…	…	…	…	…	…	…
CM_8	$\mathbb{N}_2$	修理尺寸法	M_{81}	U_{811}	$\mathbb{N}_{8111}$	焊接
					$\mathbb{N}_{8112}$	微脉冲冷焊
				U_{812}	—	—
			M_{82}	U_{821}	$\mathbb{N}_{8211}$	表面强化
					$\mathbb{N}_{8212}$	低温离子渗硫
				U_{822}	—	—
			M_{83}	U_{831}	$\mathbb{N}_{8311}$	电镀
					$\mathbb{N}_{8312}$	化学镀
				U_{832}	$\mathbb{N}_{8321}$	压力矫正
					$\mathbb{N}_{9322}$	冷作矫正
			M_{84}	U_{841}	$\mathbb{N}_{8411}$	激光
					$\mathbb{N}_{8412}$	微脉冲冷焊
				U_{842}	$\mathbb{N}_{8421}$	车削加工
					$\mathbb{N}_{9422}$	磨削加工

表 3-7　升级参数信息

复合模块	基本模块	V_{jrk}^{n}	$V_{jrkr'}^{d}$	基本模块升级方式	V_{jrkn}^{v}
CM_1	M_{11}	—	—	U_{111}	—
	M_{12}	—	—	U_{121}	—
	M_{13}	—	—	U_{131}	—
	M_{14}	—	—	U_{141}	—
…	…	…	…	…	…
CM_8	M_{81}	—	—	U_{811}	150
		—	—	U_{812}	120
	M_{82}	—	—	U_{821}	100
		—	—	U_{822}	110
	M_{83}	—	—	U_{831}	300
				U_{832}	293
	M_{84}	—	—	U_{841}	130
				U_{842}	141

表 3-8 是产品再制造的成本信息，表 3-9 是复合模块再制造的成本信息，表 3-10 和表 3-11 是复合模块再制造承包的参数信息，表 3-12 是基本模块再制造承包的成本及参数信息，表 3-13 是基本模块再制造的参数信息，表 3-14 是基本模块升级的信息。

表 3-8　产品再制造成本信息

ID	c_j^D	c_{1j}^{dw}	c_{2j}^{dw}	c_{3j}^{dw}	c_{4j}^{dw}	c_{5j}^{dw}
p_1	9560	9300	9280	9315	8335	7308
p_2	8600	9310	9288	9998	7288	8296
p_3	7550	9320	9296	8340	9330	9341

表 3-9　复合模块再制造成本信息

ID	c_{jr}^{R}	复合模块再制造方式	c_{s1jr}	c_{s2jr}	c_{s3jr}	c_{s4jr}	c_{s5jr}	c_{1sjr}	c_{2sjr}	c_{3sjr}	c_{4sjr}	c_{5sjr}	c_{6sjr}
CM_1	—	$\mathbb{N}_1$	3534	2568	3543	3554	3586	2579	2524	2576	3510	3498	3522
…	…	…	…	…	…	…	…	…	…	…	…	…	…
CM_8	—	$\mathbb{N}_2$	5558	5177	5833	5512	6487	5805	7154	5955	6552	5972	6182

表 3-10　复合模块再制造承包参数信息

M	C	J	l_{mcj1}	l_{mcj2}	l_{mcj3}	l_{mcj4}	l_{mcj5}	l_{mcj6}	l_{mcj7}	l_{mcj8}
1	1	1	0.42	0.57	0.15	0.59	0.85	0.63	0.87	0.14
		2	0.16	0.92	0.00	0.43	0.70	0.06	0.75	0.26
		3	0.55	0.33	0.88	0.01	0.25	0.55	0.65	0.92
	…	…	…	…	…	…	…	…	…	…
	6	1	0.60	0.29	0.77	0.23	0.35	0.80	0.49	0.15
		2	0.22	0.31	0.75	0.37	0.47	0.19	0.01	0.36
		3	0.27	0.09	0.95	0.56	0.20	0.26	0.68	0.71
…	…	…	…	…	…	…	…	…	…	…
5	1	1	0.24	0.38	0.99	0.12	0.18	0.98	0.77	0.54
		2	0.69	0.62	0.33	0.31	0.40	0.89	0.12	0.28
		3	0.71	0.30	0.61	0.94	0.66	0.65	0.62	0.06
	…	…	…	…	…	…	…	…	…	…
	6	1	1.00	0.84	0.04	0.50	0.45	0.99	0.00	0.86
		2	0.02	0.08	0.77	0.50	0.49	0.87	0.45	0.12
		3	0.36	0.42	0.70	0.48	0.66	0.60	0.36	0.41

表 3-11　复合模块再制造参数信息表

ID	J=1								…	J=3							
	CM_1	…	CM_3	CM_4	CM_5	CM_6	CM_7	CM_8	…	CM_1	CM_2	CM_3	CM_4	CM_5	CM_6	CM_7	CM_8
V_{jr}	0.35	…	0.87	0.28	0.36	0.28	0.59	0.59	…	0.87	0.95	0.65	0.58	0.49	0.34	0.57	0.95

为了得到考虑再制造的产品族升级设计的最优方案，在数值算例中必须考虑三层博弈模型的其他特殊约束条件。某些公共的复合模块和基本模块由于受到原有产品的制约，而不能选择某种升级方式的约束。还有一些约束条件主要针对不同的模块和升级方案下，再制造方案的选择限制，即某些升级方案下，由于涉及一些特殊工艺，其模块不能外包。因此，这些约束在数值算例中可以总结为：

$$x_{1210}^{v}+x_{1220}^{v}+x_{1230}^{v}+x_{1240}^{v}=4$$

$$\cdots$$

$$x_{1742}^{v}+x_{1743}^{v}=0$$

表 3-12　基本模块再制造承包成本和参数信息表

复合模块	基本模块	升级方式	再制造方式	c_{s1kn}	…	c_{s5kn}	c_{1skn}	…	c_{6skn}	l_{11kn}	l_{12kn}	…	l_{16kn}	…	l_{51kn}	…	l_{56kn}
CM_1	M_{11}	U_{111}	$\mathbb{N}_{1111}$	687	…	605	616	…	528	0.89	0.97	…	0.09	…	0.82	…	0.77
			$\mathbb{N}_{1112}$	416	…	273	323	…	406	0.50	0.80	…	0.62	…	0.62	…	0.22
	…	…	…	…	…	…	…	…	…	…	…	…	…	…	…	…	…
	M_{14}	U_{141}	$\mathbb{N}_{1411}$	547	…	875	556	…	523	0.81	0.17	…	0.43	…	0.16	…	0.65
			$\mathbb{N}_{1412}$	398	…	400	462	…	566	0.87	0.00	…	0.31	…	0.57	…	0.08
			$\mathbb{N}_{1413}$	513	…	468	433	…	487	0.38	0.71	…	0.99	…	0.96	…	0.52
…	…	…	…	…	…	…	…	…	…	…	…	…	…	…	…	…	…
CM_8	M_{81}	U_{811}	N_{8111}	236	…	250	289	…	236	0.81	0.79	…	0.41	…	0.13	…	0.53
			$\mathbb{N}_{8112}$	206	…	215	231	…	274	0.46	0.88	…	0.53	…	0.97	…	0.90
		U_{812}	—	—	…	—	—	…	—	0.41	0.73	…	0.14	…	0.88	…	0.76
	…	…	…	…	…	…	…	…	…	…	…	…	…	…	…	…	…
	M_{84}	U_{841}	$\mathbb{N}_{8411}$	205	…	216	167	…	258	0.56	0.75	…	0.27	…	0.37	…	0.98
			$\mathbb{N}_{8412}$	267	…	257	300	…	263	0.34	0.50	…	0.87	…	0.26	…	0.36
		U_{842}	$\mathbb{N}_{8421}$	450	…	443	644	…	424	0.09	0.82	…	0.07	…	0.02	…	0.86
			$\mathbb{N}_{8422}$	905	…	416	167	…	258	0.08	0.03	…	0.99	…	0.23	…	0.94

表 3-13 基本模块再制造参数信息

复合模块	基本模块	基本模块升级方式	J=1						…	J=3					
			v_{jrkn}^{f1}	…	v_{jrkn}^{e1}	v_{jrkn}^{e2}	v_{jrkn}^{c1}	v_{jrkn}^{c2}	…	v_{jrkn}^{f1}	v_{jrkn}^{f2}	v_{jrkn}^{e1}	v_{jrkn}^{e2}	v_{jrkn}^{c1}	v_{jrkn}^{c2}
CM_1	M_{11}	U_{111}	0.74	…	0.90	0.88	0.18	0.26	…	0.17	0.21	0.69	0.88	0.78	0.98
	M_{12}	U_{121}	0.39	…	0.57	0.08	0.02	0.18	…	0.78	0.14	0.33	0.22	0.75	0.77
	M_{13}	U_{131}	0.43	…	0.01	0.31	0.37	0.70	…	0.52	0.87	0.78	0.87	0.77	0.80
	M_{14}	U_{141}	0.34	…	0.22	0.57	0.92	0.14	…	0.11	0.66	0.49	0.07	0.72	0.47
…	…	…	…	…	…	…	…	…	…	…	…	…	…	…	…
CM_8	M_{81}	U_{811}	0.03	…	0.88	0.25	0.45	0.84	…	0.05	0.99	0.73	0.58	0.72	0.82
		U_{812}	0.59	…	0.20	0.48	0.19	0.05	…	0.22	0.84	0.51	0.44	0.20	0.89
	M_{82}	U_{821}	0.47	…	0.04	0.02	0.48	0.21	…	0.03	0.31	0.06	0.93	0.76	0.37
		U_{822}	0.95	…	0.64	0.14	0.77	0.72	…	0.29	0.78	0.02	0.15	0.04	0.24
	M_{83}	U_{831}	0.74	…	0.34	0.33	0.09	0.96	…	0.23	0.16	0.24	0.08	0.90	0.07
		U_{832}	0.74	…	0.43	0.21	0.47	0.75	…	0.28	0.85	0.68	0.37	0.24	0.85
	M_{84}	U_{841}	0.72	…	0.57	0.61	0.38	0.19	…	0.78	0.77	0.84	0.12	0.88	0.34
		U_{842}	0.32	…	0.97	0.99	0.22	0.16	…	0.56	0.24	0.26	0.06	0.04	0.84

表 3-14 基本模块升级信息

ID	基本模块	r'	$c_{jrkr'}^{Dd}$	$c_{jrkr'}^{GUd}$	$c_{jrkr'}^{AUd}$	$c_{jrkr'}^{AMd}$	c_{jrk}^{Dn}	c_{jrk}^{GUn}	c_{jrk}^{AUn}	基本模块升级方式	c_{jrkn}^{GUv}	c_{jrkn}^{Dv}	c_{jrk0}^{R}	c_{jrkn}^{AUv}	c_{jrk0}^{AMv}
CM_1	M_{11}	—	—	—	—	—	—	—	—	U_{111}	—	—	1220	—	118
	M_{12}	—	—	—	—	—	—	—	—	U_{121}	—	—	1330	—	316
	M_{13}	—	—	—	—	—	—	—	—	U_{131}	—	—	1245	—	142
	M_{14}	—	—	—	—	—	—	—	—	U_{141}	—	—	1198	—	171
…	…	…	…	…	…	…	…	…	…	…	…	…	…	…	…
CM_8	M_{81}	—	—	—	—	—	—	—	—	U_{811}	115	118	—	542	—
		—	—	—	—	—	—	—	—	U_{812}	210	152	—	596	—
	M_{82}	—	—	—	—	—	—	—	—	U_{821}	110	114	—	513	—
		—	—	—	—	—	—	—	—	U_{822}	800	703	—	110	—
	M_{83}	—	—	—	—	—	—	—	—	U_{831}	—	—	919	—	319
		—	—	—	—	—	—	—	—	U_{832}	650	606	—	954	—
	M_{84}	—	—	—	—	—	—	—	—	U_{841}	—	—	1109	—	1218
		—	—	—	—	—	—	—	—	U_{842}	810	139	—	312	—

$$z_{mc16}=0 \quad m\in \boldsymbol{M}_s \quad c\in \boldsymbol{C}$$
$$\cdots$$
$$z_{mc35}=0 \quad m\in \boldsymbol{M}_s \quad c\in \boldsymbol{C}$$

3.5.2 优化模型计算结果

计算可基于 Matlab 工具箱，但工具箱中并没有双层嵌套遗传算法的程序，因此，本书在 Matlab 2016b 上编写了双层优化模型相对应的嵌套遗传算法程序，处理器的参数是 Intel（R）Core（TM）i5-5200U CPU @ 2.20GHz，内存为 6.00GB。嵌套遗传算法的关键参数设置如下：种群规模为 40，最大迭代次数为 200，二进制编码精度为 0.01；交叉率和变异率分别设置为 0.85 和 0.01，这是根据领域计算经验推导出来的。首先用该算法求解 GM2，然后根据该算法得到的最优值计算各外包商的最优解。

根据产品变体和复合模块数量的不同组合，通过本章提出的求解方法，可以得到不同场景下制造商、再制造商和外包商的最优利润，具体如表 3-15～表 3-17 所示。其中，表 3-15 表示制造商的最优求解方案，表 3-16 表示再制造商的最优求解方案。根据开发的嵌套遗传算法得到的最优解，我们得到了外包商的最优利润，见表 3-17。图 3-8 展示了嵌套遗传算法演

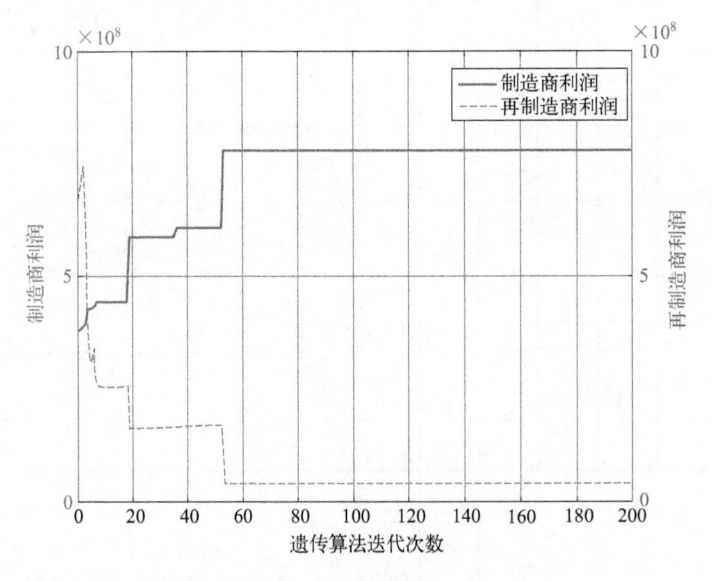

图 3-8 产品族升级设计的嵌套遗传算法进化过程

化过程的收敛性，显示 200 代以内的制造商利润和再制造商利润的收敛过程。从收敛图可以看出，制造商的利润值不断增加，而再制造商的利润值则不断波动后趋于稳定。这反映了嵌套遗传算法演进过程中制造商和再制造商的利润值之间的权衡。

表 3-15 表示产品族升级设计的结果。其中，复合模块的升级方式有三类，一类是不升级，一类是新增复合模块升级，一类是拆分升级。以产品 P_3 的第 CM_2 个模块的升级为例，来说明复合模块的升级，第三个产品选择的复合模块升级方式为 U_{22}，表示第二个复合模块选择了第二种升级方式，即产品 3 增加了这个模块，而产品 1 的这个模块升级方式是 U_{21}，表示没有新增这个复合模块。第四个模块考虑了不升级和拆分升级，其中产品 2 的第四个复合模块升级方式为 U_{42}，表示拆分升级。基本模块升级以 U_{522} 为例，它表示第五个复合模块的第二个基本模块采用了第二种升级方式，即替换升级。再制造方面，分为复合模块和基本模块是否再制造两个维度，不同的产品，复合模块和基本模块的再制造决策不同。P_1、P_2 和 P_3 的销售价格分别是 64708、67723 和 67834。制造商的总利润为 7.7893×10^8。

表 3-16 为再制造商的最优解。首先，以复合模块 CM_8 为例，描述再制造商层决策的结果。对产品 P_1 中的复合模块 CM_8 所选择的第 $\mathbb{N}_2$ 种再制造方法由第 5 家再制造企业进行加工，其报价为 p_{5218}=7788。对于该复合模块，再制造商选择第二个外包商进行外包加工，再制造商给外包商的市场规模为 ϑ_{5218}=32658。在产品 P_3 中，对复合模块 CM_8 选择的第 $\mathbb{N}_2$ 种再制造方法由第 4 个再制造企业进行加工，其报价为 p_{4238}=7174。对于该复合模块，选择第六个外包商进行外包加工，再制造商对外包商的市场规模为 ϑ_{4638}=32587。其次，以两个基本模块为例，描述了再制造商层决策的结果。第三个再制造商采用第一种再制造方法对产品 P_1 的第二复合模块的第三基本模块进行回收处理（0 表示回收），报价为 p_{3130}=361，选择第二个外包商进行外包加工，其市场规模为 ϑ_{3230}=41500。第二个再制造商采用第二种再制造方法来加工产品 P_1 的第五个复合模块的第二个基本模块并采用替代升级模式，报价 p_{2221}=100，选择第三个外包商来进行外包加工，它的市场规模为 ϑ_{2321}=31600。

对于外包商的结果，如表 3-17 所示。以复合模块 CM_1 为例，描述了外包层复合模块决策的结果。第一个外包商对产品 P_1 的第一个复合模块采用第一个再制造模式，其报价为 p_{1111}=2979。以两个基本模块为例，描

表 3-15 制造商结果

产品 P_1							产品 P_2							产品 P_3						
复合模块	是否再制造（o_{jr}）	再制造商的选择（y_{mjr}）	复合模块升级方式（x^n_{jr}；x^d_{jr}）	基本模块	基本模块升级方式（x^n_{jrk}；$x^d_{jrkr'}$；x^v_{jrkn}）	是否再制造（o_{jrkn}）	复合模块	是否再制造（o_{jr}）	再制造商的选择（y_{mjr}）	复合模块升级方式（x^n_{jr}；x^d_{jr}）	基本模块	基本模块升级方式（x^n_{jrk}；$x^d_{jrkr'}$；x^v_{jrkn}）	是否再制造（o_{jrkn}）	复合模块	是否再制造（o_{jr}）	再制造商的选择（y_{mjr}）	复合模块升级方式（x^n_{jr}；x^d_{jr}）	基本模块	基本模块升级方式（x^n_{jrk}；$x^d_{jrkr'}$；x^v_{jrkn}）	是否再制造（o_{jrkn}）
CM_1	是	M_1	U_{11}	M_{11}	U_{111}	是	CM_1	是	M_1	U_{11}	M_{11}	U_{111}	是	CM_1	是	M_1	U_{11}	M_{11}	U_{111}	是
				M_{12}	U_{121}	是					M_{12}	U_{121}	是					M_{12}	U_{121}	是
				M_{13}	U_{131}	是					M_{13}	U_{131}	是					M_{13}	U_{131}	是
				M_{14}	U_{141}	是					M_{14}	U_{141}	是					M_{14}	U_{141}	是
CM_2	是	M_3	U_{21}	M_{21}	—	否	CM_2	否	M_1	U_{21}	M_{21}	—	否	CM_2	否	M_2	U_{22}	M_{21}	—	否
				M_{22}		否					M_{22}		否					M_{22}		否
				M_{23}		是					M_{23}		否					M_{23}		否
				M_{24}		否					M_{24}		否					M_{24}		否
CM_3	否	—	U_{32}	M_{31}	—	否	CM_3	否	—	U_{31}	M_{31}	—	否	CM_3	否	—	U_{31}	M_{31}	—	否
				M_{32}		否					M_{32}		否					M_{32}		否
				M_{33}		否					M_{33}		否					M_{33}		否
				M_{34}		否					M_{34}		否					M_{34}		否
CM_4	否	—	U_{41}	M_{41}	—	否	CM_4	否	—	U_{42}	M_{41}	CM_5	否	CM_4	否	—	U_{41}	M_{41}	—	否
				M_{42}		否					M_{42}	CM_7	否					M_{42}		否
				M_{43}		否					M_{43}	CM_8	否					M_{43}		否

续表

产品 P_1							产品 P_2							产品 P_3						
复合模块	是否再制造（o_{jr}）	再制造商的选择（y_{mjr}）	复合模块升级方式（x_{jr}^n; x_{jr}^d）	基本模块	基本模块升级方式（x_{jrk}^n; $x_{jrkr'}^d$; x_{jrkn}^v）	是否再制造（o_{jrkn}）	复合模块	是否再制造（o_{jr}）	再制造商的选择（y_{mjr}）	复合模块升级方式（x_{jr}^n; x_{jr}^d）	基本模块	基本模块升级方式（x_{jrk}^n; $x_{jrkr'}^d$; x_{jrkn}^v）	是否再制造（o_{jrkn}）	复合模块	是否再制造（o_{jr}）	再制造商的选择（y_{mjr}）	复合模块升级方式（x_{jr}^n; x_{jr}^d）	基本模块	基本模块升级方式（x_{jrk}^n; $x_{jrkr'}^d$; x_{jrkn}^v）	是否再制造（o_{jrkn}）
CM_5	是	M_2	U_{51}	M_{51}	U_{511}	否	CM_5	是	M_3	U_{51}	M_{51}	—	—	CM_5	否	M_3	U_{51}	M_{51}	—	—
					—	—						U_{512}	否						U_{512}	否
				M_{52}	—	是					M_{52}	U_{521}	是					M_{52}	—	—
					U_{522}	—						—	—						U_{522}	—
				M_{53}	U_{531}	否					M_{53}	U_{531}	否					M_{53}	U_{531}	否
				M_{54}	U_{541}	否					M_{54}	U_{541}	否					M_{54}	U_{541}	否
CM_6	否	M_4	U_{61}	M_{61}	—	—	CM_6	是	M_4	U_{61}	M_{61}	U_{611}	是	CM_6	否	M_4	U_{61}	M_{61}	—	—
					U_{612}	否						—	—						—	—
					—	—						—	—						U_{613}	否
				M_{62}	U_{621}	否					M_{62}	U_{621}	是					M_{62}	—	—
					—	—						—	—						U_{622}	否
				M_{63}	—	—					M_{63}	U_{631}	否					M_{63}	—	—
					U_{632}	否						—	—						U_{632}	否
				M_{64}	U_{641}	否					M_{64}	U_{641}	否					M_{64}	U_{641}	否
					—	—						—	—						—	—
					—	—						—	—						—	—

续表

产品 P_1							产品 P_2							产品 P_3						
复合模块	是否再制造（o_{jr}）	再制造商的选择（y_{mjr}）	复合模块升级方式（x_{jr}^n；x_{jr}^d）	基本模块	基本模块升级方式（x_{jrk}^n；$x_{jrkr'}^d$；x_{jrkn}^v）	是否再制造（o_{jrkn}）	复合模块	是否再制造（o_{jr}）	再制造商的选择（y_{mjr}）	复合模块升级方式（x_{jr}^n；x_{jr}^d）	基本模块	基本模块升级方式（x_{jrk}^n；$x_{jrkr'}^d$；x_{jrkn}^v）	是否再制造（o_{jrkn}）	复合模块	是否再制造（o_{jr}）	再制造商的选择（y_{mjr}）	复合模块升级方式（x_{jr}^n；x_{jr}^d）	基本模块	基本模块升级方式（x_{jrk}^n；$x_{jrkr'}^d$；x_{jrkn}^v）	是否再制造（o_{jrkn}）
CM_7	否	M_4	U_{71}	M_{71}	U_{711}	否	CM_7	是	M_5	U_{71}	M_{71}	U_{711}	是	CM_7	是	M_4	U_{71}	M_{71}	U_{711}	否
					—	—						—	—						—	—
				M_{72}	—	—					M_{72}	—	—					M_{72}	U_{721}	是
					U_{722}	否						U_{722}	否						—	—
				M_{73}	—	—					M_{73}	—	—					M_{73}	—	—
					U_{732}	否						U_{732}	否						U_{732}	是
				M_{74}	U_{741}	否					M_{74}	U_{741}	否					M_{74}	U_{741}	否
					—	—						—	—						—	—
					—	—						—	—						—	—
CM_8	是	M_5	U_{81}	M_{81}	U_{811}	是	CM_8	是	M_5	U_{81}	M_{81}	—	—	CM_8	是	M_4	U_{81}	M_{81}	—	—
					—	—						U_{812}	是						U_{812}	是
				M_{82}	U_{821}	是					M_{82}	—	—					M_{82}	—	—
					—	—						U_{822}	是						U_{822}	是
				M_{83}	—	—					M_{83}	—	—					M_{83}	U_{831}	是
					U_{832}	是						U_{832}	是						—	—
				M_{84}	U_{841}	是					M_{84}	U_{841}	是					M_{84}	—	—
					—	—						—	—						U_{842}	是
产品 P_1 的销售价格（p_j）					64708		产品 P_2 的销售价格					67723		产品 P_3 的销售价格					67834	
制造商利润（π^D）					7.7893×10^8															

表 3-16 再制造商结果

产品 P_1										
复合模块	再制造方式	再制造商1的报价	外包商选择	市场规模	基本模块	升级方式	再制造方式	基本模块的报价	外包商选择	市场规模
CM_1	$\mathbb{N}_1$	3987	1	43050	M_{11}	U_{111}	$\mathbb{N}_{1111}$	—	—	—
					M_{12}	U_{121}	$\mathbb{N}_{1214}$			
					M_{13}	U_{131}	$\mathbb{N}_{1311}$			
					M_{14}	U_{141}	$\mathbb{N}_{1413}$			
CM_2	$\mathbb{N}_2$	4255	—	—	M_{21}		—	—	—	—
					M_{22}	—	—	—	—	—
					M_{23}		$\mathbb{N}_{2301}$	361	2	41500
					M_{24}		—	—	—	—
CM_3	—	—	—	—	M_{31}	—	—	—	—	—
					M_{32}					
					M_{33}					
					M_{34}					
CM_4	—	—	—	—	M_{41}	—	—	—	—	—
					M_{42}					
					M_{43}					

产品 P_2										
复合模块	再制造方式	再制造商3的报价	外包商选择	市场规模	基本模块	升级方式	再制造方式	基本模块的报价	外包商选择	市场规模
CM_1	$\mathbb{N}_1$	3295	4	43050	M_{11}	U_{111}	$\mathbb{N}_{1111}$	—	—	—
					M_{12}	U_{121}	$\mathbb{N}_{1214}$			
					M_{13}	U_{131}	$\mathbb{N}_{1311}$			
					M_{14}	U_{141}	$\mathbb{N}_{1413}$			
CM_2	—	—	—	—	M_{21}	—	—	—	—	—
					M_{22}	—	—	—	—	—
					M_{23}	—	—	—	—	—
					M_{24}	—	—	—	—	—
CM_3	—	—		—	M_{31}	—	—	—	—	—
					M_{32}					
					M_{33}					
					M_{34}					
CM_4	—	—		—	M_{41}	—	—	—		—
					M_{42}					
					M_{43}					

产品 P_3										
复合模块	再制造方式	再制造商4的报价	外包商选择	市场规模	基本模块	升级方式	再制造方式	基本模块的报价	外包商选择	市场规模
CM_1	$\mathbb{N}_1$	4427	5	43050	M_{11}	U_{111}	$\mathbb{N}_{1111}$	—	—	—
					M_{12}	U_{121}	$\mathbb{N}_{1214}$			
					M_{13}	U_{131}	$\mathbb{N}_{1311}$			
					M_{14}	U_{141}	$\mathbb{N}_{1413}$			
CM_2	—	—		—	M_{21}	—	—	—	—	—
					M_{22}	—	—	—	—	—
					M_{23}	—	—	—	—	—
					M_{24}	—	—	—	—	—
CM_3	—	—	—	—	M_{31}	—	—	—	—	—
					M_{32}					
					M_{33}					
					M_{34}					
CM_4	—	—			M_{41}	—	—	—	—	—
					M_{42}					
					M_{43}					

续表

产品P_1											产品P_2											产品P_3										
复合模块	再制造方式	再制造商1的报价	外包商选择	市场规模	基本模块	升级方式	再制造方式	基本模块的报价	外包商选择	市场规模	复合模块	再制造方式	再制造商3的报价	外包商选择	市场规模	基本模块	升级方式	再制造方式	基本模块的报价	外包商选择	市场规模	复合模块	再制造方式	再制造商4的报价	外包商选择	市场规模	基本模块	升级方式	再制造方式	基本模块的报价	外包商选择	市场规模
CM_5	$\mathbb{N}_4$	3862	—	—	M_{51}	—	—	—	—	—	CM_5	$\mathbb{N}_5$	4083	—	—	M_{51}	—	—	—	—	—	CM_5	—	—			M_{51}	—	—	—	—	—
					M_{52}	U_{521}	—	—	—	—						M_{52}	U_{521}	$\mathbb{N}_{5211}$	277	6	2789						M_{52}	U_{521}	—	—	—	—
							$\mathbb{N}_{5212}$	100	3	31600								—	—	—	—								—	—	—	—
					M_{53}	U_{531}	—	—	—	—						M_{53}	U_{531}	—	—	—	—						M_{53}	U_{531}	—	—	—	—
					M_{54}	U_{541}	—	—	—	—						M_{54}	U_{541}	—	—	—	—						M_{54}	U_{541}	—	—	—	—
CM_6	—		—	—	M_{61}	U_{611}	—	—	—	—	CM_6	$\mathbb{N}_6$	4041	4	20300	M_{61}	U_{611}	—	—	—	—	CM_6	—	—	—		M_{61}	U_{611}	—	—	—	—
							—	—	—	—								$\mathbb{N}_{6112}$	258	3	2589								—	—	—	—
					M_{62}	—	—	—	—	—						M_{62}	—	—	—	—	—						M_{62}	—	—	—	—	—
					M_{63}	—	—	—	—	—						M_{63}	—	—	—	—	—						M_{63}	—	—	—	—	—
					M_{64}	—	—	—	—	—						M_{64}	—	—	—	—	—						M_{64}	—	—	—	—	—
CM_7	—		—	—	M_{71}	U_{711}	—	—	—	—	CM_7	$\mathbb{N}_5$	4448	—	—	M_{71}	U_{711}	—	—	—	—	CM_7	$\mathbb{N}_7$	3136	6	20040	M_{71}	U_{711}	—	—	—	—
						U_{712}	—	—	—	—							U_{712}	$\mathbb{N}_{7121}$	29	2	3657							U_{712}	—	—	—	—
					M_{72}	U_{721}	—	—	—	—						M_{72}	U_{721}	—	—	—	—						M_{72}	U_{721}	—	—	—	—
						U_{722}	—	—	—	—							U_{722}	—	—	—	—							U_{722}	$\mathbb{N}_{7222}$	33	4	2379
					M_{73}	U_{731}	—	—	—	—						M_{73}	U_{731}	—	—	—	—						M_{73}	U_{731}	$\mathbb{N}_{7311}$	180	2	2431
						U_{732}	—	—	—	—							U_{732}	—	—	—	—								—	—	—	—
					M_{74}	—	—	—	—	—						M_{74}	—	—	—	—	—						M_{74}	—	—	—	—	—

续表

<table>
<tr><th colspan="11">产品 P_1</th><th colspan="11">产品 P_2</th><th colspan="11">产品 P_3</th></tr>
<tr><th>复合模块</th><th>再制造方式</th><th>再制造商1的报价</th><th>外包商选择</th><th>市场规模</th><th>基本模块</th><th>升级方式</th><th>再制造方式</th><th>基本模块的报价</th><th>外包商选择</th><th>市场规模</th><th>复合模块</th><th>再制造方式</th><th>再制造商3的报价</th><th>外包商选择</th><th>市场规模</th><th>基本模块</th><th>升级方式</th><th>再制造方式</th><th>基本模块的报价</th><th>外包商选择</th><th>市场规模</th><th>复合模块</th><th>再制造方式</th><th>再制造商4的报价</th><th>外包商选择</th><th>市场规模</th><th>基本模块</th><th>升级方式</th><th>再制造方式</th><th>基本模块的报价</th><th>外包商选择</th><th>市场规模</th></tr>
<tr><td rowspan="10">CM_8</td><td rowspan="10">$\mathbb{N}_2$</td><td rowspan="10">7788</td><td rowspan="10">2</td><td rowspan="10">32658</td><td rowspan="2">M_{81}</td><td rowspan="2">U_{811}</td><td>—</td><td>—</td><td rowspan="10">—</td><td rowspan="10">—</td><td rowspan="10">CM_8</td><td rowspan="10">$\mathbb{N}_2$</td><td rowspan="10">8012</td><td rowspan="10">3</td><td rowspan="10">23657</td><td rowspan="2">M_{81}</td><td rowspan="2">U_{811}</td><td>—</td><td>—</td><td rowspan="10">—</td><td rowspan="10">—</td><td rowspan="10">CM_8</td><td rowspan="10">$\mathbb{N}_2$</td><td rowspan="10">7174</td><td rowspan="10">6</td><td rowspan="10">32587</td><td rowspan="2">M_{81}</td><td rowspan="2">U_{811}</td><td>—</td><td>—</td><td rowspan="10">—</td><td rowspan="10">—</td></tr>
<tr><td>$\mathbb{N}_{8112}$</td><td>886</td><td>—</td><td>—</td><td>—</td><td>—</td></tr>
<tr><td>M_{82}</td><td>U_{821}</td><td>$\mathbb{N}_{8211}$</td><td>945</td><td>M_{82}</td><td>U_{821}</td><td>—</td><td>—</td><td>M_{82}</td><td>U_{821}</td><td>—</td><td>—</td></tr>
<tr><td rowspan="3">M_{83}</td><td rowspan="2">U_{831}</td><td>—</td><td>—</td><td rowspan="3">M_{83}</td><td rowspan="2">U_{831}</td><td>—</td><td>—</td><td rowspan="3">M_{83}</td><td rowspan="2">U_{831}</td><td>$\mathbb{N}_{8311}$</td><td>1409</td></tr>
<tr><td>—</td><td>—</td><td>—</td><td>—</td><td>—</td><td>—</td></tr>
<tr><td>U_{832}</td><td>$\mathbb{N}_{8321}$</td><td>2290</td><td>U_{832}</td><td>$\mathbb{N}_{8321}$</td><td>2290</td><td>U_{832}</td><td>—</td><td>—</td></tr>
<tr><td rowspan="4">M_{84}</td><td rowspan="2">U_{841}</td><td>—</td><td>—</td><td rowspan="4">M_{84}</td><td rowspan="2">U_{841}</td><td>—</td><td>—</td><td rowspan="4">M_{84}</td><td rowspan="2">U_{841}</td><td>—</td><td>—</td></tr>
<tr><td>$\mathbb{N}_{8412}$</td><td>2581</td><td>$\mathbb{N}_{8412}$</td><td>2581</td><td>—</td><td>—</td></tr>
<tr><td rowspan="2">U_{842}</td><td>—</td><td>—</td><td rowspan="2">U_{842}</td><td>—</td><td>—</td><td rowspan="2">U_{842}</td><td>$\mathbb{N}_{8421}$</td><td>1973</td></tr>
<tr><td>—</td><td>—</td><td>—</td><td>—</td><td>—</td><td>—</td></tr>
<tr><td colspan="5">再制造商总利润（π^R）</td><td colspan="28">4.28×10^7</td></tr>
</table>

表 3-17　外包商结果

外包商	产品 1		产品 2		产品 3	
复合模块（p_{csjr}）	CM_1	CM_8	CM_1	CM_8	CM_1	CM_8
1	2979	—	—	—	—	—
2	—	—	3069	6547	3155	—
5	—	6814	—	—	—	6344
基本模块（p_{cskn}）	M_{23}	M_{52}	M_{61}	M_{71}	M_{72}	M_{73}
1	—	—	—	145	—	—
2	236	—	—	—	—	—
3	357	—	236	—	—	—
4	—	221	—	—	—	505
6	—	—	—	—	110	—
总利润（π_c）	1.26×10^7					

述了外包层基本模块决策的结果。第三外包商对采用第一升级模式的第六复合模块的第一基本模块采用第二种再制造模式，报价为 p_{3211}=236；第四个外包商对使用第一升级模式的第七个复合模块的第三个基本模块采用第一种再制造模式，报价为 p_{4131}=505。外包商的总利润为 1.26×10^7。

3.5.3 灵敏度分析与管理启示

因为再制造过程的主要目的是回收和再利用产品，降低成本。选取的第一个灵敏度分析参数为再制造成本节约参数 α_j。由于再制造产品的价格和需求量决定了企业的盈利能力，因此选择的另一个敏感性分析参数是需求函数中再制造产品的价格弹性 ξ_j。基于数学规划中经济学的重要性和灵敏度分析的理论，设计了 2 个灵敏度分析实验，研究了参数 α_j、ξ_j 的变化对目标函数值的影响。

3.5.3.1 再制造成本节约参数 α_j

实验中分析了 α_j 对目标函数的影响。根据 α_j（j=1,2,3）参数的变化对参与者利润的变化情况得到结果分析。由于三个参数的结果具有相似的特点，为了便于说明，图 3-9 给出了参数 α_2 的变化结果。可以看出，制造商和再制造商的利润对再制造成本参数 α_2 的变化较为敏感。然而，外包商的利润总额对这一变化不那么敏感。随着 α_2 的不断增加，制造商目标函数值呈现持续上升趋势，再制造商目标函数值呈现波动下降趋势，外包商的目标函数值呈现波动趋势。制造商层面的上升趋势比再制造商层面的变化趋势更明显。

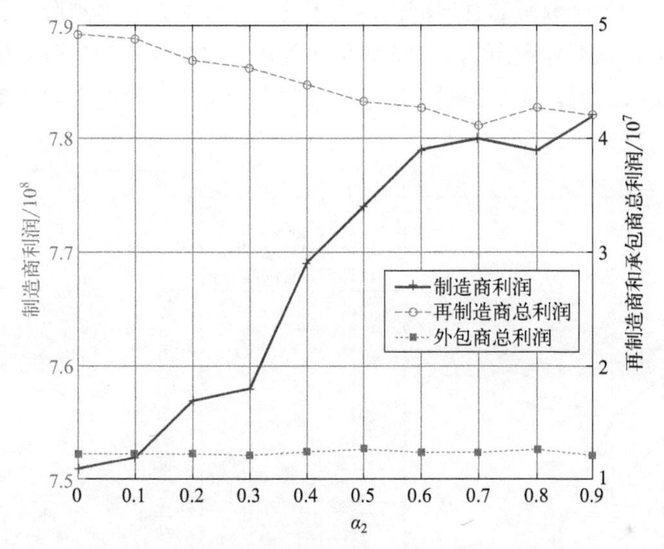

图 3-9 参数 α_j 变化对目标的影响

通过实验，可以得到一些管理启示。再制造产品成本节约参数的变化导致生产总成本的变化。从直观上看，这是合乎逻辑的，因为节约越大，意味着生产成本越小，直接导致上层目标函数值逐渐增加，这对制造有利。但是，由再制造带来的制造成本节约程度持续增加到一定值时，再制造的成本就开始增加，导致再制造的利润减少。这可能会导致再制造企业参与程度的降低，进而影响制造企业的生产。因此，制造企业不应该通过挤压再制造企业的利润来盲目追求其自身利润的最大化。而再制造企业应进一步优化再制造报价和生产方式以追求自身利润的最大化。由于再制造成本参数的变化对外包商的影响较小，外包商可以更多地关注再制造工艺优化等方面，而需关注参数 α_j 的变化。

3.5.3.2 再制造产品价格弹性 ξ_j

随机选取产品 P_2 的价格弹性参数 ξ_2 进行灵敏度分析。图 3-10 给出了不同决策者随着参数 ξ_2 变化的最优利润值。制造商、再制造商的利润通常随着参数 ξ_2 值的减小而增加。这可能是因为当参数 ξ_j 不断增加时，需求不断减少，上层的较低需求使得制造商、再制造商和外包商的利润都呈现下降趋势。但是，当 $\xi_2 \leqslant 0.6$ 时，制造商和再制造商的利润增长幅度都很大；当 $\xi_2 > 0.6$ 时，利润保持相对稳定。这可能是因为价格变化挤出一部分对再制造产品的价格敏感的客户群体，剩下的一部分顾客对再制造产品的价格并不敏感，从而导致当 $\xi_2 > 0.6$ 时价格弹性系数的变化对制造商和再制造商几乎没有影响。与此同时，制造商的利润受价格弹性的影响比再制造商和外包商更大。

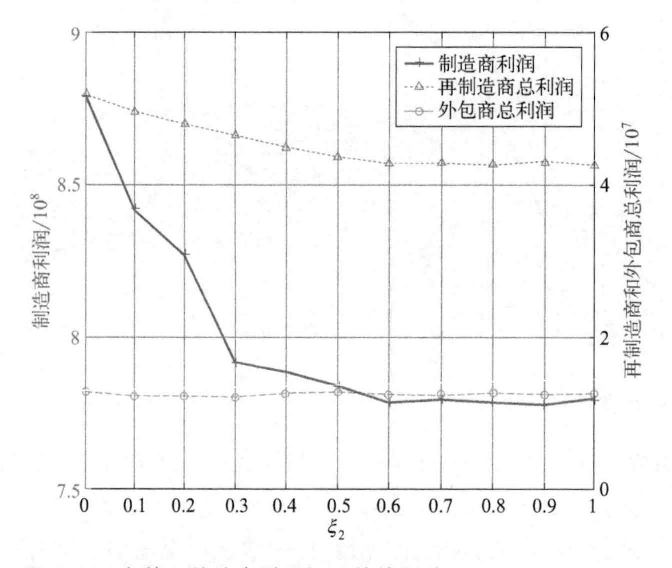

图 3-10 参数 ξ_j 的改变对目标函数的影响

从这些结果中可以得出以下管理启示。因为价格弹性是指价格变化对需求的影响程度。这说明本案例中所研究的再制造产品在一定程度上受价格变动的影响较大，制造商在定价时应充分进行市场调研。当参数 $\xi_2 > 0.6$ 时，再制造商应该更多地关注其他方面，如优化产品质量和改善再制造产品的售后服务等。从广义上看，外包商的利润在价格弹性参数的变化过程中保持相对稳定，而不是剧烈和广泛的变化。因此，外包商可以通过优化再制造模块的报价来增加利润，而不必过分关注再制造产品价格弹性参数值的变化。

3.6 本章小结

本章研究了面向再制造外包的产品族升级设计问题。升级设计是在原本产品结构上进行升级的再设计过程，会受到原有产品结构的制约。同时，本章在产品的升级设计中考虑再制造组件的利用，研究了包含产品设计、再制造商与外包商三者相互作用的优化决策过程。通过三层优化的方法，构建了制造商、多个再制造商和多个外包商之间的三层动态非合作博弈机制，分析了产品族升级设计问题中涉及的复杂决策。

我们的研究结果有两个重要的管理启示。①本章研究的面向再制造的产品族升级设计决策框架适用于模块化架构类型的产品的设计问题，对产品族升级设计和生产的优化是典型的动态交互决策优化过程。本章建立的基于 Stackelberg 博弈的数学模型，适合在考虑再制造的产品族升级设计领域推广应用。②在三层优化模型中，再制造成本和需求参数的变化对优化过程的参与者的利润有重要影响。因此，在面向再制造的产品族升级架构设计决策方案实施的早期阶段，评估并合理设定这两个参数的值是非常重要的。

第4章 面向拆卸和再制造的产品族设计主从关联优化

4.1 概述

目前，产品的大规模定制或大规模个性化设计已经成为各个企业吸引消费者的主要方式，这就不可避免地使得制造企业在产品的首次设计和生产时就使用了大量差异化模块或组件。这使得产品或组件的循环利用成为了一个极具挑战的问题，非标准件的再制造在增加了再制造过程的困难程度的同时，也会给再制造企业带来成本上升的困境[45, 223]。最初的产品族设计和专业的拆卸是保证高品质再制造配件的基本步骤。因此，需要在产品族设计阶段就考虑拆解及后续再制造活动。产品族设计方面，为了便于再制造，企业应该在产品族设计阶段就考虑选择能够在产品技术寿命期内进行拆卸、清洗和重新组装 2 ～ 3 次的连接方法[224]。举一个通用的实例，当设计一款可以再制造的产品组件连接方式时，除了考虑组件之间可以被快速组装外，还应该能够无损拆卸并便于重新组装。采用螺钉进行组件的联合可以多次拆卸和重新组装，而采用黏合或焊接的连接方式将导致拆卸困难。为了可以尽可能多地回收原材料和旧部件，拆卸方式的选择是再制造过程中的核心环节。如果拆卸成本高、拆卸难度大，可能使得再制造企业面临：①拆卸零部件的完整性低导致回收率低。②再制造企业无利可图导致达不到国家要求的回收比例。因此，拆卸方式及顺序对再制造企业尤为重要。在开放制造的背景下，拆卸工厂和后续产品再制造企业也应该参与到产品的架构设计和模块或组件的连接设计过程中，可以使得产品在设计阶段就易于拆卸，减少产品在使用过程中的维修成本，降低回收和拆卸的难度，增加可再制造性。

而模块化产品架构相较于集成化产品结构而言，具有更便捷的拆解及再制造或升级的能力，这也就意味着更短的拆卸时间以及更少的再制造成本[98]。因此，本章研究的是面向拆卸和再制造的模块化产品族架构设计问题。在由若干核心模块构成的产品平台的基础上，架构或配置具有不同功能或属性的差异化模块，用来构成可以满足不同顾客消费需求的一系列具有不同特性或外观的产品。所以，考虑拆卸和再制造的产品族架构设计可以说是一个组合优化问题。同时，企业考虑到顾客需求、自身制造成本，以及再制造过程的难度等方面，需要从消费者感知效用、拆卸性、再制造效用以及企业制造、拆解和再制造面临的成本出发，合理地决策产品族架构方案、模块之间连接方式的选择以及拆卸和再制造方案选择等问题[60]。

目前，关于产品族架构设计、拆卸以及再制造方面的文献主要针对产品的设计商、拆解商和再制造商三者之间的协调竞争关系的研究。其中，部分学者通过两阶段优化模型来对三者进行优化研究，第一阶段由原始设备制造商（OEM）设计生产新产品，而在第二阶段同时考虑拆解商的拆卸方案选择以及再制造商的再制造模块配置。Soh[225] 等建立了一个两阶段决策框架来研究产品的组装方式和拆卸工艺规划问题。Feng 等[123] 通过建立两阶段多目标模型分析考虑拆卸的产品设计和拆卸工艺规划问题。与此同时，有一些学者发现，两阶段优化方法计算得出的结果并不是最优的决策方案[226]。他们提出并对比了通过一揽子的方式集成优化的方法来优化面向拆卸和再制造的产品族架构设计问题。例如：Harivardhini 和 Chakrabarti[223] 架构一个具有多目标的决策框架在同一阶段决策早期的产品设计、产品的拆卸以及再制造问题。尽管这种“一揽子”的优化方法相较于两阶段优化方法具有更优的结果，但却忽略了产品族架构设计与拆卸和再制造之间具有的主从关联结构。本章从产品族架构设计与拆卸和再制造之间的主从关系入手，强调制造商的主者决策地位与拆解商和再制造商的从者地位，以及他们之间的交互决策与相互影响关系。制造商在设计产品族架构的过程中，会决策产品族的架构及配置，这会和模块之间的连接方式一起，共同影响拆卸工艺规划、拆卸的模块质量和再制造的效果。反过来，制造企业为了让产品能够再次进入消费市场，不得不考虑拆解商面临的拆卸难度、拆卸完整性，以及再制造商面临的再制造质量、成本等因素对产品族架构设计的影响。所以，本章从主从关联优化的角度来研究产品族架构设计与拆卸和再制造之间的关系。

因此，基于 Stackelberg 博弈理论对上述问题进行研究，建立了产品族模块架构设计与拆卸和再制造的主从优化模型，并设计了与求解该双层规划模型相一致的嵌套式求解框架。由于遗传算法具有较强的稳定性，进一步将遗传算法嵌入至该框架下求解本章建立的具有“一个主者、两个从者”的主从关联优化模型中。基于目前存在的笔记本电脑再制造的实际案例，我们以笔记本电脑的设计与拆卸和再制造为背景，进行了实际数值案例研究。同时，为了验证提出的主从优化框架及模型和算法的优越性，进一步设计了一个对比试验，将主从优化方法得到的结果与目前存在的两阶段法和集成优化方法进行了对比，发现主从优化方法在解决面向拆卸和再制造的产品族设计问题具有显著的优越性。

4.2 考虑拆卸和再制造的产品族设计

4.2.1 问题分析

本章考虑拆卸和再制造的产品族架构设计问题，包括产品的制造企业、产品的拆卸企业和再制造企业。为了解决产品的回收再利用问题，本章假设在政府的要求下制造企业需要在产品设计过程中将产品的拆卸和再制造问题纳入考虑，并将拆卸和再制造过程外包给第三方的拆卸企业来完成。

由于不同的消费群体对产品的功能需求或外形等属性特征具有不同的偏好，在大规模定制的背景下，为了最大化企业利益，本章首先将某消费市场划分为I个细分市场，其中第i（i=1,2,⋯,I）个细分市场的规模为Q_i。然后，在此基础上，设计出满足不同细分市场的一族产品，假设其中包括J个产品变体。在产品设计阶段，还会考虑不同模块的组合以及不同模块之间的连接方式。第j（j=1,2,⋯,J）个产品变体中包含n个复合模块，每一个复合模块由k（k=1,2,⋯,K）个基本模块组成，每个基本模块包含l（l=1,2,⋯,L_k）个模块候选项。模块候选项之间需要选择不同的连接方式以组成复合模块，每个模块候选项可以有H种连接方式。产品j有S_j种拆卸方式，同理，产品j的第n个复合模块同样有S_n种拆卸方式。制造企业负责设计满足不同细分市场的产品族，在设计过程中要考虑产品的拆卸和再制造过程，不同的产品架构和连接方式会产生不同的制造成本和效用、拆卸以及再制造的成本及效用。另外，模块的组合和组装方式一定程度上决定了拆卸方式，用的材质决定了后续再制造的难度。比如：把可以再制造的零件组合成一个模块，把能够升级的组件放在一个复合模块中，方便后续再制造和升级。在产品使用过后需要拆卸的过程中，拆卸企业需要考虑产品的拆卸效用及拆卸成本。作为拆解商，拆卸性越强，拆卸的成本越小，拆解企业的利润就越大。因此，从制造商的角度出发，除了要考虑设计出满足不同细分市场的产品变体外，还需要考虑产品成本等经济性因素，以及拆卸的容易性，还有拆卸完成后的可用性等技术性因素。比如：当拆卸通过焊接连接的部件时，不仅会破坏连接部件，而且还可能破坏组件或模块。此外，如果在产品设计过程中考虑了拆卸性，在拆解时可以采用一些通过加热焊接接头就能够分离组件或模块的工艺方法，可以使组件或模块免遭破坏。在确定了产品变体的架构和配置后，结合模块候选项的连接方式，拆卸企业和后续的再制造企业就可以在保证自身单位成本效用最大化的情况下，确定产品和复合模块的拆解方式和相应的再制造方式。另外，不是所有模块都有拆卸和再制造的价值，如汽车上的电子元件，属于复合模块，整个复合模块都需要做丢弃处理，即不需要拆卸和再制造。整个关联优化决策问题的结构如图 4-1 所示。

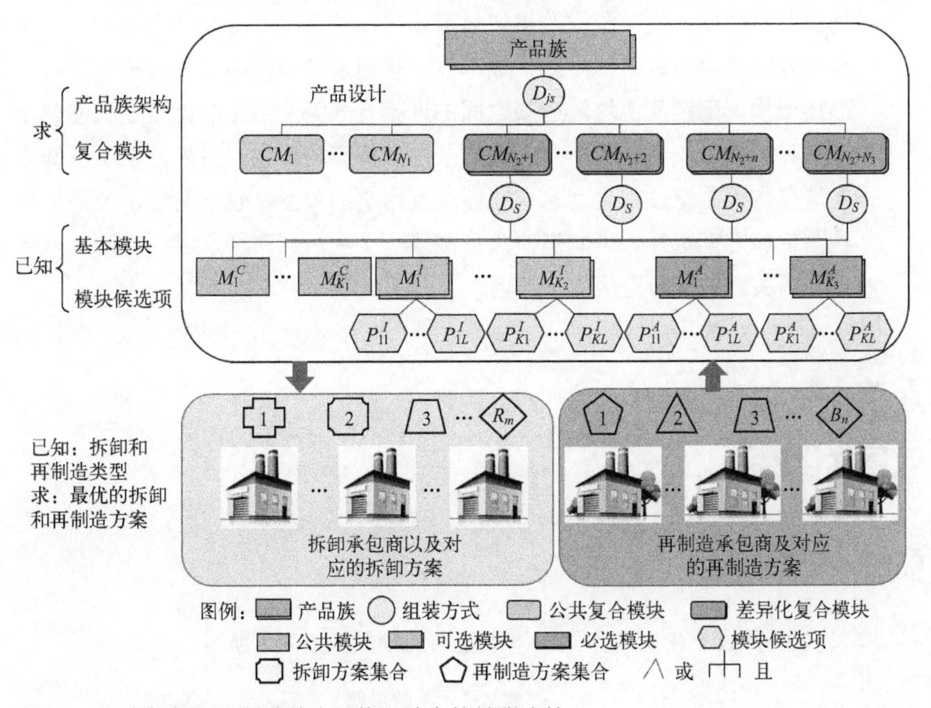

图 4-1　面向拆卸和再制造的产品族设计主从关联决策

4.2.2 主从交互决策机制

将本章研究问题涉及的制造商、拆解商以及再制造商均视为理性的决策者。制造商不仅要以单位成本效用最大化为目标，还需要决策产品族架构设计、模块候选项的选择、模块候选项的连接方式的选择等。可以看出，在制造商、拆解商和再制造商构成的研究问题中，制造商具有优先决策的条件，拆解商和再制造商都需要依据制造商的决策作出自身的决策。其中，拆解商是考虑产品和模块的拆卸决策过程，在确定了产品架构及配置后，最大化单位成本拆卸效用。再制造商需要考虑产品的再制造模块和新模块的配置等，它不仅受到制造企业对产品设计的影响，同时，拆卸的方式和方法同样影响再制造过程，其目标为最大化单位成本的再制造效用。

制造企业对产品族架构和连接方式的结果会影响拆卸企业的拆卸工艺规划，以及再制造企业的最优再制造决策。同时拆卸企业的工艺规划的选择会对产品族架构、配置及模块候选项之间的连接方式等产生影响。再制造企业对模块再制造的难度、成本估计等因素导致的再制造决策也会对产品族架构、配置及模块候选项之间的连接方式等产生影响。这也就使得制造商和拆卸以及再制造商之间出现了主从博弈的现象。另外，由于拆卸方案选择与再制造过程之间也存在着相互影响的关系，也就是说，产品族架构与拆卸方案选择、再制造决策形成了一个主者、两个从者，且两个从者之间有关联的复杂主从优化问题。

4.3 双层优化模型

4.3.1 符号说明

① 参数　在主从优化模型中用到的参数如表 4-1 所示。

表 4-1　参数说明

参数	参数说明
I	细分市场集合 $=\{1,2,\cdots,I\}$
J	产品变体集合 $=\{1,2,\cdots,J\}$
J'	市场中存在的竞争产品的数量
N	复合模块集合 $=\{1,2,\cdots,N\}$

续表

参数	参数说明
$\boldsymbol{K}$	基本模块集合 $=\{1,2,\cdots,K\}$
$\boldsymbol{L}_k$	模块候选项集合 $=\{1,2,\cdots,L_k\}$
ς_{jnkl}	产品变体 j 的第 n 个复合模块的第 k 个基本模块的第 l 个模块候选项理论上的零件最小数量，不能被拆卸，则为 1，能被进一步拆卸，则为 0
ψ_{jkln}	产品变体 j 的第 n 个复合模块的第 k 个基本模块的第 l 个模块候选项的拆卸任务的重复数量
α_{jkln}	产品变体 j 的第 n 个复合模块的第 k 个基本模块的第 l 个模块候选项的拆卸方式的易接近性
β_{jkln}	产品变体 j 的第 n 个复合模块的第 k 个基本模块的第 l 个模块候选项的定位的精确程度
γ_{jkln}	产品变体 j 的第 n 个复合模块的第 k 个基本模块的第 l 个模块候选项的任务完成的力量程度
δ_{jkln}	产品变体 j 的第 n 个复合模块的第 k 个基本模块的第 l 个模块候选项的任务完成的基本时间测度
ε_{jkln}	产品变体 j 的第 n 个复合模块的第 k 个基本模块的第 l 个模块候选项的任务完成的特殊性
c_{jn}^{N}	产品 j 的第 n 个复合模块的制造成本
c_{jnkl}^{N}	产品变体 j 的第 n 个复合模块的第 k 个基本模块的第 l 个模块候选项的制造成本
c_{jns}^{N}	产品变体 j 的第 n 个复合模块考虑使用第 s 种拆卸方式的成本
c_{jnhs}^{N}	产品变体 j 的第 n 个复合模块使用第 h 种连接方式的第 s 种拆卸方式的成本
c_{js}^{N}	产品变体 j 考虑使用第 s 种拆卸方式的成本
c_{jhs}^{N}	产品变体 j 使用第 h 种连接方式的第 s 种拆卸方式的成本

② 决策变量　模型用到的决策变量如表 4-2 所示。

表 4-2　决策变量说明

决策变量	变量说明
x_{jnkl}	产品变体 j 的第 n 个复合模块的第 k 个基本模块是否选择第 l 个模块候选项 $j\in\boldsymbol{J}$ $\boldsymbol{J}=\{1,2,\cdots,J\}$ $n\in\boldsymbol{N}$ $\boldsymbol{N}=\{1,2,\cdots,N\}$ $k\in\boldsymbol{K}_N$ $\boldsymbol{K}_N=\{1,2,\cdots,K_N\}$ $l\in\boldsymbol{L}$ $\boldsymbol{L}=\{1,2,\cdots,L\}$
c_{jklh}	产品变体 j 的第 k 个基本模块的第 l 个模块候选项是否选择第 h 种连接方式 $j\in\boldsymbol{J}$ $\boldsymbol{J}=\{1,2,\cdots,J\}$ $k\in\boldsymbol{K}_N$ $\boldsymbol{K}_N=\{1,2,\cdots,K_N\}$ $l\in\boldsymbol{L}$ $\boldsymbol{L}=\{1,2,\cdots,L\}$ $h\in\boldsymbol{H}$ $\boldsymbol{H}=\{1,2,\cdots,H\}$

续表

决策变量	变量说明
ς_d	产品变体 j 是否选择第 d 个拆解承包商 $j\in \boldsymbol{J}$ $\boldsymbol{J}=\{1,2,\cdots,J\}$ $d\in \boldsymbol{D}$ $\boldsymbol{D}=\{1,2,\cdots,D\}$
ξ_r	产品变体 j 是否选择第 r 个再制造承包商 $j\in \boldsymbol{J}$ $\boldsymbol{J}=\{1,2,\cdots,J\}$ $r\in \boldsymbol{R}$ $\boldsymbol{R}=\{1,2,\cdots,R\}$
y_{js}	产品变体 j 是否选择第 s 个拆卸方案 $j\in \boldsymbol{J}$ $\boldsymbol{J}=\{1,2,\cdots,J\}$ $s\in \boldsymbol{S}$ $\boldsymbol{S}=\{1,2,\cdots,S\}$
y_{jns}	产品变体 j 的第 n 个复合模块是否选择第 s 个拆卸方案 $j\in \boldsymbol{J}$ $\boldsymbol{J}=\{1,2,\cdots,J\}$ $n\in \boldsymbol{N}$ $\boldsymbol{N}=\{1,2,\cdots,N\}$ $s\in \boldsymbol{S}$ $\boldsymbol{S}=\{1,2,\cdots,S\}$
z_{jkl}	产品变体 j 的第 k 个基本模块是否选择第 l 个再制造模块候选项 $j\in \boldsymbol{J}$ $\boldsymbol{J}=\{1,2,\cdots,J\}$ $k\in \boldsymbol{K}_N$ $\boldsymbol{K}_N=\{1,2,\cdots,K_N\}$ $l\in \boldsymbol{L}$ $\boldsymbol{L}=\{1,2,\cdots,L\}$

4.3.2 优化模型上层：产品族设计

由于联合分析被商业决策领域广泛采用[227]，因此，本章采用联合分析的方法来评估产品族配置。通过最大化顾客感知的单位成本总效用来评价产品族架构和配置的合理性[228, 229]。其中，在计算时假设了某个产品的效用值为产品中所有模块或组件的效用值的加权和[230]。第 i 个细分市场中顾客对第 j 个产品的效用 U_{ij} 表示如下：

$$U_{ij}=\sum_{n=1}^{N}\sum_{k=1}^{K}\sum_{l=1}^{L_k} w_{jk}x_{jnkl}u_{ikl}+\pi_{ij}+\varepsilon_{ij}\qquad i\in \boldsymbol{I},j\in \boldsymbol{J} \tag{4.1}$$

其中，u_{ikl} 为第 i 个细分市场中顾客对第 k 个模块的第 l 个模块候选项的效用，w_{jk} 为第 k 个基本模块在第 j 个产品中的权重，π_{ij} 是第 i 个细分市场中的第 j 个产品综合效用相关的常数，ε_{ij} 为误差项。

本章用拆卸效用来识别面向拆卸的产品设计阶段的有效性[231]。α_{jklh} 表示一种测量工具或手可接触或到达零件的难易程度。β_{jklh} 表明使用这种连接方式在拆解的过程中需要定位工具或手所需的精度。例如，用螺丝刀拧螺钉比简单地用手拧一个松动的零件需要更高的精度。γ_{jklh} 表示对完成一项任务所需要力量的度量。例如，拆卸一个松动的部件所需的力要比释放粘在总成上的部件所需的力小。δ_{jklh} 表示完成基本动作所需要的时间。这个类别不包括定位工具或克服阻力所花费的任何时间。例如，与简单的翻转操作相比，拧松操作的基本时间得分应该更高。ε_{jklh} 表示拆解标准任务模型中没有考虑的特殊情况。第 i 个细分市场中顾客对第 j 个产品的拆卸效用 V_{ij} 表示如下：

$$V_{ij}=\sum_{n=1}^{N}\frac{1000\times\sum_{k=1}^{K}\sum_{l=1}^{L}x_{jnkl}\varsigma_{jnkl}}{\sum_{k=1}^{K}\sum_{l=1}^{L}x_{jnkl}\left[\sum_{h=1}^{H}c_{jklh}\psi_{jklh}\left(\alpha_{jklh}+\beta_{jklh}+\gamma_{jklh}+\delta_{jklh}+\varepsilon_{jklh}\right)\right]} \tag{4.2}$$

本章用离散选择模型来计算消费者对某款产品的选择概率，多项式 Logit 规则（Multi-National Logit，MNL）被产品族架构设计领域中较多学者所使用，用来模拟消费者对某款产品的选择概率[228]。因此，依据 MNL 选择模型的规则，第 i 个细分市场中消费者对第 j 个产品的选择概率 P_{ij} 如下所示：

$$P_{ij}=\frac{\exp\left(\mu U_{ij}\right)}{\sum_{j=1}^{J}\exp\left(\mu U_{ij}\right)+\sum_{j'=1}^{J'}\exp\left(\mu U_{ij'}\right)} \tag{4.3}$$

该问题中产品族的总成本 C_j 主要由三部分组成，分别为产品制造阶段的成本 C_j^N、拆卸阶段发生的成本 C_j^D 以及再制造阶段的成本 C_j^R。

$$C_j=C_j^N+C_j^D+C_j^R \tag{4.4}$$

本章采用 SIMOPT 模型[232] 来计算模块的制造成本和拆卸成本，具体表达式如下：

$$C_j^N=\sum_{n=1}^{N_2}\left(c_{jn}^N+\sum_{k=1}^{K}\sum_{l=1}^{L_k}x_{jnkl}c_{jnkl}^N\right)+\sum_{n=N_2+1}^{N_2+N_3}\sum_{s=1}^{S_n}c_{jns}^N y_{jns}+\sum_{s=1}^{S_j}c_{js}^N y_{js} \tag{4.5}$$

其中，第一项表示复合模块的制造成本，第二项为基本模块的制造成本，第三项表示考虑拆卸模块发生拆卸的成本，第四项表示考虑产品拆卸发生的成本。c_{jnkl}^N 可以通过联合分析方法对产品变体进行成本调研分析获得。

在此，考虑到与产品或模块共享资源相关的可能沉没成本，采用了一种基于标准时间估计的实用成本模型[233] 来估计复合模块的制造成本 c_{jn}^N，即：

$$c_{jn}^{N}=\beta\exp\left(\frac{3\sigma_{jn}^{T}}{\mu_{jn}^{T}-LSL^{T}}\right)$$

$$\mu_{jn}^{T}=\sum_{k=1}^{K}\sum_{l=1}^{L_k}\left(\zeta_{jk}\,\mu_{kl}^{t}\,x_{jnkl}+\omega_{jn}\right) \tag{4.6}$$

$$\sigma_{jn}^{T}=\sqrt{\sum_{k=1}^{K}\sum_{l=1}^{L_k}\left(\sigma_{kl}^{t}\,x_{jnkl}\right)^{2}}$$

其中，β 是一个常数，表示每个过程能力变化的平均成本；ζ_{jk}、ω_{jn} 为回归系数；μ_{kl}^{t}、σ_{kl}^{t}分别是与水平相关的零件价值标准时间的第 k 个基本模块的第 l 个模块候选项的平均值和标准差。

4.3.3 优化模型的下层：拆卸和再制造

4.3.3.1 拆解商模型结构

由于拆卸企业提供的拆卸方案直接影响产品拆卸的成本以及拆卸后零部件的完整性，所以模型下层的目标函数是拆卸效用与成本的比值最大化。拆卸成本包括为了产品拆卸过程中发生的成本和复合模块拆卸过程中发生的成本，具体表示如下所示：

$$C_{j}^{D}=\sum_{d=1}^{D}\varsigma_{d}\sum_{h=1}^{H}\left(\sum_{s=1}^{S_j}c_{djhs}^{N}\,y_{js}+\sum_{n=N_1+1}^{N}\sum_{s=1}^{S_n}\sum_{k=1}^{K}\sum_{l=1}^{L_k}x_{jnkl}\,c_{djnhs}^{N}\,c_{jklh}\,y_{jns}\right) \tag{4.7}$$

其中，第一项为产品使用第 h 种连接方式选择第 s 种拆卸方式的成本；第二项为复合模块采用第 h 种连接方式选择第 s 种拆卸方式的拆卸成本。

式 (4.8) 表示产品拆卸成本和复合模块拆卸成本的关系，λ' 为成本减少系数。

$$c_{djhs}^{N}=\lambda'\sum_{n=N_1+1}^{N}c_{djnhs}^{N}\left(\sum_{k=1}^{K}\sum_{l=1}^{L_k}x_{jnkl}\right) \tag{4.8}$$

考虑回收的产品各模块或组件已被多次使用，其可靠性有所下降，因此在选择废旧组件时，所使用组件的可靠性必须满足产品的要求。本章采用泊松分布来确定模块发生故障的概率，这里假设每个模块的稳定性相互独立。用 P_n 表示第 n 个模块至少会发生一次故障的概率。基于 Berman 和 Cutler[234] 的研究内容可知，可以用一个指数函数来表示组件故障的影响情况。由此可知，在拆卸第 n 个模块期间不会发生故障的概率如下：

$$1-P_n=\exp\left(-\sum_{j=1}^{J}\sum_{s=1}^{S}s_{jns}\,y_{jns}\right) \tag{4.9}$$

其中，参数 η_{jns} 为第 n 个废旧组件采用第 s 种拆卸方案发生故障的平均次数。产品中各模块发生故障的概率应该小于等于某个很小的数 ε。所以，可靠性约束具体为：

$$1-\exp\left(-\sum_{j=1}^{J}\sum_{n=1}^{N}s_{jn}\,\eta_{jns}\,y_{jns}\right)\leqslant\varepsilon \tag{4.10}$$

4.3.3.2　再制造商模型结构

第 i 个细分市场中顾客对第 j 个再制造产品的效用 U_{ij}^{R} 表示如下：

$$U_{ij}^{R}=\sum_{n=1}^{N}\sum_{k=1}^{K}\sum_{l=1}^{L_k}w_{jk}\left[z_{jkl}\,u_{ikl}^{R}+\left(1-z_{jkl}\right)u_{ikl}\right]+\pi_j+\varepsilon_j \tag{4.11}$$

再制造商的成本分为再制造产品使用再制造模块的成本和使用新模块的成本，具体表述如下所示：

$$C^{R}=\sum_{r=1}^{R}\sum_{j=1}^{J}\sum_{n=1}^{N}\sum_{s=1}^{S}y_{jns}\left\{\sum_{k=1}^{K_n}\sum_{l=1}^{L_k}x_{jnkl}\left[\xi_r\,c_{rjkl}^{R}\,z_{jkl}+c_{jnkl}^{N}\left(1-z_{jkl}\right)\right]\right\} \tag{4.12}$$

4.3.4　主从关联优化模型

面向拆卸和再制造的产品族架构设计主从关联优化问题表示为如下的双层规划模型：

$$\operatorname{Max} f\left(x_{jnkl},c_{jnkh},\varsigma_d,\xi_r;y_{js},y_{jns};z_{jkl}\right)=\sum_{i=1}^{I}\sum_{j=1}^{J}\frac{U_{ij}+V_{ij}+U_{ij}^{R}}{C_j}P_{ij}Q_i \tag{4.13}$$

s.t.

$$\sum_{j=1}^{J}\sum_{n=1}^{N}\sum_{k=1}^{K}\sum_{l=1}^{L_k}x_{jnkl}=1 \tag{4.14}$$

$$\sum_{n=1}^{N}\sum_{k=1}^{K}\sum_{l=1}^{L_k}\left|x_{jnkl}-x_{j'nkl}\right|>0,\quad j\neq j' \tag{4.15}$$

$$\sum_{l=1}^{L_k}x_{jnkl}=1\quad k\in\boldsymbol{K}^C \tag{4.16}$$

$$\sum_{l=1}^{L_k}x_{jnkl}\leqslant 1\quad k\in\boldsymbol{K}^A \tag{4.17}$$

$$\sum_{l=1}^{L_k}x_{jnkl}=1\quad k\in\boldsymbol{K}^I \tag{4.18}$$

$$\sum_{h=1}^{H_l}c_{jklh}=1 \tag{4.19}$$

$$x_{jnkl}=\sum_{h=1}^{H_l}c_{jklh} \tag{4.20}$$

$$x_{jnkl},c_{jklh},\varsigma_d,\xi_r\in\{0,1\} \tag{4.21}$$

$$\text{Max }g^D\left(x_{jnkl},c_{jnkh},\varsigma_d;y_{js},y_{jns}\right)=\sum_{i=1}^{I}\sum_{j=1}^{J}\frac{V_{ij}+U_{ij}^R}{C_j^D}P_{ij}Q_i \tag{4.22}$$

$$\text{s.t.}\qquad 1-\exp\left(-\sum_{j=1}^{J}\sum_{n=1}^{N}s_{jn}\eta_{jn}y_{jns}\right)\leqslant\varepsilon \tag{4.23}$$

$$y_{jns}-y_{j'ns}=x_{jnkl}-x_{j'nkl} \tag{4.24}$$

$$\sum_{n=N_1+1}^{N_2}\sum_{s=1}^{S_n}y_{jns}\geqslant\sum_{s=1}^{S_j}y_{js} \tag{4.25}$$

$$\sum_{s=0}^{S_j}y_{js}=1 \tag{4.26}$$

$$\sum_{s=0}^{S_n}y_{jns}=1 \tag{4.27}$$

$$y_{js},y_{jns}\in\{0,1\} \tag{4.28}$$

$$\text{Max } g^R\left(x_{jnkl}, c_{jnkh}, \xi_r; y_{jns}; z_{jkl}\right) = \frac{U_{ij}^R}{C^R} \tag{4.29}$$

s.t.

$$\sum_{k=1}^{K}\sum_{l=1}^{L_k} z_{jkl} > 0 \tag{4.30}$$

$$z_{jkl} \in \{0,1\} \tag{4.31}$$

上层目标函数中的总效用包括三个部分，分别是新产品架构设计的效用、模块之间拆卸效用以及再制造效用。式(4.14)为模块候选项唯一性约束；式(4.15)为产品族应包含不同产品变体的约束；式(4.16)～式(4.18)分别描述替代模块、必选模块和公共模块的模块实例的选择约束；式(4.19)表示模块之间只能选择一种连接方式；式(4.20)表示如果选择了某个模块候选项，则一定会选择某种连接方式，如果没有选择某个模块候选项，则这个模块候选项将没有对应的连接方式。式(4.21)表示模型上层的决策变量约束。式(4.23)表示再制造产品的可靠性约束。式(4.24)表示如果不同的产品选择了相同的基本模块，则只能选择相同的拆卸方式。式(4.25)表示下层两个决策变量的关系约束。如果产品拆卸，则复合模块才可能选择拆卸或再制造。式(4.26)表示由产品拆卸成为复合模块的拆卸方式只能选择一种。式(4.27)表示每一个复合模块只能选择一种拆卸方式。式(4.28)表示拆解商的变量约束。式(4.30)表示再制造产品中，至少使用了一个再制造模块。式(4.31)表示再制造商的变量约束。

在上述双层规划模型中，上层考虑拆卸和再制造的产品族架构设计问题，包含决策变量x_{jnkl}、c_{jklh}。根据上层产品族架构的结果，下层拆卸方案以最大化拆卸效用比拆卸成本为目标，决策确定产品变体以及复合模块的拆卸工艺路径，也就是确定决策变量y_{js}、y_{jns}。下层再制造方案以最大化再制造效用比成本为目标，决策确定再制造的模块选择，也就是确定决策变量z_{jkl}。而下层拆卸和再制造决策的结果，即产生的拆卸成本C_j^D和再制造成本C^R，也会对制造商的目标函数产生影响。与此同时，上层的制造商就会根据下层拆解商和再制造商反馈给制造商的结果，来重新决策产品族的架构设计，包括架构的优化、配置的选择以及模块候选项之间连接方式的选择等，以得到最大化的单位成本总效用$U(V+U^R)/C$。这一主从交互决策的过程不断循环，直到上层的制造企业和下层的拆解企业以及再制造企业都不愿意再改变他们的决策为止，这时得到的解为该双层优化模型的均衡解，也就是达到 Stackelberg 均衡。该均衡解为面向拆卸和再制造的产品族架构设计的最优方案，根据最优解得到的上、下层目标函数值则为最优值。

4.3.5 模型求解

考虑到本章建立的模型属于复杂模型，是 NP-hard 问题，传统的求解方法变得无效[235]。遗传算法作为一种智能算法，具有较好的全局搜索能力和鲁棒性能，是一种非常有效的求解方法[235]。它已成功地在多个领域应用于解决二元离散决策变量设计中的各种优化问题[68, 181, 209, 236]。

本章设计的嵌套遗传算法的具体流程如图 4-2 所示。

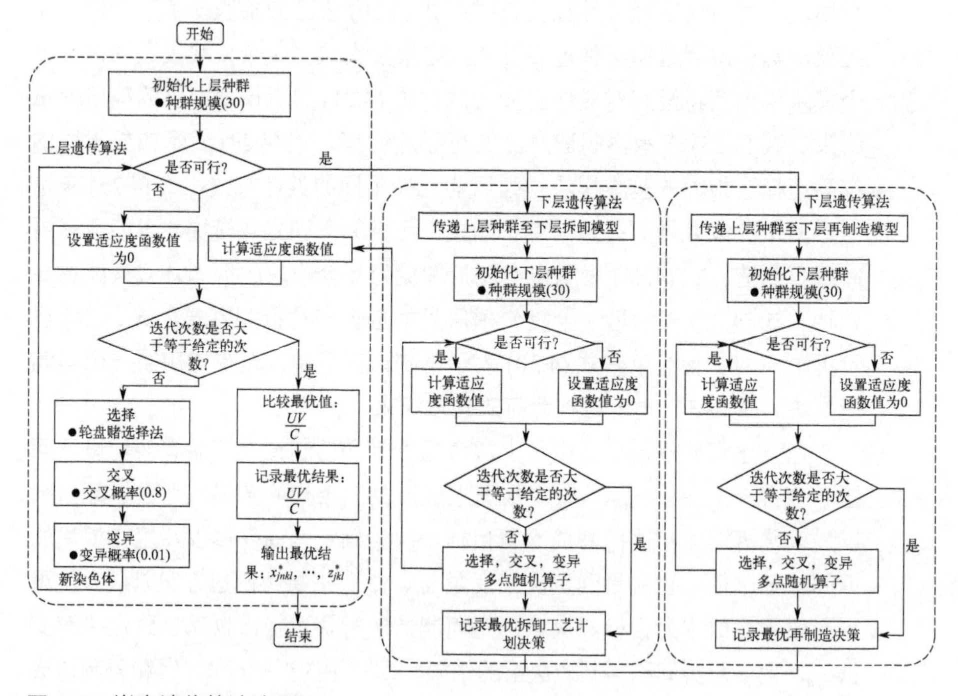

图 4-2 嵌套遗传算法流程图

根据嵌套遗传算法的逻辑流程图，首先设置相关参数，根据产品设计模型的决策变量随机生成染色体的初始种群，验证产品设计层的染色体是否满足相应的约束条件。将不满足约束的产品设计层染色体的适应度值设为 0。然后，将产品设计层的可行初始解传递到下层拆卸和再制造模型的遗传算法中。下层拆卸和再制造模型的染色体初始群体是根据产品设计层的后代信息及其自身的决策变量随机生成的，生成后验证是否下层拆卸和再制造模型的染色体满足相应的约束条件。当下层拆卸和再制造模型的遗传算法迭代次数达到预设最大值时，记录得到的最优解和值，这是对产品设计模型遗传算法的反馈。否则，下层拆卸和再制造模型的染色体将经历选择、交叉和变异操作，并重新评估新染色体。在产品设计模型的遗传算法中，当代数超过指定的最大迭代次数时，该过程将终止。当嵌套遗传算法过程停止时，得到了 Stackelberg 平衡解。

对模型中出现的变量进行染色体编码，对于上层染色体表示考虑拆卸和再制造的产品族架构设计变量，包含产品变体和组装方式的结构设计。下层染色体表示拆卸方案选择以及再制造方案的选择。上、下层均采用实数编码策略，具体编码如图 4-3 所示。

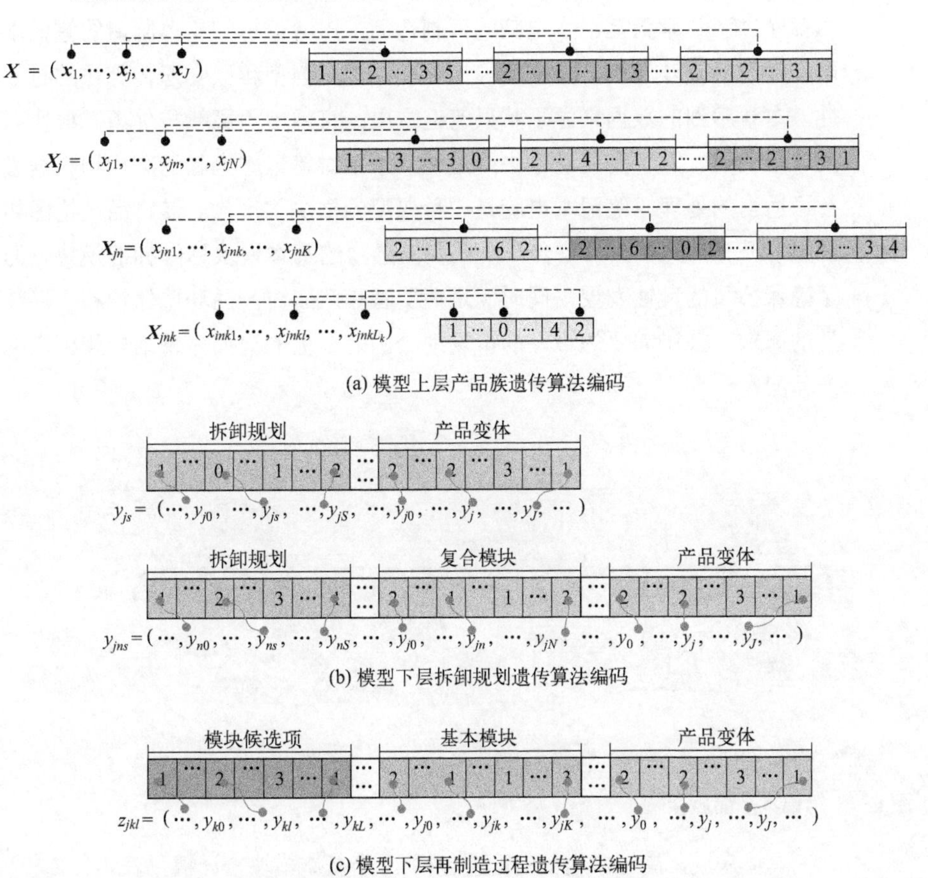

(a) 模型上层产品族遗传算法编码

(b) 模型下层拆卸规划遗传算法编码

(c) 模型下层再制造过程遗传算法编码

图 4-3　主从优化问题染色体编码

4.4 笔记本电脑案例研究

4.4.1 案例描述

随着技术的发展，由于笔记本电脑迭代的速度较快，通过消费者使用并淘汰后，会产生很多可以再利用的笔记本电脑及零部件。企业通过再制造的方式，部分组件及模块又重新回到了消费者手中，减少了资源的消耗。经过实际调研，苹果笔记本电脑在设计过程中就考虑了产品的再制造及翻新过程，是较为典型的考虑拆卸和再制造的产品族设计问题。因此，本章通过了解苹果笔记本电脑的再制造后，以考虑拆卸和再制造的笔记本电脑产品族设计为例，验证所提出的双层规划模型和嵌套遗传算法的有效性。本章用到的数据来源于苹果笔记本电脑官网中“翻新与优惠”板块以及市场调研。为了简化而不失一般性，本章对笔记本电脑的结构和数据进行了适当的处理。笔记本电脑是一种典型的模块化产品。其产品结构图如图 4-4 所示。其中，只包含一个模块候选项的基本模块称为标准模块。为了确保公司的良性发展，同时满足消费者和政府对产品环境保护和可持续性的要求，公司需要为一定的市场细分确定最优的产品体系结构和相应的产品配置。

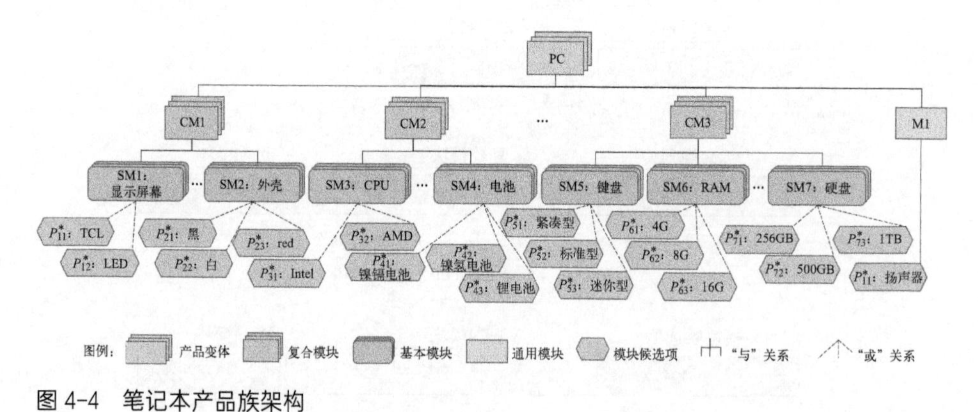

图 4-4　笔记本产品族架构

具体来说，笔记本电脑的配置包括 12 个基本模块，详情见表 4-3，12 个模块的模块候选项总数为 5971968（$4\times3^6\times2^5$）。由于所选产品变体的数量很大，不可能逐一进行市场调研。因此，为了获得产品的消费者偏好，对产品进行正交分析，得到 32 个正交产品配置文件，详见表 4-4。

表 4-3　笔记本电脑模块及模块候选项说明

基本模块	模块名称	模块候选项	属性值
M_1	外壳	m_{11}	黑色
		m_{12}	白色
		m_{13}	红色
M_2	显示屏	m_{21}	LCD{ 液晶 }
		m_{22}	LED{ 晶体管 }
M_3	扬声器	m_{31}	单声道
		m_{32}	立体声
M_4	主板	m_{41}	ATX（标准型）
		m_{42}	M-ATX（紧凑型）
		m_{43}	MINI-ATX（迷你型）
M_5	显卡	m_{51}	独立显卡
		m_{52}	集成显卡
M_6	CPU	m_{61}	Intel
		m_{62}	AMD
M_7	内存	m_{71}	4G
		m_{72}	8G
		m_{73}	16G
M_8	键盘	m_{81}	机械键盘
		m_{82}	塑料薄膜式键盘
		m_{83}	导电橡胶式键盘
		m_{84}	电容式键盘
M_9	硬盘	m_{91}	1TB
		m_{92}	500GB
		m_{93}	256GB
M_{10}	电池	m_{101}	镍镉电池
		m_{102}	镍氢电池
		m_{103}	锂电池

续表

基本模块	模块名称	模块候选项	属性值
M_{11}	风扇	m_{111}	60
		m_{112}	80
		m_{113}	120
M_{12}	光驱	m_{121}	CD
		m_{122}	CD/DVD

表 4-4　正交分析得到的产品变体

编号	外壳	内存	硬盘	主板	显卡	风扇	光驱	显示屏	电池	键盘	CPU	扬声器
1	红色	4G	500GB	ATX	独显	80	CD/DVD	LCD	锂电池	机械键盘	Intel	立体声
2	白色	8G	500GB	ATX	独显	120	CD	LCD	锂电池	机械键盘	AMD	立体声
3	黑色	16G	1TB	ATX	独显	80	CD/DVD	LCD	镍氢电池	机械键盘	Intel	单声道
4	红色	8G	500GB	ATX	独显	80	CD/DVD	LCD	LCD	机械键盘	AMD	立体声
…	…	…	…	…	…	…	…	…	…	…	…	…
31	白色	16G	1TB	M-ATX	集成显卡	120	CD/DVD	LCD	LCD	机械键盘	Intel	单声道
32	黑色	4G	256GB	ATX	独显	80	CD/DVD	LCD	镍氢电池	机械键盘	Intel	立体声

选择 50 个消费者对 32 个产品变体进行评分和排序，并通过联合分析得到市场细分产品变体中不同模块的候选项效用数据。如表 4-5 的第 2 ～ 4 列所示，假设只有三个细分市场，市场规模为 5000、6000 和 8000。基于相关装配和测试操作的时间动作研究，模块候选项的部分标准时间被估计，如表 4-5 的第 5、6 列所示。成本估算参数 LSL^T=55s，β=0.003。表 4-5 的第 7 列为零件的最小数量信息，第 8 列为制造成本。

根据产品设计者和制造商的共同决定，结合本章的研究需要，确定产品变体和复合模块的数量分别为 2 和 3，其中产品变体的集合可以设置为 $j\in\{2, 3\}$，复合模块的集合可以设置为 $r\in\{2, 3, 4\}$。每个复合模块中包含的基本模块如表 4-6 所示。

表 4-5　部分效用和部分标准时间

模块候选项	模块候选项效用			部分标准时间 /s		零件的最小数量	制造成本
	细分市场 A	细分市场 B	细分市场 C	μ^t	σ^t		
m_{11}	1.24	1.21	1.28	275	3.8	1	300
m_{12}	2.99	1.74	0.33	219	5.1	0	310
m_{13}	0.51	1.97	−3.29	222	4.1	0	210
m_{21}	3.23	−3.14	2.86	213	3.6	1	290
m_{22}	2.63	1.41	0.34	216	4.2	1	280
m_{31}	1.63	1.35	1.97	249	4.6	1	210
m_{32}	2.37	1.68	0.63	230	4.8	0	320
m_{41}	−2.66	2.28	−1.78	240	3.4	1	230
m_{42}	0.60	1.18	1.26	223	4.2	0	210
m_{43}	0.98	1.67	2.26	250	4.9	1	240
…	…	…	…	…	…	…	…
m_{121}	−1.12	0.35	1.58	220	5.1	1	170
m_{122}	−0.23	0.86	−0.58	224	4.8	1	160

表 4-6　复合模块的配置分类

R	复合模块	模块候选项
R=2	CM_1^2	主板、显卡、CPU、硬盘必选，其他待优化
	CM_2^2	外观颜色、内存、键盘、电池必选，其他待优化
R=3	CM_1^3	主板、显卡、内存必选，其他待优化
	CM_2^3	外观、CPU、硬盘必选，其他待优化
	CM_3^3	显示屏、扬声器、光驱必选，其他待优化
R=4	CM_1^4	外壳、显示屏、扬声器必选，其他待优化
	CM_2^4	主板、显卡、CPU 必选，其他待优化
	CM_3^4	内存、硬盘必选，其他待优化
	CM_4^4	键盘必选，其他待优化

拆卸功能度量信息如表 4-7 所示，表 4-8 表示的是部分考虑拆卸的成本信息，表 4-9 为复合模块不同承包商的拆卸成本信息，表 4-10 为再制造模块候选项的顾客感知效用和承包商对应的成本信息。

表 4-7　拆卸功能度量信息

<table>
<tr><th>模块候选项</th><th>连接方式</th><th>拆卸任务的重复数量</th><th>拆卸方式的易接近性</th><th>定位的精确程度</th><th>任务完成的力量程度</th><th>任务完成的基本时间测度</th><th>任务完成的特殊性</th></tr>
<tr><td rowspan="2">m_{11}</td><td>1</td><td>4</td><td>5</td><td>2</td><td>3</td><td>2</td><td rowspan="2">2</td></tr>
<tr><td>2</td><td>7</td><td>1</td><td>5</td><td>2</td><td>4</td></tr>
<tr><td rowspan="2">m_{12}</td><td>1</td><td>8</td><td>2</td><td>4</td><td>2</td><td>3</td><td rowspan="2">2</td></tr>
<tr><td>2</td><td>6</td><td>3</td><td>6</td><td>1</td><td>1</td></tr>
<tr><td rowspan="2">m_{13}</td><td>1</td><td>5</td><td>6</td><td>2</td><td>9</td><td>8</td><td rowspan="2">2</td></tr>
<tr><td>2</td><td>2</td><td>2</td><td>6</td><td>1</td><td>2</td></tr>
<tr><td rowspan="2">m_{21}</td><td>1</td><td>3</td><td>3</td><td>8</td><td>5</td><td>3</td><td rowspan="2">2</td></tr>
<tr><td>2</td><td>4</td><td>4</td><td>4</td><td>2</td><td>2</td></tr>
<tr><td rowspan="2">m_{22}</td><td>1</td><td>2</td><td>2</td><td>2</td><td>2</td><td>2</td><td rowspan="2">6</td></tr>
<tr><td>2</td><td>5</td><td>5</td><td>3</td><td>1</td><td>4</td></tr>
<tr><td>…</td><td>…</td><td>…</td><td>…</td><td>…</td><td>…</td><td>…</td><td>…</td></tr>
<tr><td>m_{121}</td><td>1</td><td>9</td><td>2</td><td>1</td><td>1</td><td>7</td><td>4</td></tr>
<tr><td>m_{122}</td><td>2</td><td>6</td><td>2</td><td>8</td><td>1</td><td>6</td><td>4</td></tr>
</table>

表 4-8　部分考虑拆卸的成本信息

<table>
<tr><th>产品变体编号</th><th>拆卸方式</th><th>考虑拆卸的成本</th><th>复合模块</th><th>拆解方式</th><th>考虑拆卸的成本</th></tr>
<tr><td rowspan="9">1</td><td rowspan="2">0</td><td rowspan="2">70</td><td rowspan="3">CM_1^2</td><td>1</td><td>90</td></tr>
<tr><td>2</td><td>120</td></tr>
<tr><td rowspan="2">1</td><td rowspan="2">150</td><td>3</td><td>80</td></tr>
<tr><td>CM_2^3</td><td>1</td><td>40</td></tr>
<tr><td rowspan="2">2</td><td rowspan="2">100</td><td>…</td><td>…</td><td>…</td></tr>
<tr><td rowspan="4">CM_4^4</td><td>1</td><td>30</td></tr>
<tr><td rowspan="2">3</td><td rowspan="2">300</td><td>2</td><td>50</td></tr>
<tr><td>3</td><td>10</td></tr>
<tr><td>4</td><td>120</td><td>4</td><td>90</td></tr>
<tr><td rowspan="4">2</td><td rowspan="4">0</td><td rowspan="4">150</td><td rowspan="3">CM_1^2</td><td>1</td><td>90</td></tr>
<tr><td>2</td><td>120</td></tr>
<tr><td>3</td><td>80</td></tr>
<tr><td>CM_2^3</td><td>1</td><td>40</td></tr>
</table>

续表

产品变体编号	拆卸方式	考虑拆卸的成本	复合模块	拆解方式	考虑拆卸的成本
2	1	240	…	…	…
			CM_4^4	1	30
				2	50
				3	10
				4	90
3	0	250	CM_1^2	1	90
				2	120
				3	80
	1	310	CM_2^3	1	40
			…	…	…
			CM_4^4	1	30
	2	370		2	50
				3	10
				4	90

表 4-9　复合模块不同承包商的拆卸成本信息

产品变体	复合模块	连接方式	拆解方式	拆解成本		
				拆解商 1	…	拆解商 D
1	CM_1^2	1	1	300	…	300
			2	330	…	310
			3	290	…	290
		2	1	370	…	330
			2	310	…	280
			3	360	…	295
		3	1	360	…	260
			2	320	…	290
			3	340	…	320
	CM_2^3	1	1	332	…	290
			2	380	…	290
			3	350	…	330

续表

产品变体	复合模块	连接方式	拆解方式	拆解成本		
				拆解商 1	…	拆解商 D
1	…	…	…	…	…	…
	CM_4^4	1	1	410	…	160
			2	420	…	590
			3	390	…	470
			4	400	…	510
		2	1	390	…	280
			2	380	…	295
			3	420	…	260
			4	450	…	290
		3	1	440	…	320
			2	480	…	290
			3	440	…	280
			4	390	…	330
		4	1	375	…	280
			2	360	…	220
			3	420	…	250
			4	390	…	290
…	…	…	…	…	…	…
3	CM_4^4	1	1	410	…	160
			2	420	…	590
			3	390	…	470
			4	400	…	510
		2	1	390	…	280
			2	380	…	295
			3	420	…	260
			4	450	…	290
		3	1	440	…	320
			2	480	…	290
			3	440	…	280
			4	390	…	330

续表

产品变体	复合模块	连接方式	拆解方式	拆解成本		
				拆解商 1	…	拆解商 D
3	CM_4^4	4	1	375	…	280
			2	360	…	220
			3	420	…	250
			4	390	…	290

表 4-10　再制造模块候选项的顾客感知效用和再制造承包商对应成本

模块候选项	细分市场 A	细分市场 B	细分市场 C	再制造商成本		
				再制造商 1	…	再制造商 R
m_{11}	1.41	5.11	0	320	…	280
m_{12}	2.53	−1.35	0.35	210	…	220
m_{13}	6.42	2.46	1.25	290	…	260
m_{21}	2.45	3.23	−0.39	310	…	320
m_{22}	−3.47	1.46	1.25	290	…	240
m_{31}	1.22	−0.58	0.98	190	…	210
m_{32}	0.25	1.02	0.69	280	…	290
m_{41}	1.25	1.05	1.36	260	…	250
m_{42}	−0.36	0.25	−0.65	240	…	250
m_{43}	1.25	2.36	2.52	260	…	270
…	…	…	…	…	…	…
m_{121}	2.14	3.65	2.89	130	…	140
m_{122}	3.58	−3.16	3.22	120	…	150

4.4.2 优化模型计算结果

为解决面向拆卸和再制造的笔记本电脑产品族设计的主从优化模型，本章采用设计的嵌套遗传算法进行了求解。图 4-5 显示了使用嵌套遗传算法来解决考虑拆卸和再制造的笔记本电脑产品族架构设计迭代过程。不同的颜色代表了不同产品变体下不同的产品架构。其中比较计算了 J=2, R=2;

J=2, R=3; J=2, R=4; J=3, R=2; J=3, R=3; J=3, R=4 六种情况。此图的横坐标表示嵌套迭代的次数，纵坐标表示双层规划中每种情况下上层目标的最优值。迭代次数为 150 代，计算时间为 2593s，上下层种群规模设置为 30，交叉概率为 0.8，变异概率为 0.01，参数 μ 制定为 0.6。图 4-6 显示了最优笔记本电脑产品族架构的主从优化结果。从图中可以看出，上下层的优化

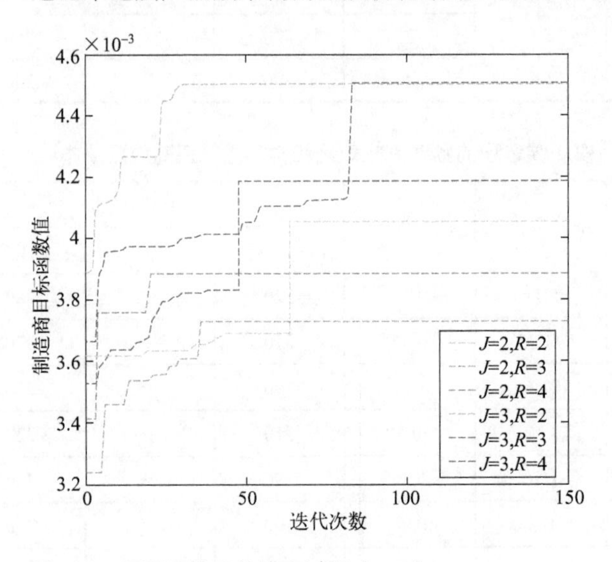

图 4-5　不同环境下的演变过程（J, R）

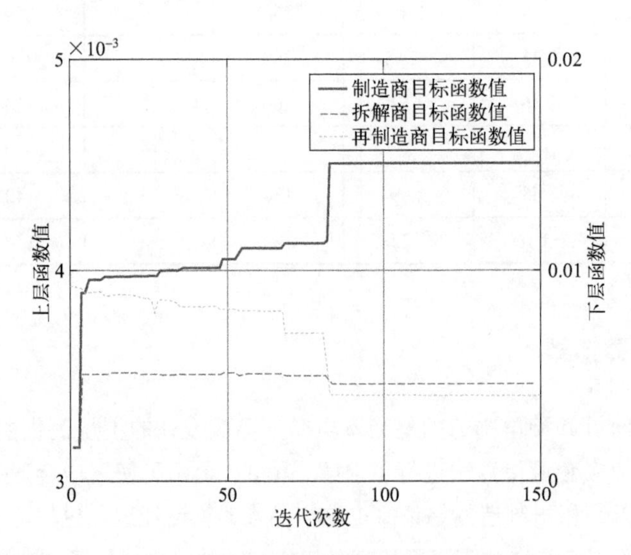

图 4-6　J=3、R=3 情况下模型嵌套遗传算法的演化过程

值在第 85 代左右同时开始收敛。从整个优化过程中可以看出，上下层的优化结果是相互影响的。随着代数的增加，它最终达到了上下目标趋于稳定的状态。由此，我们可以看出，嵌套遗传算法能够很好地处理 0-1 非线性双层规划模型。

表 4-11 显示了考虑拆卸和再制造的笔记本产品族的最优架构。对于细分市场最优的产品族架构组合是生产三种不同的产品，且每种产品分别包含三个复合模块。以第一个产品变体为例简单说明，第一个产品变体由三个复合模块组成，CM_{11}^{3} 由四个基本模块组成，每个基本模块选择相应的产品配置 m_{42}、m_{51}、m_{73} 和 m_{84}，模块候选项 m_{42} 选择第二种组合方式。产品变体 1 选择第三种产品的拆卸方式，CM_{11}^{3} 选择第二种复合模块的拆卸方式。产品族选择了第 2 个拆卸承包商来进行拆卸工作，并选择了第 3 个再制造商来进行产品的再制造。以复合模块 CM_{11}^{3} 为例，在再制造产品中，模块 m_{42}、m_{51} 采用了再制造模块，其余的 m_{73} 和 m_{84} 选择使用新模块。

表 4-11　最优的考虑拆卸的笔记本产品族架构设计

<table>
<tr><th>产品变体</th><th>复合模块</th><th>模块候选项</th><th>模块候选项的组合方式</th><th>拆卸承包商</th><th>复合模块的拆卸方式</th><th>产品的拆卸方式</th><th>再制造承包商</th><th>再制造模块选择</th></tr>
<tr><td rowspan="14">1</td><td rowspan="4">CM_{11}^{3}</td><td>m_{42}</td><td>2</td><td rowspan="14">2</td><td rowspan="4">2</td><td rowspan="14">3</td><td rowspan="14">3</td><td>1</td></tr>
<tr><td>m_{51}</td><td>1</td><td>1</td></tr>
<tr><td>m_{73}</td><td>3</td><td></td></tr>
<tr><td>m_{84}</td><td>1</td><td></td></tr>
<tr><td rowspan="5">CM_{12}^{3}</td><td>m_{13}</td><td>1</td><td rowspan="5">2</td><td>1</td></tr>
<tr><td>m_{61}</td><td>2</td><td>1</td></tr>
<tr><td>m_{93}</td><td>1</td><td>1</td></tr>
<tr><td>m_{102}</td><td>2</td><td></td></tr>
<tr><td>m_{111}</td><td>1</td><td></td></tr>
<tr><td rowspan="5">CM_{13}^{3}</td><td>m_{21}</td><td>1</td><td rowspan="5">3</td><td>1</td></tr>
<tr><td>m_{31}</td><td>1</td><td>1</td></tr>
<tr><td>m_{83}</td><td>1</td><td></td></tr>
<tr><td>m_{103}</td><td>2</td><td></td></tr>
<tr><td>m_{122}</td><td>1</td><td></td></tr>
</table>

续表

产品变体	复合模块	模块候选项	模块候选项的组合方式	拆卸承包商	复合模块的拆卸方式	产品的拆卸方式	再制造承包商	再制造模块选择
2	CM_{21}^{3}	m_{41}	1		2	2		1
		m_{52}	2					
		m_{71}	2					1
		m_{102}	2					1
		m_{113}	1					1
	CM_{22}^{3}	m_{12}	2		2			
		m_{62}	2					
		m_{82}	2					1
		m_{93}	1					1
		m_{103}	2					
		m_{113}	1					1
	CM_{23}^{3}	m_{22}	2		3			
		m_{31}	3					
		m_{84}	1					
		m_{101}	2					1
		m_{112}	1					
		m_{121}	2					
3	CM_{31}^{3}	m_{41}	1		2	3		1
		m_{51}	1					
		m_{73}	3					1
		m_{81}	1					
		m_{101}	2					
		m_{111}	1					1
	CM_{32}^{3}	m_{13}	1		2			1
		m_{62}	2					1
		m_{83}	1					
		m_{92}	2					
		m_{101}	2					1
		m_{113}	1					

续表

产品变体	复合模块	模块候选项	模块候选项的组合方式	拆卸承包商	复合模块的拆卸方式	产品的拆卸方式	再制造承包商	再制造模块选择
3	CM_{33}^{3}	m_{22}	2		3			1
		m_{32}	3					
		m_{102}	2					
		m_{112}	1					
		m_{121}	2					

4.4.3 结果分析与管理启示

为了说明本章提出的主从联合优化模型在解决考虑拆卸和再制造的产品族架构设计问题中的优越性，该方法与常规的解决这类问题的两阶段法和集成优化法相比。具体结果见表 4-12。

集成优化方法不是基于产品族架构设计、拆卸规划与再制造的主从交互机制[237]。这种方法是将面向拆卸和再制造的产品族设计问题中包含制造商、再制造商以及外包商里存在的多个决策主体包含多个决策问题整合成为具有一个目标的决策问题来进行分析的，并一揽子得到面向拆卸和再制造的产品族架构设计和拆卸以及再制造的解决方案。集成优化法以双层规划的上层目标函数为目标函数，上、下层的决策变量和约束作为集成优化法的决策变量和约束。在得到集成优化法计算的值后，将其代入下层的目标函数来计算下层目标函数值。与 J=3、R=3 中的整合优化方法相比，主从联合优化方法获得的单位成本效用提高了 2.27%，拆解效用成本比降低了 3.87%，再制造效用成本比降低了 4.50%。主要是由于主从优化设计方法将目标为成本效益比的制造商置于主导地位，决策产品架构设计问题，其具有主从决策的先发优势，可以获得更好的质量和成本利用率。目标为拆卸效用成本比的拆卸商和目标为再制造效用成本比的再制造商置于从属地位。在集成优化方法中，产品架构设计和拆卸设计方案与再制造设计方案的地位是相等的。因此，产品设计部门失去了优先决策的优势，从而使得制造商的目标、最大化的单位成本效用值低于本章建立的主从联合优化方法的最优值。

表 4-12 基于两阶段优化方法的不同产品族架构方案（J, R）优化结果

方法	（J,R）	J=2, R=2	J=2, R=3	J=2, R=4	J=3, R=2	J=3, R=3	J=3, R=4
主从优化方法	$(U+V+U^R)/C_j$	0.0041	0.0037	0.0039	0.0044	0.0045	0.0042
	$(V+U^R)/C_j^D$	0.0044	0.0047	0.0047	0.0047	0.0044	0.0047
	U^R/C^R	0.0036	0.0039	0.0040	0.0041	0.0040	0.0040
集成优化法	$(U+V+U^R)/C_j$	0.0040	0.0049	0.0039	0.0043	0.0044	0.0041
	$(V+U^R)/C_j^D$	0.0042	0.0047	0.0045	0.0044	0.0042	0.0043
	U^R/C^R	0.0036	0.0036	0.0039	0.0040	0.0039	0.0040
两阶段法	$(U+V+U^R)/C_j$	0.0036	0.0035	0.0036	0.0039	0.0037	0.0041
	$(V+U^R)/C_j^D$	0.0043	0.0042	0.0045	0.0038	0.0040	0.0040
	U^R/C^R	0.0035	0.0035	0.0037	0.0039	0.0038	0.0038

使用另一种称为两阶段方法的通用方法测试我们的模型结果的有效性[181]。两阶段方法将产品族架构设计和拆卸设计、再制造决策分为两个阶段。首先，对产品族架构进行优化，然后根据产品族架构和配置优化结果确定拆卸和再制造决策方案的选择。在第一阶段，根据已上市产品的历史维修、维护及售后服务的数据，评估并计算产品族的拆卸及再制造的成本及效用值，在此基础上优化产品族的架构设计方案。第二阶段，依据第一阶段得到的产品族架构和配置结果，选择相应的产品拆卸方式、复合模块的拆卸方式以及再制造方式，并计算出拆卸效用成本比和再制造效用成本比。两阶段法的目标函数仍然是上层目标函数，下层约束被合并到上层约束中。两阶段优化方法与嵌套遗传算法的最大区别在于，产品族架构设计和拆卸规划以及再制造决策的结果是分别得到的，而主从优化方法是上、下两层决策问题通过交互同时达到最优解的。拿 J=3、R=3 情况下两阶段优化方法的计算结果与主从优化方法的计算结果进行对比，可以看出，本章提出的联合优化方法的上层目标函数值比两阶段法的目标函数值高出了 21.62%，下层的拆卸效用成本比降低了 10.54%，下层的再制造效用成本比降低了 6.49%。这主要是由于产品族架构中有关拆卸和再制造的决策是通过历史和二级市场数据分析来估算的，而没有考虑拆卸和再制造对成本和效用的影响，因此在制定拆卸和再制造计划时，无法及时调整产品族架构的解决方案的变化。

从表 4-12 可以看出，主从联合优化方法和集成优化方法得到的解优于

两阶段法得到的解。这是因为这两种方法都考虑了拆卸及再制造的方案选择对产品族架构的影响。此外，与集成优化算法相比，本章提出的主从联合优化方法在上层优化目标和下层优化目标的决策上具有一定的优势。可以说，本章提出的优化方法是合理有效的。

4.5 本章小结

本章首先明确了研究面向拆卸和再制造的模块化产品族架构设计主从交互优化问题的必要性，在此基础上建立了以负责产品族架构设计的制造商为主者，以负责拆卸和再制造决策的拆解商和再制造商为从者的双层规划模型。同时，对该“一主、两从”优化模型开发了嵌套遗传算法，并基于本章建立的双层优化模型中涉及的决策变量设计了差异化的编码策略，以便可以通过遗传算法计算出面向拆卸和再制造的产品族架构设计的最优解决方案。随后，通过一个笔记本电脑产品族再制造的案例验证了所建立的“一主、两从”双层规划模型及相应嵌套遗传算法的可行性及有效性。并将本章提出的针对面向拆卸和再制造的产品族设计问题建立的主从关联决策优化方法所得到的结果与目前存在的两种方法，分别是两阶段方法和集成优化方法的结果进行比较，通过对比试验可以看出，主从关联优化方法及设计的符合主从关联优化方法求解思路的嵌套式遗传算法能够更好地解决这种面向拆卸和再制造的产品族架构设计问题。

第5章 再制造零件的可重构工艺规划与最优承包商选择主从关联优化

5.1 概述

回收产品拆卸后的零部件想要二次使用，必然要经历再制造的环节。细分到零部件的再制造与生产，需要考虑到零件的工艺规划与调度等问题。这在再制造活动的组织中起着重要的作用，直接影响再制造系统的整体性能[238]。实际情况中，由于产品进入市场的批次不同，以及产品所处的工作环境不同等因素，导致拆卸零部件状态的不确定性，这给零件再制造过程带来了一定的难度和复杂性。而向着智能制造、协同制造等方向发展的新兴工业，给零部件再制造面临的难题带来了新的解决思路[239, 60]。例如，基于现代企业标准化管理、开放式架构形势的智能工艺平台[240, 241]，可以解决频繁的设计变化和反复的过程变化所带来的多样性困境[60]。它不仅承担传统平台只连接服务制造商和承包商之间的桥梁作用[242]，还能够通过大数据分析，智能决策产品或零部件的加工方式，例如：平台在接收到订单需求后，智能、合理地规划平台历史订单中已有的再制造零件工艺规划路径和重构平台数据中没有的零部件工艺路径，把零件的不同损伤特征或修复工艺分配给承包商，以完成一批订单的生产。但是，目前基于开放、协同背景下，关于零部件再制造过程规划和后续生产的研究却非常有限[243]。因此，本章研究的是再制造零件的加工与众包承包商选择的主从关联优化问题。

随着越来越激烈的市场竞争和对零部件需求的多样化，针对不同损伤特征零部件批量再制造的可重构工艺规划研究越来越迫切[244]。可重构工艺规划在本质上是可变的，是以批次为单位的工艺规划，它要根据同批次订单零部件具体的类型和损伤特征，结合平台已有的工艺规划数据重构符合本批次的最优工艺路径[245, 246]。这是因为虽然平台历史数据中也许包含某些类型或损伤特征的零部件最优工艺规划路径，但是当时的最优工艺路径是针对当时批次的，如今本批零件的类型以及损伤程度和原先不尽相同，为了使平台达到这一批零件的最优生产状态，需要根据每个加工批次的不同来重构工艺规划路径。

可重构的工艺规划是目前分散制造模式下面临的一个核心的技术难点[247]。在较短的时间内，合理规划可重构工艺路径以保证高质量、低成本地加工出满足上游企业需求的零部件，是平台制造企业在新形势下生存和成长的关键因素[248]。首先，由于以“族”的形式组织生产具有缩短零件交付时间、减少库存及提升产品质量等优势，越来越多的企业致力于零部件“族”的界定，并基于智能决策规划出一族零部件的最佳加工路径[249-251]。其次，在开放制造的环境下，众包成为了实现可重构工艺规划的一个有效方式[252, 162]。针对瞬息万变的外部环境，制造企业需要对提高服务质量、精益生产、提高生产效率等几个方面引起足够重视[253-255]。在生产能力有限的情况下，考虑到企业柔性、成本、加工质量和完成时间等诸多因素，越来越多的企业考虑通过平台众包来完成零部件的生产制造[163, 256]。然而，这种生产模式也给企业带来了不可避免的风险，如质量风险、交货期风险。因此，合理的众包承包决策对企业而言至关重要。具体而言，当平台企业得到一批零件订单后，会根据平台企业积累的零件族、工艺族和承包商信息的历史数据划分生产批次。然后，平台企业会通过改变可选的特征工艺集和变换特征的加工顺序重构最优的工艺路径和每个工艺的可选承包商，以满足不同生产需求[143]。

然而，基于平台的可重构工艺规划与众包承包商选择是两个决策主体，彼此有冲突的利益和目标。在实际制造中，可重构的工艺规划师单独规划工作[143]。他们通常在不考虑其他作业资源竞争的情况下，规划工艺路径。这可能导致工艺规划师倾向于为每个需要再制造的零部件选择他们认为合适的可重构的工艺规划路径[257]。但也许，这些规划路径在实际生产中因为平台承包商的制约或其他因素的限制变得不切实际[258]。因此，当零件在后期生产时，可重构的工艺规划部门设计的最佳工艺计划往往变得不可行。这就导致了，在现有的决策平台的基础上，如何安排一批零件的可重构的工艺规划路径，众包下承包商的选择等工作以保证企业的利益最大化是需要亟待解决的问题[156]。另一方面，可重构工艺规划与众包决策的关联优化本质上是一个主从博弈过程，而不是简单的多目标优化过程。工艺规划为主者，众包决策为从者，并且随后的承包商决策必须符合前端可重构工艺规划的连续性和完整性。智能工艺师作为连接智能平台和新制造模式下承包商的桥梁，在智能决策平台中扮演着调节一批订单的可重构工艺规划和承包商选择二者关系的重要角色。因此，本章站在智能工艺师的角度，对需要再制造的零件的可重构的工艺规划和众包下的承包商选择二者进行协调，以保证平台企业和平台承包商的利益最大化。

在协调优化的过程中，面临着一个挑战——承包商的评估与选择。传统的承包商选择只需要考虑承包人对某项工艺的评价。智能决策平台需要考虑每个零部件的特征在若干个承包商共同加工的情况下的评价标准，以此来合理地评估和选择承包商。换句话说，平台需要权衡组成一个特征的不同工艺对应承包商的加工效果，也就是说，每个工艺选择最优的承包商来加工也许不能得到某个特征的最优加工效果。并且，在实际的生产环境中，不论可重构的工艺规划还是众包下的承包决策，往往都需要同时考虑不止一个衡量标准[259]。同时，承包商的评价标准的维度不应该是单一维度，而应该从多个角度评价和权衡，如考虑：成本、质量、承包风险、顾客偏好及交货期等因素[146]。这种异质决策标准导致了不同的量纲，确定有效合成这些具有不同量纲的评价标准的方法也是本章的一个难点。

从上述分析中可以发现，现实的平台决策中可重构的工艺规划和众包承包选择的关系密切。因此，本章考虑建立一个主从优化模型来研究基于智能平台的同批零件可重构工艺规划和众包下的承包决策问题。由于解决现有双层规划模型的算法大多只适用于特定类型的双层模型，如线性双层模型[190]或特殊结构的双层模型[260]，而本章针对工艺规划与最优承包决策的优化问题建立的双层优化模型较为复杂，因此，本章还进一步针对该问题设计了双层嵌套遗传算法。

5.2 零件族工艺规划与承包商选择关联优化问题

5.2.1 引例

在开放制造的大环境下，平台或一些大型企业为了高效、保质且低成本地生产再制造的零部件，考虑将某些工艺或特征众包给其他承包公司来生产。同时，也有一些制造企业为了提高生产效率和某些智能决策平台建立合作关系，在工作不饱和期间从平台上接收一些众包加工订单。大型制造企业和智能决策平台的工作机制基本一致，因此，本章以智能决策平台为例，说明平台在接收到需要再制造的零部件订单后的一般处理过程。

为满足消费者日益多样化、个性化的产品需求，企业生产小批量、非标准化的零部件的现象越来越普遍，这也造就了需要再制造的零部件种类繁杂的情况。这给企业再制造的生产运营带来了很大的挑战。为了克服这种局面，智能决策平台往往先根据零件的特征及原有生产积累的历史数据把一批订单零件划分为若干零件组，再以零件组的形式组织生产。每组零件根据可重构的工艺规划概念确定若干种可选的工艺规划路径，合理规划每个零件的工艺路径以保证企业的生产效率和利润率。平台确定的若干可重构的工艺规划路线对众包下的承包决策有着至关重要的影响。换句话说，平台固有的承包商和新加入平台的承包商又能够改变可重构的工艺规划的决策。因此，平台企业需要将二者同时优化以最终确定可重构的工艺规划和众包下的承包决策。

为了进一步说明双层规划模型在实际中的优化过程和应用，由于轴类零件是五金配件中典型的零件之一，本章以某制造业的智能决策平台中若干损伤的转轴零件为例，对一组零件的可重构的工艺规划过程和众包下的承包商决策进行了实例研究。一批需要再制造零件的特征、工艺和可选承包商关系如图 5-1 所示。当平台企业得到若干零件订单后，初步根据零件的尺寸信息、形状信息和相关粗略的工艺信息匹配原有平台的零件族数据库，划分若干零件加工组。如图 5-1 第 1 列所示，划分四个轴类零件为一个生产批次。在系统中，每一个零件族对应着一个工艺族。如图 5-1 第 2 列所示，根据损伤转轴零件族中每一个零件的特点，进一步细化损伤等。根据进一步细化的特征和零件族对应的工艺族数据规划出每一个转轴零件的若干可选工艺路径及可选固有再制造承包商和新承包商，具体见图 5-1 第 3 ～ 5 列，但最终选择哪条工艺路径及相应的承包决策取决于优化模型。在零件的可重构的工艺规划和众包下的承包决策的联合优化过程中，确定了一组转轴零件的规划路径及每一个工艺在平台中的承包决策。以此实现了损伤转轴零件的可重构的工艺规划和众包下的承包决策的联合优化问题。本章提到的承包决策包括选择平台中固有再制造承包商还是新进入平台的再制造承包商决策，如果选择平台的固有再制造承包商，具体选择哪个承包商的决策，以及如果选择新进入平台的承包商，具体选择哪个新承包商的决策，新承包商和固有再制造承包商见图 5-1 的最后两列。不同的工艺对应的可选承包商不同，有些工艺，如 O_{13}，在平台固有再制造承包商中没有可选的承包商，如果平台选择了带有 O_{13} 的工艺路径，则必须引进可以加工此工艺的新承包商进入平台。

图 5-1　一批轴类零件的特点、工艺及可能的承包方案

5.2.2　再制造零件特征到工艺规划映射框架

再制造工艺规划以生成工艺方案为目标，使用过的零件由故障特征到获得工艺方案的过程如图 5-2 所示。

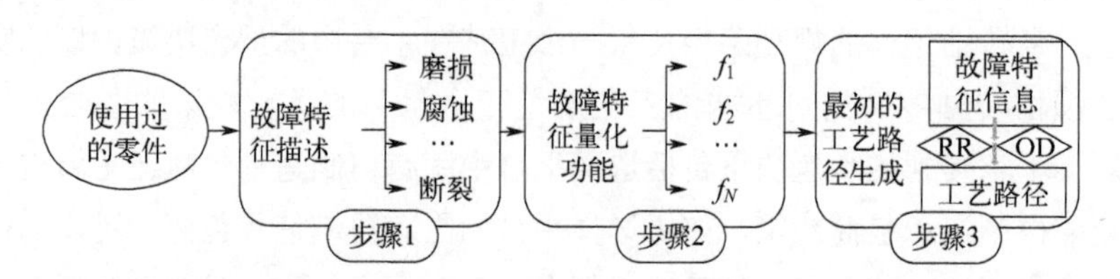

图 5-2　基于故障特征的再制造工艺规划确定框架

这个框架包括三个步骤：

步骤 1：故障特征描述。为了获得可行的再制造工艺方案，有必要了解故障机理，并识别出相应的修复故障的改装方案。在此步骤中，应用故

障树分析（Fault Tree Analysis）来识别故障模式和故障因素。

步骤 2：故障特征量化。该步骤的目的是对废旧零件的故障特征进行量化，从而制定更合理的工艺方案。通过这一步，可以清晰地表达故障特征，准确地进行故障特征的评估，这对于工艺计划的生成是至关重要的。

步骤 3：初始过程计划生成。为了准确地生成工艺方案，根据故障特征推导检修方案，提出可能的工艺方案。

故障特征的表征：

废旧零件的故障特征提取、损伤计算和量化评分是制定合理再制造工艺方案的初步步骤。在这些步骤之前，需要进行一个关键的过程，即故障特征表征，并在此过程中使用故障诊断算法。

FTA 是一种图形模型，被广泛用作演绎工具[261]。本章采用 FTA 模型对废旧零件进行故障特征识别，如图 5-3 所示，其中 a 表示故障模式，b 表示故障特征及影响原因，c 表示提取的故障特征。

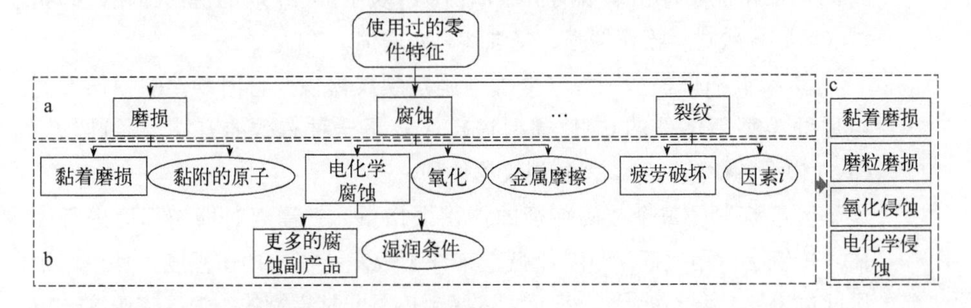

图 5-3　基于故障分析的废旧零件故障特征识别

为了准确表征废旧零件的故障程度，将故障特征分为磨损、腐蚀和裂纹三种类型，建立了磨损损伤模型、腐蚀损伤模型和裂纹损伤模型三种类型的定性模型。

① 磨损损伤模型。磨损是最常见的故障特征之一，包括黏着磨损和磨料磨损[262]。

黏着磨损是由相对运动、“直接接触”和塑性变形引起的，这导致磨损碎片和材料从一个表面转移到另一个表面[263]。根据 Burwell 和 Strang[264] 以及 Archard[265]，黏着磨损损伤模型可计算如下：

$$W_1 = \frac{K_p F_n}{3\sigma_y} \tag{5.1}$$

式中，W_1 为胶黏剂磨损量；K_p 为微凸体与材料表面的接触概率；F_n 为法向载荷；σ_y 为磨损材料的屈服应力。

磨粒磨损是由摩擦过程中材料表面的机械作用引起的，磨粒磨损损伤量模型可计算如下[266]：

$$W_2 = \frac{L_s F_n \tan\theta}{H\pi} \tag{5.2}$$

式中，W_2 为磨粒磨损量；L_s 为两个金属表面之间的总滑动距离；θ 为粗粒锥面与低硬度零件表面的夹角；H 是磨损材料的硬度。

② 腐蚀损伤模型。磨损腐蚀通常是由机械和化学作用引起的[267]。根据 Souza 和 Neville[268]，可以计算出磨损腐蚀的体积如下：

$$V_{\mathrm{T}}=V_1+V_2+V_s \tag{5.3}$$

式中，V_{T} 为磨损腐蚀总体积；V_1 为电化学电荷转移导致的材料损失；V_2 为高能量流动冲击造成的机械损伤；V_s 表示 V_1 和 V_2 的协同作用，即腐蚀（V_1）导致材料损伤增强、侵蚀（V_2）增强。

③ 裂纹损伤模型。为了准确地确定裂纹体积，将旧零件的损伤模型与原同类型新零件的 CAD 模型进行比较是一种有效的方法。通过与原 CAD 模型的比较，可以得到裂纹的体积。

一旦获得了每个故障特征的体积损伤量，就需要对损伤程度进行评估。传统上，用“高”“中”“低”来评价故障特征的损伤程度，其损伤量区间见表 5-1 第 2 列 [269]。然而，这些评价是非常模糊的。为了克服这一挑战，我们使用 FCE（Fuzzy Comprehensive Evaluation，模糊综合评价）来量化故障特征的损伤程度，其中有一系列量化的评分方程（见表 5-1 第 3 列）用于将伤害值转换为[0,10] 的范围。一旦获得了故障特征的体积损伤量，就可以通过量化评分方程来确定量化评分。

从 FCE 中获取的故障特征信息需要映射到再制造方案中。通过生成故障特征的修复方案，确定问题与解决方案之间的关系，在设计方案中得到了广泛的应用[270]。这使得工艺规划者能够快速检索、拒绝、修改和保留工艺问题的解决方案，减少了操作人员主观因素的影响。损伤程度和损伤量的多样性导致了各种故障特征，如磨损特征、裂纹特征和腐蚀特征。具体由故障特征到修复方案的映射如下所示：

如果……（条件）那么……（执行）

表 5-1　对三种主要故障特征进行量化评分

故障特征	体积伤害量间隔 /mm^3	量化分数方程	量化评分间隔 [0,10]
磨损	0	—	0
	$0 < x < 1.0$	$q=\dfrac{x-0}{1.0-0}\times 5$	(0,5)
	$1.0 \leqslant x < 2.0$	$q=\dfrac{x-1.0}{2.0-1.0}\times 5+5$	[5,10)
	x=2.0	10	10
腐蚀	0	—	0
	$0 < z < 1.0$	$q=\dfrac{z-0}{1.0-0}\times 5$	(0,5)
	$1.0 \leqslant z < 2.0$	$q=\dfrac{z-1.0}{2.0-1.0}\times 5+5$	[5,10)
	z=2.0	10	10
断裂	0	—	0
	$0 < y < 0.6$	$q=\dfrac{x-0}{0.6-0}\times 5$	(0,5)
	$0.6 \leqslant y < 1.2$	$q=\dfrac{x-0.6}{1.2-0.6}\times 5+5$	[5,10)
	y=1.2	10	10

拿一个使用过的齿轮的修复方案作为案例来说明故障特征到修复方案的映射。

如果（故障特征 = 磨损）并且（量化分数 =3）

那么修复方案：磨削→电镀

废旧零件可能存在多种故障特征，从而导致多个再制造工艺方案的产生。许多备选方案可以用操作有向图（Operation Digraph）表示。第 6 章的 6.2.1 节对有向图进行了详细描述，在这个基础上，可以确定一系列基于故障特征表征的再制造工艺规划。

5.2.3 问题分析

本节通过抽象上述特征及修复方案，一般化废旧零件的可重构工艺规划与众包承包问题。假设一组需要再制造的零件中的每一个零件都有若干需要修复的公共特征和差异化特征，每一个特征 G 对应一组工艺集合 $\boldsymbol{O}_G$。

每一个特征只能从已知的工艺集组中选择出一个，专家通过对历史数据的分析，构成一条工艺路径。也就是说，同一个零件有不同的工艺路径是由于同一特征选择不同的加工方式（工艺集）而导致的。根据零件变体的特征不同，针对同一个零件有若干可选工艺路径。云平台会储存平台企业关于零件族、工艺族、承包商及制造外包供应链的所有历史数据，为智能决策提供数据支撑。若选择相同的加工方式，则构成了一个工艺平台。图 5-4 的左半部分说明了一组零件、公共特征、差异化特征和可选工艺路径的关系。假设外部来了一批零件订单，企业根据历史零件族数据划分了一个包含 I 个零件的零件族。根据订单信息，每个零件都包含 G^C 个公共特征，零件族中一共有 G^d 个差异化特征。企业的可重构的工艺规划部门根据零件自身具有的不同特征信息，确定出 J_i 条可选工艺路径。零件的可重构的工艺规划问题实际上是零件的不同工艺路径组合，所有可能的组合有 $\prod_{i=1}^{I} J_i$ 种。

对于智能决策平台来说，考虑到众包企业的稳定性和可靠性，有一些工艺不可众包给新加入平台的再制造承包商，除此之外的工艺都可以选择众包平台中的固有再制造承包商和新承包商。每一个工艺都至少有一个固有再制造承包商或新承包商可供选择，他们最终是否选择固有再制造承包商或新承包商，以及具体由哪个承包商来加工，最终取决于优化模型。图 5-4 的右半部分说明了众包下的承包决策过程。假设每一个工艺 O 都有对应的 S_o 个可选的新承包商和 M_o 个固有再制造承包商，他们需要在固有再制造承包商和新承包商中做出一个选择。同一个特征选择不同的工艺集合 $\boldsymbol{O}_G$，不同众包下的新承包商 S_o 和固有再制造承包商 M_o 会造成特征加工的报价、交货期和完成时间不同。图 5-4 说明了零件的可重构的工艺规划和众包下的承包决策的交互过程，后面将详细阐述开放制造环境下二者的优化问题。

5.2.4 主从交互决策机制

本章研究的是在开放制造环境下，基于非合作博弈的零件族的可重构的工艺规划和众包下的承包决策的主从优化决策过程。零件的可重构的工艺规划决策者和众包下的承包决策者是属于不同决策层次的两种决策主体。但可重构的工艺规划和众包下的承包决策之间的优化问题是通过主从

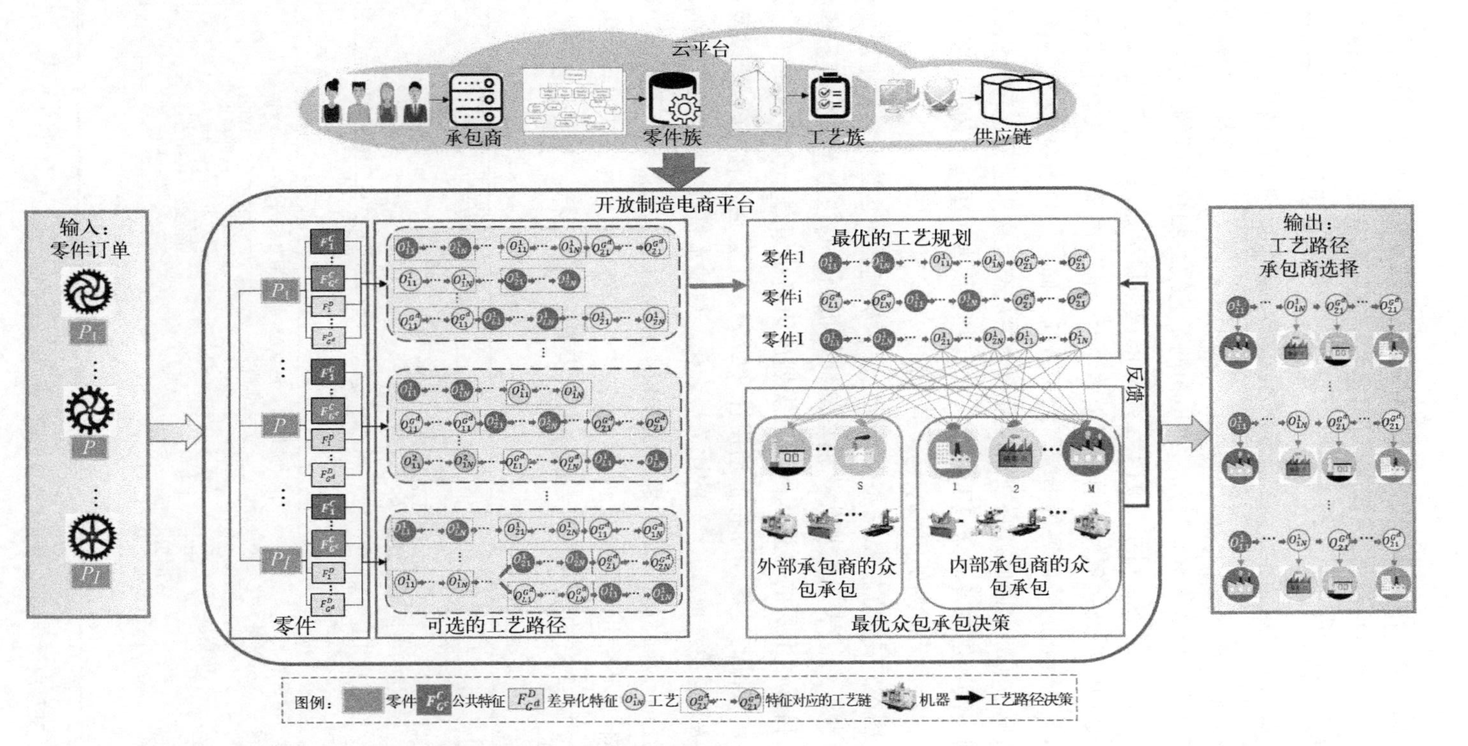

图 5-4　基于智能平台的最优的再制造零件加工与承包商决策

决策过程交互作用的。此外，可重构的工艺规划决策者的决策地位优先于众包下的承包决策者，并通过可重构的工艺规划的结果控制众包下的承包决策。众包下的承包决策者根据需要修复零件的可重构的工艺规划决策结果开展相关决策工作。众包下的承包决策结果会反馈给可重构的工艺规划决策者，以此来影响可重构的工艺规划结果。最后，在这样一个交互的过程中不断寻找最优解。另外，可重构的工艺规划和众包下的承包决策的优化目标是不同的。可重构的工艺规划的决策目标是最大化的工艺通用性、特征通用性以及可靠性比总生产成本，而众包下的承包决策的目标是单位成本下最大化的特征评价指标。除了目标不同，二者的决策变量和约束条件也是不同的。因此，它被认为是一个主从交互决策过程。可重构的工艺规划决策者是主者，众包下的承包决策者是从者，决策主体分别是平台企业的智能工艺规划部门和众包服务部门。

图 5-5 展示了主从动态交互优化决策机制。左边这列显示主从优化决策机制，右边表示主从优化模型的结构机制。右边上半部分表示模型上层的目标。上层的可重构的工艺规划决策者决策每一个零件的工艺路径（x_{ij}），其目的是零件的特征通用性（CI^F）、工艺通用性（CI^P）以及可靠性（R）与生产成本（C）的比值最大化。总成本是由下层反馈上来的，包括选择平台固有再制造承包商成本和新承包商成本两部分。同时，工艺的成本信息也会反馈到特征通用性公式中，是特征通用性公式的一个组成部分。图 5-5 右边这列的下半部分表示模型下层的目标。下层众包下的承包

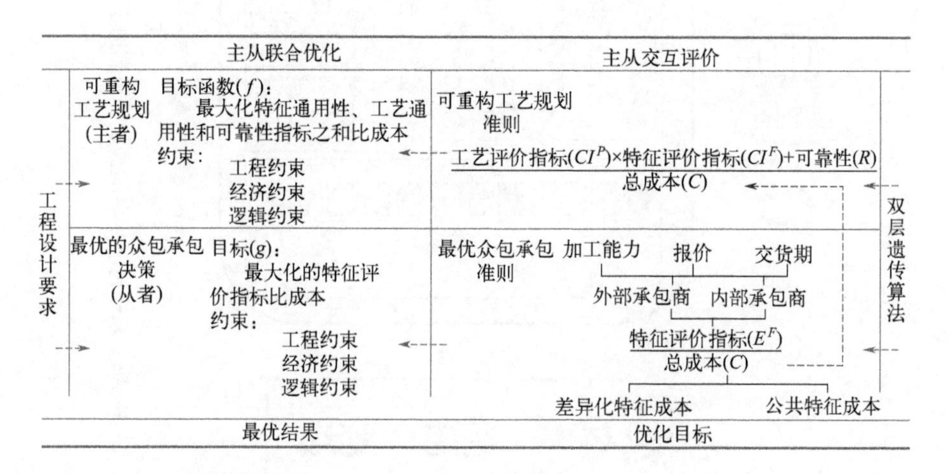

图 5-5　主从交互决策机制

决策者决策工艺是否由新进入平台的承包商选择（y_{ijos}）以及固有再制造承包商选择（z_{ijom}）方案。其目的是零件的单位成本特征评价指标（E^F）的最大化。特征评价指标由众包下新承包商的特征评价指标和固有再制造承包商的特征评价指标构成，其中新加入平台的承包商的特征评价指标包括新承包商的能力实现程度、新承包商报价和交货期三个部分，平台固有再制造承包商的评价指标包括固有再制造承包商的能力实现程度、内部报价和完成时间三个部分。另外，主从优化模型中的约束均包括工程约束和经济约束以及逻辑约束三个部分。

5.3 双层优化模型

基于对问题的描述和分析，为了展示在开放制造环境下考虑众包决策的再制造零件可重构工艺规划问题的主从关系，本章建立了双层优化模型。该 0-1 整数非线性双层规划模型由上层的再制造零件可重构工艺规划和下层的考虑众包的承包决策共同构成。

5.3.1 决策变量

模型上层一批零件的可重构的工艺规划问题是为了给每一个零件找一条最优的工艺路径。因此，我们定义了一个二元决策变量 x_{ij}，其中零件 $i \in \boldsymbol{I}$，零件的集合 $\boldsymbol{I}=\{1,2,\cdots,I\}$，工艺路径 $j \in \boldsymbol{J}_i$，工艺路径的集合 $\boldsymbol{J}_i=\{1,2,\cdots,J_i\}$。具体表达如下所示：

$$x_{ij}=\begin{cases}1 & \text{如果零件} i \in \boldsymbol{I} \text{选择第} j \in \boldsymbol{J}_i \text{条工艺路径} \\ 0 & \text{其他}\end{cases}$$

下层优化问题是针对每一个工艺选择平台承包商，平台承包商包括平台固有的再制造承包商和新加入平台的承包商两种，每一个工艺必须在固有再制造承包商或新加入到平台的承包商中选择一个。我们定义一个二元决策变量 y_{ijos}，表示每一个工艺可以选择新加入平台中的一个承包商，其中工艺 $o \in \boldsymbol{O}$，工艺的集合 $\boldsymbol{O}=\{1,2,\cdots,O\}$，众包下的承包商 $s \in \boldsymbol{S}_o$，众包平台下的新承包商的集合 $\boldsymbol{S}_o=\{1,2,\cdots,S_o\}$。另一个二元决策变量 z_{ijom}，它表示在工艺路径中的每一个工艺可以选择平台固有再制造承包商中的一个，其中固有再制造承包商 $m\in\boldsymbol{M}_o$，固有再制造承包商的集合 $\boldsymbol{M}=\{1,2,\cdots,M_o\}$。它们的具体表达式如下所示：

$$y_{ijos}=\begin{cases}1 & \text{零件 } i\in\boldsymbol{I} \text{ 的第 } j\in\boldsymbol{J}_i \text{ 条工艺路径的第 } o\in\boldsymbol{O} \text{ 个工艺是否选择第 } s\in\boldsymbol{S}_o \text{ 个新签约的承包商，当 } s=0 \text{ 时表示选择平台固有再制造承包商} \\ 0 & \text{其他}\end{cases}$$

$$z_{ijom}=\begin{cases}1 & \text{零件 } i\in\boldsymbol{I} \text{ 的第 } j\in\boldsymbol{J}_i \text{ 条工艺路径的第 } o\in\boldsymbol{O} \text{ 个工艺是否选择第 } m\in\boldsymbol{M}_o \text{ 个固有再制造承包商} \\ 0 & \text{其他}\end{cases}$$

图 5-6 说明了上层决策变量和下层决策变量的结构，上层决策变量表明的是在一批零件中对工艺路径的选择（X），下层决策变量表明的是对工艺路径中每一个工艺的众包平台下新承包商的选择（Y），以及固有再制造

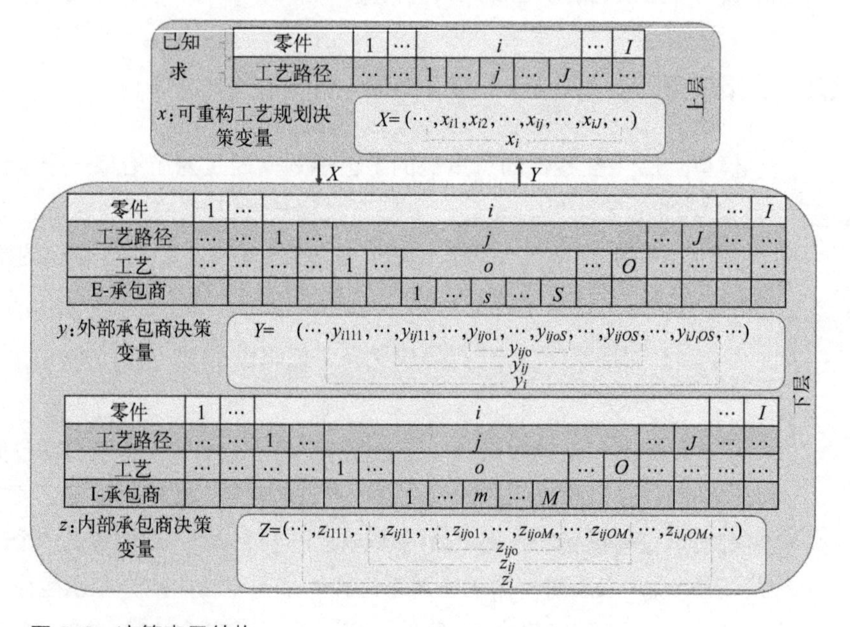

图 5-6 决策变量结构

承包商选择（Z）。上层优化问题通过可重构的工艺规划决策变量（X）控制下层优化的结果，同时，下层优化的结果通过平台众包下的新承包的决策变量（Y）和固有再制造承包商决策变量（Z）反馈到上层优化问题中。

5.3.2 优化模型上层：可重构工艺规划

在对上层目标可能采用的衡量方式中，通用性的极大化既可以应对由于市场需求导致的需要再制造的零部件日益多样化情况，又能满足智能决策平台希望零件再制造成本相对低的需求[271]。本章用工艺通用性、特征通用性和可靠性三个指标来衡量一批零件的工艺路径选择，以实现在日益多样化的零件种类的市场环境下平台利益极大化的需求。工艺的通用性用工艺灵活性和经济批量两个因素来衡量[272]。本章假设工艺通用性只和工艺方法有关，和选择哪个设备无关[272]。加工一批零件使用的工艺方法越少，零件的工艺越相似，则表示加工这批零件的工艺灵活性越大[273]，基于此，用平均每个工艺可加工的零件数衡量工艺灵活性。零件的批量越大，则该零件中工艺的换模时间对工艺通用性的影响就越大[274]，基于此，用平均每个工艺每个零件的换模次数来衡量经济批量。本章中假设换模时间仅与采用的工艺方法有关，与零件具体在哪个设备上加工无关[274]。根据以上两个因素的考量，通过平台划分的一批零件的工艺通用性CI^P 如式 (5.4) 所示：

$$CI^P=\sum_{o=1}^{O}\frac{\left(\sum_{i=1}^{I}\sum_{j=1}^{J_i}\sum_{g=1}^{G^c+G^d}\theta_{ijgo}\right)\left[\sum_{i}^{I}\sum_{j=1}^{J_i}x_{ij}\left(\sum_{g=1}^{G^c+G^d}T_{ijgo}^{SET}\right)\right]\left(\sum_{i=1}^{I}D_i^o\right)}{O\sum_{i=1}^{I}D_i^o\left[\sum_{j=1}^{J_i}x_{ij}\left(\sum_{g=1}^{G^c+G^d}T_{ijgo}^{SET}\right)\right]}\tag{5.4}$$

其具体含义为：在一批零件中用到的所有工艺的总换模次数。其取值范围：$1\leqslant CI^P\leqslant\beta$，当 $CI^P=1$ 时，表示不通用，β 表示最大通用度，其中 $\beta\geqslant 1$。公式 (5.4) 的左半部分

$$\frac{\sum_{o=1}^{O}\left(\sum_{i=1}^{I}\sum_{j=1}^{J_i}\sum_{g=1}^{G^c+G^d}\theta_{ijgo}\right)}{O}$$

表示工艺的灵活性。公式 (5.4) 的右半部分

$$\frac{\left[\sum_{i}^{I}\sum_{j=1}^{J_i}x_{ij}\left(\sum_{g=1}^{G^c+G^d}T_{ijgo}^{SET}\right)\right]\left(\sum_{i=1}^{I}D_i^o\right)}{\sum_{i=1}^{I}D_i^o\left[\sum_{j=1}^{J_i}x_{ij}\left(\sum_{g=1}^{G^c+G^d}T_{ijgo}^{SET}\right)\right]}$$

表示经济批量对工艺通用性的影响。其中，D_i^o 表示使用工艺 $o\in\boldsymbol{O}$ 的零件 $i\in\boldsymbol{I}$ 的需求量。θ_{ijgo} 表示零件 $i\in\boldsymbol{I}$ 的第 $j\in\boldsymbol{J}_i$ 条工艺路径特征 $g\in\boldsymbol{G}^c+\boldsymbol{G}^d$ 使用工艺 $o\in\boldsymbol{O}$ 的次数，0 次或者 1 次，其中公共特征的集合 $\boldsymbol{G}^c=\{1,2,\cdots,G^c\}$，差异化特征的集合 $\boldsymbol{G}^d=\{1,2,\cdots,G^d\}$。$T_{ijgo}^{SET}$ 表示零件 $i\in\boldsymbol{I}$ 的第 $j\in\boldsymbol{J}_i$ 条工艺路径特征 $g\in\boldsymbol{G}^c+\boldsymbol{G}^d$ 使用工艺 $o\in\boldsymbol{O}$ 的换模时间。

Collier[275, 276] 的公共度指数（DCI）以测量零部件的公共度而闻名。支撑组件共性的思维方式是计算每个组件的使用次数的平均数量[277]。本章的零件特征通用性 CI^F 测量方式借鉴了该思想，这批零件中用到的所有特征使用次数的加权平均来衡量特征通用性。由于共享价格高的特征对特征通用性有更为积极的影响，因此，把特征的价格或成本纳入特征通用性的公式中，作为特征使用次数的权重。特征通用性公式如式 (5.5) 所示：

$$CI^F=\frac{\sum_{g=1}^{G^c}\left[\left(\sum_{j=1}^{J_i}\sum_{o=1}^{O}x_{Ij}C_{Ijgo}\theta_{Ijgo}\right)\sum_{i=1}^{I}\varPhi_{ig}D_i^g\right]+\sum_{g=G^c+1}^{G^c+G^d}\sum_{i=1}^{I}\left[\left(\sum_{j=1}^{J_i}\sum_{o=1}^{O}x_{ij}C_{ijgo}\theta_{ijgo}\right)\varPhi_{ig}D_i^g\right]}{\sum_{g=1}^{G^c}\left[\left(\sum_{j=1}^{J_i}\sum_{o=1}^{O}x_{Ij}C_{Ijgo}\theta_{Ijgo}\right)\sum_{i=1}^{I}D_i^g\right]+\sum_{g=G^c+1}^{G^c+G^d}\sum_{i=1}^{I}\left[\left(\sum_{j=1}^{J_i}\sum_{o=1}^{O}x_{ij}C_{ijgo}\theta_{ijgo}\right)D_i^g\right]} \tag{5.5}$$

具体公式的表达为：同时加工的一批零件订单中“特征的成本、特征的使用数量和特征需求量的积”与“特征的成本和特征需求量的积”的比，是一批零件中用到的所有特征使用次数的加权平均。其取值范围：$1\leqslant CI^P\leqslant\alpha$，当 $CI^P=1$ 时，表示不通用，α 表示最大通用度，其中 $\alpha\geqslant 1$。$\varPhi_{ig}$ 表示零件 $i\in\boldsymbol{I}$ 特征 $g\in\boldsymbol{G}^c+\boldsymbol{G}^d$ 的使用次数。D_i^g 表示使用特征 $g\in\boldsymbol{G}^c+\boldsymbol{G}^d$

的零件 $i \in \boldsymbol{I}$ 的需求量。分子分母都由两部分构成，分别表示需修复零件的公共特征和差异化特征。由于这一批零件中所有公共特征 $g \in G^c$ 选择的工艺集相同，这些公共特征对应的成本也相同。对于零件的差异化特征来说，即使在不同的零件中都有共同的差异化特征，也可以选择不同的工艺集，这有可能造成加工方式不同，由此带来成本不同。

特征通用性和工艺通用性的主要差异是：一个工艺可以生产一个以上的不同零件，并且类似的零件可以共享一个工艺，进一步的，用工艺可加工的零件数来考虑工艺通用性，而特征不具有此特性。

针对 θ_{ijgo}、T_{ijgo}^{SET}、$\varPhi_{ig}$ 这三个参数与零件 $i \in \boldsymbol{I}$、可选工艺路径 $j \in \boldsymbol{J}_i$、特征 $g \in \boldsymbol{G}^c + \boldsymbol{G}^d$ 和工艺 $o \in \boldsymbol{O}$ 之间的关系进行了梳理，具体见表 5-2。为方便理解，表 5-5 为表 5-2 的案例对应表。

对于再制造的产品，可靠性是客户关注的一个关键问题。再制造的产品必须具有较高的可靠性和质量，需要达到市场上相同规格的新产品的状态[138]。由于再制造过程是一个系统工程，再制造过程系统的加工资源（机床、刀具等）是连续的，每个过程的失效是独立的[278]。程序的失败率服从指标分布[279]。因此，一批零件的再制造加工的可靠性可以计算如下：

$$R = \prod_{o=1}^{O} e^{-\sum_{i=1}^{I} \sum_{j=1}^{J_i} t_i \left[\lambda_{ij0} x_{ij} t_i + \iota \left(m_{ijo}^0 x_{ij} - m_{ijos}^q x_{ij} y_{ijos} - m_{ijom}^q x_{ij} z_{ijom} \right)^2 \right]} \tag{5.6}$$

式中，$\lambda_{ij0} x_{ij} t_i + \iota \left(m_{ijo}^0 x_{ij} - m_{ijos}^q x_{ij} y_{ijos} - m_{ijom}^q x_{ij} z_{ijom} \right)^2$ 为零件 i 使用时间为 t 的故障率。由于废旧零部件的缺陷从轻微的划痕到大范围的损坏，废旧零部件的质量偏差可能会导致机器和工具的消耗增加。其中，λ_{ij0} 是初始故障率，m_{ijo}^0 是废旧零部件的评估质量，m_{ijos}^q 是选择第 s 个新加入的再制造承包商再制造后的期望质量，m_{ijom}^q 是选择第 m 个原有平台的再制造承包商再制造后的期望质量，ι 是校正因子。

5.3.3 优化模型下层：众包承包商选择

下层优化问题主要涉及每个工艺在智能决策平台下的承包决策，包括在固有再制造承包商和新加入平台的承包商之间的决策和具体每个工艺由哪个承包商做的决策。由于基于平台的零件可重构的工艺规划有多重好处，具体包括缩短开发时间和系统复杂性，降低开发和生产成本，并提高升级

表 5-2 特征的数量以及工艺的数量和换模时间

I		1				…	I			
J		1	…	J_1		…	1	…	J_I	
特征 1	工艺 1	$\begin{pmatrix}\theta_{i111}, \\ T^{SET}_{i111}\end{pmatrix}$	…	$\begin{pmatrix}\theta_{iJ_i11}, \\ T^{SET}_{iJ_i11}\end{pmatrix}$		…	$\begin{pmatrix}\theta_{i111}, \\ T^{SET}_{i111}\end{pmatrix}$	…	$\begin{pmatrix}\theta_{iJ_i11}, \\ T^{SET}_{iJ_i11}\end{pmatrix}$	
	…	…	…	…	Φ_{11}	…	…	…	…	Φ_{I1}
	工艺 O	$\begin{pmatrix}\theta_{i11O}, \\ T^{SET}_{i11O}\end{pmatrix}$	…	$\begin{pmatrix}\theta_{iJ_i1O}, \\ T^{SET}_{iJ_i1O}\end{pmatrix}$		…	$\begin{pmatrix}\theta_{i11O}, \\ T^{SET}_{i11O}\end{pmatrix}$	…	$\begin{pmatrix}\theta_{iJ_i1O}, \\ T^{SET}_{iJ_i1O}\end{pmatrix}$	
…	…	…	…	…		…	…	…	…	
特征 G^c	工艺 1	$\begin{pmatrix}\theta_{i1G^c1}, \\ T^{SET}_{i1G^c1}\end{pmatrix}$	…	$\begin{pmatrix}\theta_{iJ_iG^c1}, \\ T^{SET}_{iJ_iG^c1}\end{pmatrix}$		…	$\begin{pmatrix}\theta_{i1G^c1}, \\ T^{SET}_{i1G^c1}\end{pmatrix}$	…	$\begin{pmatrix}\theta_{iJ_iG^c1}, \\ T^{SET}_{iJ_iG^c1}\end{pmatrix}$	
	…	…	…	…	Φ_{1G^c}	…	…	…	…	Φ_{IG^c}
	工艺 O	$\begin{pmatrix}\theta_{i1G^cO}, \\ T^{SET}_{i1G^cO}\end{pmatrix}$	…	$\begin{pmatrix}\theta_{iJ_iG^cO}, \\ T^{SET}_{iJ_iG^cO}\end{pmatrix}$		…	$\begin{pmatrix}\theta_{i1G^cO}, \\ T^{SET}_{i1G^cO}\end{pmatrix}$	…	$\begin{pmatrix}\theta_{iJ_iG^cO}, \\ T^{SET}_{iJ_iG^cO}\end{pmatrix}$	

续表

I		1				…	I			
J		1	…	J_1		…	1	…	J_I	
…	…									
特征 G^c+1	工艺1	$\begin{pmatrix}\theta_{11(G^c+1)1}, \\ T^{SET}_{11(G^c+1)1}\end{pmatrix}$	…	$\begin{pmatrix}\theta_{1J_1(G^c+1)1}, \\ T^{SET}_{1J_1(G^c+1)1}\end{pmatrix}$		…	$\begin{pmatrix}\theta_{I1(G^c+1)1}, \\ T^{SET}_{I1(G^c+1)1}\end{pmatrix}$	…	$\begin{pmatrix}\theta_{IJ_I(G^c+1)1}, \\ T^{SET}_{IJ_I(G^c+1)1}\end{pmatrix}$	
	…	…	…	…	$\Phi_{1(G^c+1)}$	…	…	…	…	$\Phi_{I(G^c+1)}$
	工艺 O	$\begin{pmatrix}\theta_{11(G^c+1)O}, \\ T^{SET}_{11(G^c+1)O}\end{pmatrix}$	…	$\begin{pmatrix}\theta_{1J_1(G^c+1)O}, \\ T^{SET}_{1J_1(G^c+1)O}\end{pmatrix}$		…	$\begin{pmatrix}\theta_{I1(G^c+1)O}, \\ T^{SET}_{I1(G^c+1)O}\end{pmatrix}$	…	$\begin{pmatrix}\theta_{IJ_I(G^c+1)O}, \\ T^{SET}_{IJ_I(G^c+1)O}\end{pmatrix}$	
…	…	…	…	…		…	…	…	…	
差异化特征 G^c+G^d	工艺1	$\begin{pmatrix}\theta_{11(G^c+G^d)1}, \\ T^{SET}_{11(G^c+G^d)1}\end{pmatrix}$	…	$\begin{pmatrix}\theta_{1J_1(G^c+G^d)1}, \\ T^{SET}_{1J_1(G^c+G^d)1}\end{pmatrix}$		…	$\begin{pmatrix}\theta_{I1(G^c+G^d)1}, \\ T^{SET}_{I1(G^c+G^d)1}\end{pmatrix}$	…	$\begin{pmatrix}\theta_{IJ_I(G^c+G^d)1}, \\ T^{SET}_{IJ_I(G^c+G^d)1}\end{pmatrix}$	
	…	…	…	…	$\Phi_{1(G^c+G^d)}$	…	…	…	…	$\Phi_{I(G^c+G^d)}$
	工艺 O	$\begin{pmatrix}\theta_{11(G^c+G^d)O}, \\ T^{SET}_{11(G^c+G^d)O}\end{pmatrix}$	…	$\begin{pmatrix}\theta_{1J_1(G^c+G^d)O}, \\ T^{SET}_{1J_1(G^c+G^d)O}\end{pmatrix}$		…	$\begin{pmatrix}\theta_{I1(G^c+G^d)O}, \\ T^{SET}_{I1(G^c+G^d)O}\end{pmatrix}$	…	$\begin{pmatrix}\theta_{IJ_I(G^c+G^d)O}, \\ T^{SET}_{IJ_I(G^c+G^d)O}\end{pmatrix}$	

产品的能力等，因此，在下层的承包决策的过程中，假设公共特征对应的工艺具有相同的承包决策，差异化特征对应的工艺在不同的路径中可以具有不同的最佳承包商决策方案。在总结了不同的加工方式的优点和在开放制造环境下不同的承包选择方案的基础上，我们分别从交货期、能力实现程度和报价三个维度来评价特征的实现程度。

总的特征的评价指标 E^F 由公共特征评价指标 E^{F^c} 和差异化特征评价指标 E^{F^d} 共同构成，具体表达式如式 (5.7) 所示：

$$E^F = E^{F^c} + E^{F^d} \tag{5.7}$$

由于固有再制造承包商和新承包商的评价尺度不同，公共特征的评价指标 E^{F^c} 由固有再制造承包商的公共特征评价指标 $E^{F^{c-\text{in}}}$ 和新承包商的公共特征评价指标 $E^{F^{c-\text{new}}}$ 构成。

$$E^{F^c} = E^{F^{c-\text{in}}} + E^{F^{c-\text{new}}} \tag{5.8}$$

差异化特征的评价指标 E^{F^d} 由固有再制造承包商差异化特征评价指标 $E^{F^{d-\text{in}}}$ 和新承包商的差异化特征评价指标 $E^{F^{d-\text{new}}}$ 构成。

$$E^{F^d} = E^{F^{d-\text{in}}} + E^{F^{d-\text{new}}} \tag{5.9}$$

我们通过一个基于多属性效用理论的聚合模型来计算固有再制造承包商的公共特征评价指标、新承包商的公共特征评价指标、固有再制造承包商的差异化特征评价指标和新承包商的差异化特征评价指标[237]。相应的，四个特征的三个维度的评价指标的计算如公式 (5.10) ～式 (5.13) 所示：

$$\begin{aligned} E^{F^{c-\text{in}}} = I\sum_{j=1}^{J_I} D_i \Bigg\{ & \sum_{g=1}^{G^c}\sum_{o=1}^{O}\sum_{m=1}^{M_o}\Big[\left(W^{CM}\omega_1^{CM}\alpha_{Ijgom}^{CM}+1\right) \\ & \left(W^{CM}\omega_2^{CM}\beta_{Ijgom}^{CM}+1\right)\left(W^{CM}\omega_3^{CM}\gamma_{Ijgom}^{CM}+1\right)-1\Big]/W^{CM}\Bigg\} \end{aligned} \tag{5.10}$$

α_{Ijgom}^{CM}、β_{Ijgom}^{CM}、γ_{Ijgom}^{CM} 分别表示零件 $i\in \boldsymbol{I}$ 的第 $j\in \boldsymbol{J}_i$ 条工艺路径的第 $g\in \boldsymbol{G}^c$ 个公共特征的第 $o\in \boldsymbol{O}$ 个工艺选择第 $m\in \boldsymbol{M}_o$ 个固有再制造承包商的能力满足程度、报价和完成时间。

$$\begin{aligned} E^{F^{c-\text{new}}} = I\sum_{j=1}^{J_I} D_i \Bigg\{ & \sum_{g=1}^{G^c}\sum_{o=1}^{O}\sum_{s=1}^{S_o}\Big\{\Big[\left(W^{CB}\omega_1^{CB}\alpha_{Ijgos}^{CB}+1\right) \\ & \left(W^{CB}\omega_2^{CB}\beta_{Ijgos}^{CB}+1\right)\left(W^{CB}\omega_3^{CB}\gamma_{Ijgos}^{CB}+1\right)-1\Big]/W^{CB}\Big\}\Bigg\} \end{aligned} \tag{5.11}$$

α_{Ijgos}^{CB}、β_{Ijgos}^{CB}、γ_{Ijgos}^{CB} 分别表示零件 $i\in\boldsymbol{I}$ 的第 $j\in\boldsymbol{J}_i$ 条工艺路径的第 $g\in\boldsymbol{G}^c$ 个公共特征的第 $o\in\boldsymbol{O}$ 个工艺选择第 $s\in\boldsymbol{S}_o$ 个新承包商的能力满足程度、报价和交货期。

$$E^{F^{d-\mathrm{in}}}=\sum_{i=1}^{I}\sum_{j=1}^{J_i}D_i\left\{\sum_{g=G^c+1}^{G^c+G^d}\sum_{o=1}^{O}\sum_{m=1}^{M_o}\left[\left(W^{DM}\omega_1^{DM}\alpha_{ijgom}^{DM}+1\right)\left(W^{DM}\omega_2^{DM}\beta_{ijgom}^{DM}+1\right)\left(W^{DM}\omega_3^{DM}\gamma_{ijgom}^{DM}+1\right)-1\right]/W^{DM}\right\} \tag{5.12}$$

α_{ijgom}^{DM}、β_{ijgom}^{DM}、γ_{ijgom}^{DM} 分别表示零件 $i\in\boldsymbol{I}$ 的第 $j\in\boldsymbol{J}_i$ 条工艺路径的第 $g\in\boldsymbol{G}^d$ 个差异化特征的第 $o\in\boldsymbol{O}$ 个工艺选择第 $m\in\boldsymbol{M}_o$ 个固有再制造承包商的能力满足程度、报价和完成时间。

$$E^{F^{d-\mathrm{new}}}=\sum_{i=1}^{I}\sum_{j=1}^{J_i}D_i\left\{\sum_{g=G^c+1}^{G^c+G^d}\sum_{o=1}^{O}\sum_{s=1}^{S_o}\left\{\left[\left(W^{DB}\omega_1^{DB}\alpha_{ijgos}^{DB}+1\right)\left(W^{DB}\omega_2^{DB}\beta_{ijgos}^{DB}+1\right)\left(W^{DB}\omega_3^{DB}\gamma_{ijgos}^{DB}+1\right)-1\right]/W^{DM}\right\}\right\} \tag{5.13}$$

α_{ijgos}^{DB}、β_{ijgos}^{DB}、γ_{ijgos}^{DB} 分别表示零件 $i\in\boldsymbol{I}$ 的第 $j\in\boldsymbol{J}_i$ 条工艺路径的第 $g\in\boldsymbol{G}^d$ 个差异化特征的第 $o\in\boldsymbol{O}$ 个工艺选择第 $s\in\boldsymbol{S}_o$ 个新承包商的能力满足程度、报价和交货期。

W^{CM}、W^{CB}、W^{DM}、W^{DB} 是各自的整体标度常数（大于或等于 1），ω_1^{CM}、ω_2^{CM}、ω_3^{CM}、ω_1^{CB}、ω_2^{CB}、ω_3^{CB}、ω_1^{DM}、ω_2^{DM}、ω_3^{DM}、ω_1^{DB}、ω_2^{DB}、ω_3^{DB} 是各自特征属性的权重，其取值范围为 0 ～ 1。

我们假设零件所有特征成本的和为加工某个零件的总成本[280]。这批零件的总成本 C 分为两个部分：所有零件的第 $j\in\boldsymbol{J}_i$ 条工艺路径的第 $g\in\boldsymbol{G}^c$ 个公共特征的成本和所有零件的第 $j\in\boldsymbol{J}_i$ 条工艺路径的第 $g\in\boldsymbol{G}^d$ 个差异化特征的成本。$\psi(\varPhi_{ig}, D_i^g)$ 为公共特征的成本节约函数[232]，其随着零件 $i\in\boldsymbol{I}$ 特征 $g\in\boldsymbol{G}^c$ 的使用次数 $\varPhi_{ig}$ 和具有特征 $g\in\boldsymbol{G}^c$ 的零件 $i\in\boldsymbol{I}$ 的需求量 D_i^g 二者的变化而变化，取值范围为 0 ～ 1。其具体表达式如式 (5.14) 所示：

$$C=\sum_{i=1}^{I}\sum_{j=1}^{J_i}\left[\sum_{g=1}^{G^c}\psi\left(\varPhi_{ig},D_i^g\right)\varPhi_{ig}D_i^g\left(\sum_{o=1}^{O}x_{Ij}C_{Ijgo}\theta_{Ijgo}\right)+\sum_{g=G^c+1}^{G^c+G^d}\varPhi_{ig}D_i^g\left(\sum_{o=1}^{O}x_{ij}C_{ijgo}\theta_{ijgo}\right)\right] \tag{5.14}$$

零件 $i\in\boldsymbol{I}$ 的第 $j\in\boldsymbol{J}_t$ 条工艺路径的第 $g\in\boldsymbol{G}^c+\boldsymbol{G}^d$ 个特征的成本包括两个部分，一部分是选择平台固有再制造承包商的加工成本，另一部分是选择新加入平台的承包商的成本。其中，平台的固有再制造承包商成本 c_{ijgos}^{in}和新加入平台的承包商的成本 c_{ijgos}^{new} 均由零件的运输成本、材料成本、加工成本等构成。其具体表达式如式 (5.15) 所示：

$$C_{ijgo}=\sum_{m=1}^{M}z_{ijom}\,c_{ijgom}^{\text{in}}+\sum_{s=1}^{S_o}y_{ijos}\,c_{ijgos}^{\text{new}}\quad i\in\boldsymbol{I}\quad j\in\boldsymbol{J}_t\quad g\in\boldsymbol{G}^c+\boldsymbol{G}^d\quad o\in\boldsymbol{O}\tag{5.15}$$

c_{ijgom}^{in} 表示零件 $i\in\boldsymbol{I}$ 的第 $j\in\boldsymbol{J}_t$ 条工艺路径特征 $g\in\boldsymbol{G}^c+\boldsymbol{G}^d$ 工艺 $o\in\boldsymbol{O}$ 使用平台固有再制造承包商 $m\in\boldsymbol{M}$ 的加工成本，c_{ijgos}^{new} 表示零件 $i\in\boldsymbol{I}$ 的第 $j\in\boldsymbol{J}_t$ 条工艺路径特征 $g\in\boldsymbol{G}^c+\boldsymbol{G}^d$ 工艺 $o\in\boldsymbol{O}$ 选择第 $s\in\boldsymbol{S}_o$ 个新承包商的成本，C_{ijgo} 表示零件 $i\in\boldsymbol{I}$ 的第 $j\in\boldsymbol{J}_t$ 条工艺路径特征 $g\in\boldsymbol{G}^c+\boldsymbol{G}^d$ 使用工艺 $o\in\boldsymbol{O}$ 的成本。

5.3.4 双层优化模型

在开放制造环境下的一批损伤零件的可重构的工艺规划和众包下的承包决策问题可以用一个主从优化模型描述。零件的可重构的工艺规划作为主从优化模型的主者，众包下的承包决策问题作为主从优化模型的从者。结合公式 (5.4) ～公式 (5.15)，我们确定了考虑众包下的承包决策的需要再制造的零件族可重构的工艺规划问题的主从优化模型，具体表达式如式 (5.16) ～式 (5.33) 所示：

$$\text{Max}\ f\left(x_{ij},y_{ijos},z_{ijom}\right)=\frac{CI^P\,CI^F+R}{C}\tag{5.16}$$

s.t.

$$\sum_{j=1}^{J_i}x_{ij}=1\quad i\in\boldsymbol{I}\tag{5.17}$$

$$\sum_{s=1}^{S_o}y_{ijos}+\sum_{m=1}^{M_o}z_{ijom}=x_{ij}\qquad i\in\boldsymbol{I}\ \ j\in\boldsymbol{J}_t\quad \text{o}\in\boldsymbol{O}\tag{5.18}$$

$$x_{ij}\in\{0,1\}\tag{5.19}$$

y_{ijos}、z_{ijom} 是下层问题的解：

$$\text{Max } g\left(x_{ij}, y_{ijos}, z_{ijom}\right) = \frac{E^F}{C} \tag{5.20}$$

$$\text{s.t.}\quad 1+K^{CM}=(1+K^{CM} k_1^{CM})(1+K^{CM} k_2^{CM})(1+K^{CM} k_3^{CM}) \tag{5.21}$$

$$1+K^{CB}=(1+K^{CB} k_1^{CB})(1+K^{CB} k_2^{CB})(1+K^{CB} k_3^{CB}) \tag{5.22}$$

$$1+K^{DB}=(1+K^{DB} k_1^{DB})(1+K^{DB} k_2^{DB})(1+K^{DB} k_3^{DB}) \tag{5.23}$$

$$1+K^{DM}=(1+K^{DM} k_1^{DM})(1+K^{DM} k_2^{DM})(1+K^{DM} k_3^{DM}) \tag{5.24}$$

$$\sum_{o=1}^{O} y_{ijos}\theta_{ijgo} = \sum_{o=1}^{O}\theta_{ijgo} \quad i\in\boldsymbol{I} \quad j\in\boldsymbol{J}_{\iota} \quad s=0 \text{ or } \boldsymbol{S}_o \quad g\in\boldsymbol{G}^c+\boldsymbol{G}^d \tag{5.25}$$

$$y_{ijo'0}=1 \quad i\in\boldsymbol{I} \quad j\in\boldsymbol{J}_{\iota} \quad o'\in\boldsymbol{O}' \tag{5.26}$$

$$\sum_{m=1}^{M_o} z_{ijom} \leqslant 1 \quad i\in\boldsymbol{I} \quad j\in\boldsymbol{J}_{\iota} \quad o\in\boldsymbol{O} \tag{5.27}$$

$$y_{ijo0} = \sum_{m=1}^{M_o} z_{ijom} \quad i\in\boldsymbol{I} \quad j\in\boldsymbol{J}_{\iota} \quad o\in\boldsymbol{O} \tag{5.28}$$

$$\sum_{s=0}^{S_o} y_{ijos} \leqslant 1 \quad i\in\boldsymbol{I} \quad j\in\boldsymbol{J}_{\iota} \quad o\in\boldsymbol{O} \tag{5.29}$$

$$\sum_{s=1}^{S_o}\theta_{ijgo}\, y_{ijos} - \theta_{i'jgo}\, y_{i'jos} = 0 \quad i, i'\in\boldsymbol{I} \quad j\in\boldsymbol{J}_{\iota} \quad g\in\boldsymbol{G}^c \quad o\in\boldsymbol{O} \tag{5.30}$$

$$\sum_{m=1}^{M_o}\theta_{ijgo}\, z_{ijom} - \theta_{i'jgo}\, z_{i'jom} = 0 \quad i, i'\in\boldsymbol{I} \quad j\in\boldsymbol{J}_{\iota} \quad g\in\boldsymbol{G}^c \quad o\in\boldsymbol{O} \tag{5.31}$$

$$\sum_{s=1}^{S_o} y_{ijos}\, c_{ijgos}^{\text{new}} \leqslant c_{ijgos}^{\text{new}^+} \quad i\in\boldsymbol{I} \quad j\in\boldsymbol{J}_{\iota} \quad g\in\boldsymbol{G}^c+\boldsymbol{G}^d \quad o\in\boldsymbol{O} \tag{5.32}$$

$$y_{ijos}, z_{ijom} \in \{0,1\} \tag{5.33}$$

在上层优化问题中存在一些约束。等式 (5.16) 是上层优化问题的目标函数，其具体表达含义为：一批零件中用到的所有工艺的通用性与特征通用性的积和零件的可靠性之和比零件的总成本。等式 (5.17) 约束的是每一个零件必须从已有的工艺路径中选择一条。式 (5.18) 表示如果上层选择了某条工艺路径 x_{ij}，则这条工艺路径上的所有工艺都必须在新承包商 y_{ijos} 和固有再制造承包商 z_{ijom} 之间选择一个。式 (5.19) 表示上层决策变量取值范围约束。

对于下层约束，等式 (5.20) 表示下层众包下的承包决策的目标函数，是特征评价指标与总成本的比。等式 (5.21) ～等式 (5.24) 是特征评价聚合模型中的参数约束。等式 (5.25) 表示由于某些特殊原因，平台要求第 $g \in \boldsymbol{G}^c+\boldsymbol{G}^d$ 个特征中的工艺需要整体由平台的固有再制造承包商（s=0）或新承包商（$s \in \boldsymbol{S}_o$）加工。从平台企业考虑竞争和可靠性的角度出发，等式 (5.26) 表示平台要求某些核心工艺必须由平台固有再制造承包商承包加工。式 (5.27) 表示每一个工艺至多选择 1 个固有再制造承包商加工。等式 (5.28) 是下层两个变量的关系表达式，表示如果选择固有承包商加工，则一定在固有再制造承包商中选择一个承包企业。式 (5.29) 表示，如果选择新加入平台的承包商，则每个工艺只能选择一个新承包商。等式 (5.30) 和等式 (5.31) 表示，对于公共特征对应的工艺，所有待修复零件的承包商选择需保持一致。等式 (5.32) 是一个经济约束，表示每个工艺选择新承包商的成本不能超过企业允许的最大承包成本。等式 (5.33) 表示下层优化模型的决策变量取值范围约束。

在提出的双层优化方法中，上层零件族可重构的工艺规划处理的是通用性、可靠性和生产成本之间的冲突关系。下层的众包下的承包决策优化问题处理的是特征的综合评价和生产成本之间的关系。用本章提出的主从优化机制来权衡上层目标函数值和下层目标函数值。通过上述描述可知，上层的零件可重构的工艺规划优化问题是找出一条工艺路径 x_{ij}，基于在上层优化问题中的决策结果，得到最大的特征综合评价和生产成本比。模型下层是对每一个工艺的承包决策，包括新加入平台的承包商选择 y_{ijos} 决策以及平台固有再制造承包商选择 z_{ijom} 决策。相应的，下层决策的结果会反馈给上层优化目标中。上层智能决策平台会根据反馈的结果积极调整上层零件可重构的工艺规划的优化解 x_{ij}，从而重新得到满足上层优化解的最优值 $(CI^PCI^F+R)/C$。这样的一个主从交互过程会不断被重复，直到上层和下层同时得到均衡解。也就是说，最终的主从优化模型的结果是：上层可重构的工艺规划和下层的众包下的承包决策都得到了各自的最优目标函数值，具体过程如图 5-7 所示。

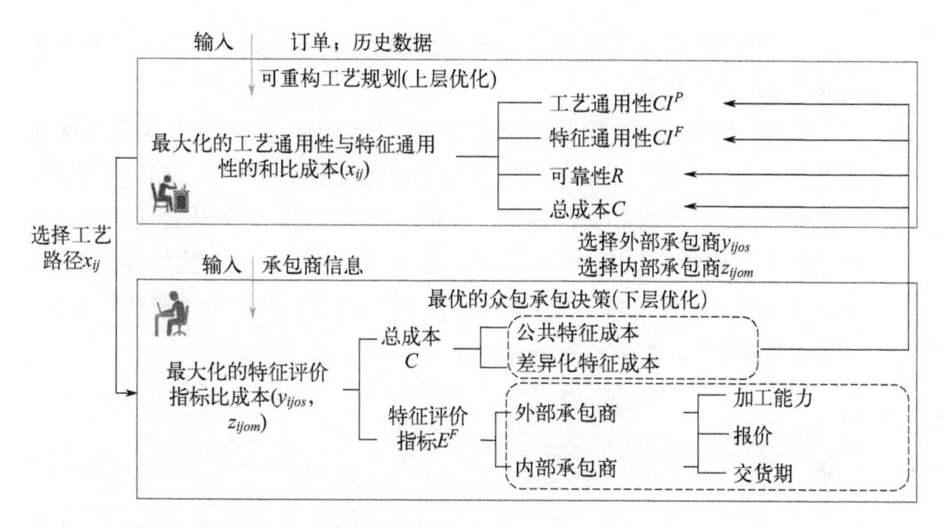

图 5-7　最优工艺规划和众包承包决策模型结构

5.3.5　模型求解

本章提出的优化模型是一个 0-1 非线性双层规划模型，它被证明是一个 NP-hard 问题[28]。本章设计的嵌套遗传算法的一个重要特点是首先验证约束是否满足，这可以保证得到的计算属于约束域。图 5-8 为嵌套遗传算法的过程流。

本章模型的复杂性还体现在模型上层的约束中含有下层的决策变量，如：等式 (5.18)。这时模型的可行域将可能是不连通的甚至是空的[30]，因此有必要先进行处理。本章设计了一种处理策略，首先去掉包含下层变量的上层模型约束，求解的结果再代入去掉的约束验证是否满足。如果满足则是所求的解，否则进行交叉、变异操作后重新计算搜索。

由于本章构建的模型是依据实际应用背景抽象得到的，因此其最优解应该存在。若通过遗传算法进行充分多次迭代后依然没有满足去掉约束的解，可将模型数据或参数进行检查和调整。

该嵌套遗传算法的具体流程如图 5-8 所示。首先，去掉包含下层变量的上层约束。其次，对上层种群初始化，对上层离散型决策变量确定编码策略并实施编码操作。再次，判断下层种群是否满足约束条件，若满足则对种群进行下层适应度函数评价，适应度函数是特征评价指标与总成本的比。上层的适应度函数值通过上层的制造商决策变量和下层的承包商选择决策变量联合评价。

最后，终止检查。检查是否达到最大迭代次数。如果是，需要再次判断得到的解是否满足上层约束中含有下层变量的约束条件，如果不满足，通过执行选择、交叉和变异操作产生新一代种群后，重新从验证种群是否可行进入此嵌套遗传算法的循环中，如果满足，终止嵌套遗传算法过程，得到所求的近似最优解。如果不是，对可重构工艺规划的种群执行选择、交叉和变异操作，然后重新进入循环。

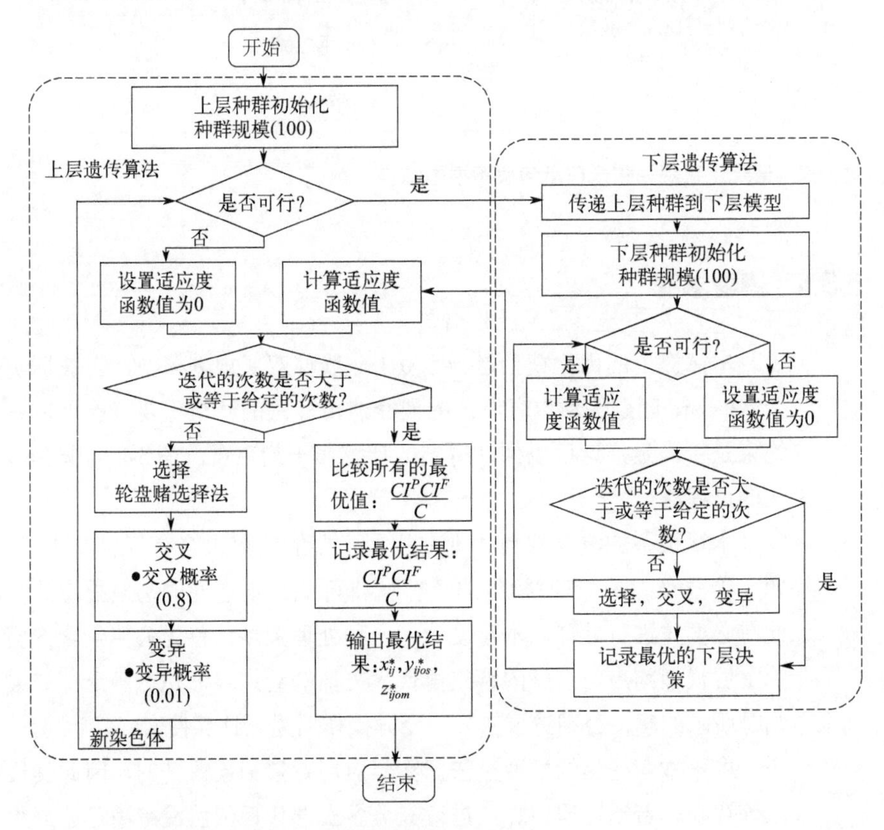

图 5-8　求解双层优化模型的嵌套遗传算法流程图

在本章设计的嵌套遗传算法中包含着代表上层决策变量（x）的染色体和代表下层决策变量（y, z）的染色体。为了减少嵌套遗传算法的搜索空间，保持染色体段约束条件的满足，需要对染色体的上下层进行编码。图 5-9(a)表示零件对于上层决策变量对应的染色体的编码，本章采用 0-1 编码策略，选择某条工艺路径，编码为 1；相反的，如果不选这条工艺路径，编码为 0。对于下层变量对应的染色体，采用整数编码策略。图 5-9（b）表示零件 1 的新承包商（y）的选择策略。每一个颜色代表零件 1 的不同工艺路径选择，如果零件没有选择这条工艺路径，则这个颜色对应的所有编码均为 0。同一个颜色的不同位置代表这条工艺路径上的不同加工位置，例如：第 1 个零件的第 1 条工艺路径的第 1 个位置表示零件 1 的第 1 条路径的第一道工序。对应的数字代表新承包商的选择，如：3 表示选择第 3 个新加入平台的承包商。平台固有再制造承包商选择（z）编码方式与新承包商选择（y）的编码方式相同，如图 5-9（c）所示，表示零件 1 的平台固有再制造承包商（z）的选择策略。

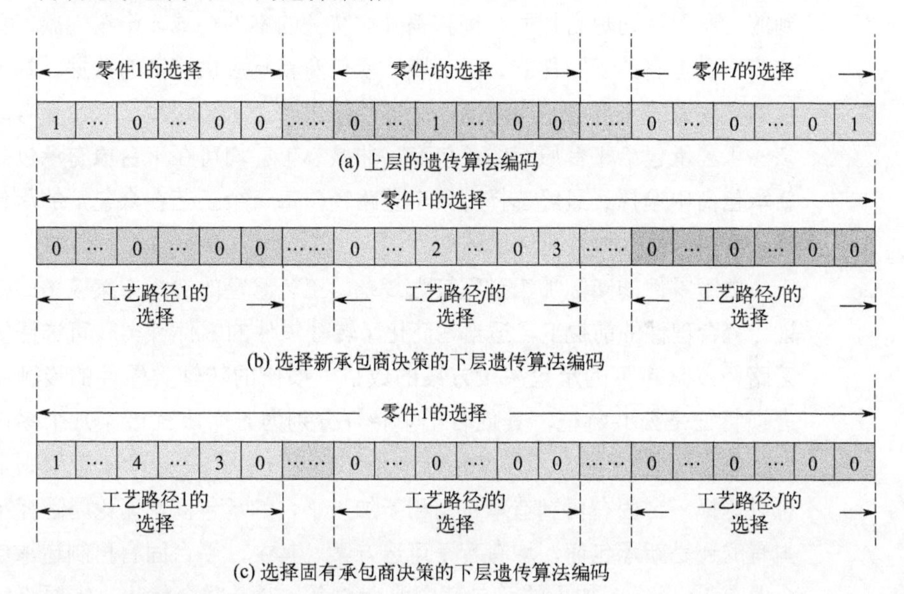

图 5-9 嵌套遗传算法交叉操作

为了避免染色体早熟，上下算子均采用两点随机交叉的方式，即选择一对父代染色体，随机产生两个交叉点，将两个点之间的基因互换，从而生产新的一对子染色体。在交叉之后，还可以进行变异操作，变异操作可以帮遗传算法加强在局部范围的最优搜索能力。变异操作的具体操作方式是随机地改变基因组数据中某些值，也就是改变部分上、下层决策变量值，即相应的工艺路径、承包商的选择，以保证搜索到最理想的染色体，使得达到最优适应度函数值。

5.4 汽车零件案例研究

5.4.1 案例描述

结合企业历史数据，本章给出了一批需要再制造的汽车零件中的转轴零件再制造的可重构的工艺规划的具体应用实例，说明一般可重构的工艺规划和众包下的承包决策的问题背景，并验证提出模型及算法的有效性。案例中用到的数据是通过对内蒙古一机集团下属某分公司实际调研得到的。本章认为具有相同特征和差异化特征的零件构成一个零件族，智能决策平台上有关于零件族、工艺族、承包商和响应供应链的数据。基于特征的实现方式不同，平台对同一个零件给出若干工艺路径。平台会考虑把核心工艺承包给平台原有的承包商，非核心工艺均可在平台原有承包商和新承包商中选择。最终选择哪条工艺路径，每一个工艺在众包下的承包选择，取决于优化模型及优化结果。

由于零件的实际加工过程较为复杂，工艺路径的选择方案较多。在保证研究合理性的前提下，适当地简化了转轴零件的零件种类、可选修复工艺路径及众包下的承包决策方案的数目。损伤的转轴类零件的接触疲劳磨损特征是公共特征，其他若干个特征分别为某个零件或某几个零件特有。每个零件的可选工艺路径分别是 3、4、3、3。每一个工艺原则上都可以选择平台固有再制造承包商和新加入平台的承包商，无论是选择平台固有的还是新承包商，均有若干可选方案。其中，平台固有再制造承包商企业有 13 个，新加入的承包商企业有 5 个。通过联合优化，需要给每一个零件找到一条最优的工艺路径，并给工艺路径中的每一个工艺找出最优的承包商。

为了方便给出损伤转轴类零件的可选加工流程，首先介绍了需要用到的工艺。一共用到 15 种工艺，每个工艺的名称及编号信息见表 5-3。

在优化前，首先需要确定每个零件的特征、对应的可选工艺路径的编号，以及每一条工艺路径的工艺组成，如表 5-4 所示。表 5-5 给出了零件在不同路径、不同特征下是否用到某个工艺、工艺的换模时间以及每一个特征在不同零件中的使用次数。如果零件没有某个特征，则这个特征下对应的数据为 0。表 5-6、表 5-7 的结构与表 5-5 基本一致。表 5-6 为平台固有再制造承包商信息表，此表包含模型中用到的成本、实现程度、完成时间和内部报价的数据信息。表 5-7 为众包下的新加入平台的承包商信息表，此表包含工艺可选的众包下的承包商所有信息，包括众包下的承包成本、众包下的承包商加工能力、交货期和报价的数据信息。

表 5-3　工艺名称

工艺	名称	工艺	名称
p_1	电镀	p_9	精磨
p_2	感应淬火	p_{10}	校直
p_3	加热	p_{11}	退火
p_4	粗车	p_{12}	电弧喷涂
p_5	半精车	p_{13}	堆焊
p_6	精车	p_{14}	磨削
p_7	粗铣	p_{15}	等离子喷涂
p_8	半精磨		

表 5-4　零件、特征和可选工艺路线的信息

零件	失效特征	路径编号	路径
轴 1 	接触疲劳磨损	R_{11}	$p_1—p_4—p_5—p_6—p_7—p_8—p_9—p_1—p_2—p_3$
	斑点腐蚀	R_{12}	$p_1—p_4—p_5—p_6—p_7—p_5—p_6—p_9—p_2—p_{14}$
	形变 断裂	R_{13}	$p_1—p_4—p_5—p_6—p_7—p_8—p_{14}—p_9—p_2—p_{14}$
轴 2 	接触疲劳磨损	R_{21}	$p_1—p_4—p_5—p_6—p_{14}—p_4—p_5—p_6—p_1—p_3$
	点腐蚀	R_{22}	$p_1—p_4—p_5—p_6—p_{14}—p_7—p_8—p_9—p_1—p_3$
	形变	R_{23}	$p_1—p_4—p_5—p_6—p_7—p_9—p_{14}—p_1—p_2—p_3$
	裂纹	R_{24}	$p_1—p_4—p_5—p_6—p_4—p_5—p_{14}—p_1—p_2—p_3$
轴 3 	接触疲劳磨损	R_{31}	$p_1—p_4—p_5—p_6—p_{14}—p_1—p_2—p_3$
	缝隙腐蚀	R_{32}	$p_1—p_4—p_5—p_6—p_1—p_2—p_3—p_{14}$
	形变	R_{33}	$p_1—p_4—p_5—p_6—p_1—p_3—p_{14}$
轴 4 	接触疲劳磨损	R_{41}	$p_1—p_4—p_5—p_6—p_{15}—p_5—p_{14}—p_{11}—p_{14}—p_{12}$
	接触腐蚀	R_{42}	$p_1—p_4—p_5—p_6—p_7—p_9—p_{10}—p_{11}—p_{14}—p_{12}$
	形变	R_{43}	$p_1—p_4—p_5—p_6—p_{15}—p_8—p_9—p_{11}—p_{14}—p_{13}$

表 5-5　工艺的数量、换模时间和特征使用次数

零件	可选工艺路径	接触疲劳磨损			斑点腐蚀			点腐蚀			…	形变		
		p_1	…	p_{15}	p_1	…	p_{15}	p_1	…	p_{15}	…	p_1	…	p_{15}
1	1	(1, 23s)	…	(0, 0s)	(0, 0s)	…	(0, 0s)	(0, 0s)	…	(0, 0s)	…	(0,0s)	…	(0, 0s)
	…	…	…	…	…	…	…	…	…	…	…	…	…	…
	3	(1, 26s)	…	(0, 0s)	(0, 0s)	…	(0, 0s)	(0, 0s)	…	(0, 0s)	…	(0,0s)	…	(0, 0s)
		3（次数）			5（次数）			1（次数）			…	0（次数）		
…	…	…	…	…	…	…	…	…	…	…	…	…	…	…
4	1	(1, 43s)	…	(0, 0s)	(0, 0s)	…	(0, 0s)	(0, 0s)	…	(0, 0s)	…	(0, 0s)	…	(0, 0s)
	…	…	…	…	…	…	…	…	…	…	…	…	…	…
	3	(1, 56s)	…	(0, 0s)	(0, 0s)	…	(0, 0s)	(0, 0s)	…	(0, 0s)	…	(0, 0s)	…	(0, 0s)
		3（次数）			5（次数）			0（次数）			…	12（次数）		

表 5-6　固有承包商加工工艺信息

零件	可选工艺路径	接触疲劳磨损							…	形变			
		p_1			…	p_7			…	p_{10}	…	p_{13}	
		M_5	…	M_{12}	…	M_3	…	M_6	…	—	…	—	—
1	1	C=25	…	C=27	…	—	…	—	…	—	…	—	—
		α=0.21		α=0.26									
		β=0.37		β=0.38									
		γ=0.41		γ=0.49									
	…	…	…	…	…	…	…	…	…	…	…	—	—
	3	C=25	…	C=27	—	C=63	…	C=31	…	—	…	—	—
		α=0.21		α=0.26		α=0.37		α=0.25					
		β=0.37		β=0.38		β=0.39		β=0.37					
		γ=0.41		γ=0.49		γ=0.71		γ=0.52					
…	…	…	…	…	…	…	…	…	…	…	…	…	…
4	1	C=23	…	C=28		C=61	…	C=32	…	—	…	—	—
		α=0.26		α=0.37		α=0.83		α=0.26					
		β=0.36		β=0.49		β=0.68		β=0.71					
		γ=0.79		γ=0.57		γ=0.88		γ=0.58					
	…	…	…	…	…	…	…	…	…	…	…	…	…
	3	C=23	…	C=28	—	C=61	…	C=32	…	—	—	—	—
		α=0.26		α=0.37		α=0.83		α=0.26					
		β=0.36		β=0.49		β=0.68		β=0.71					
		γ=0.79		γ=0.57		γ=0.88		γ=0.58					

表 5-7 新增加的平台承包商工艺信息

零件	可选工艺路径	接触疲劳磨损						…	形变				
		p_1			…	p_7		…	p_{10}	…	p_{13}		
		S_1	…	S_3	…	S_1	S_2	…	S_1	…	S_1	…	S_5
1	1	C=24	…	C=33	…	—	—	…	—	…	—	…	—
		α=0.27		α=0.29									
		β=0.47		β=0.45									
		γ=0.33		γ=0.49									
	…	…	…	…	…	…	…	…	…	…	…	…	…
	3	C=24	…	C=33	—	C=65	C=36	…	—	…	—	…	—
		α=0.27		α=0.29		α=0.25	α=0.28						
		β=0.47		β=0.45		β=0.35	β=0.34						
		γ=0.33		γ=0.49		γ=0.41	γ=0.59						
…	…	…	…	…	…	…	…	…	…	…	…	…	…
4	1	C=26	…	C=31		C=64	C=37	…	C=31	…	C=71	…	C=67
		α=0.28		α=0.25		α=0.79	α=0.33		α=0.61		α=0.29		α=0.21
		β=0.21		β=0.35		β=0.98	β=0.49		β=0.22		β=0.62		β=0.34
		γ=0.19		γ=0.41		γ=0.91	γ=0.64		γ=0.31		γ=0.31		γ=0.42
	…	…	…	…	…	…	…	…	…	…	…	…	…
	3	C=22	…	C=35	—	C=34	C=36	…	C=34	—	C=69	…	C=53
		α=0.22		α=0.25		α=0.79	α=0.33		α=0.61		α=0.37		α=0.21
		β=0.21		β=0.35		β=0.98	β=0.54		β=0.22		β=0.62		β=0.28
		γ=0.23		γ=0.43		γ=0.91	γ=0.64		γ=0.31		γ=0.31		γ=0.42

5.4.2 案例模型约束

在第 5.3.4 节给出的主从优化模型的基础上，结合损伤零件以及企业实际案例的背景，本节给出了主从优化模型的一些具体约束条件。

根据企业的综合评估，认为斑点腐蚀这个特征需要在平台的固有再制造承包商中选择一个加工，因此，修复斑点腐蚀特征的工艺需要在固有再制造承包商中选择，详细约束如等式 (5.34) 所示。

$$\sum_{o=1}^{O} y_{ijo0}\theta_{ij2o} = \sum_{o=1}^{O} \theta_{ij2o} \quad i \in \boldsymbol{I} \quad j \in \boldsymbol{J}_{\iota} \tag{5.34}$$

固有平台的企业加工能力有限，不具备加工点腐蚀的条件，而新进入平台的企业有点腐蚀加工的条件，因此点腐蚀这个特征对应的所有工艺都需要在新承包商中选择承包商加工，具体约束如等式 (5.35) 所示。

$$\sum_{o=1}^{O} y_{ijos}\theta_{ij6o} = \sum_{o=1}^{O} \theta_{ij6o} \quad i \in \boldsymbol{I} \quad j \in \boldsymbol{J}_{\iota} \quad s \in \boldsymbol{S}_{o} \tag{5.35}$$

平台企业出于可靠性和稳定性的考虑，零件对应的校直工艺须由平台固有的承包商承包加工，具体约束如等式 (5.36) 所示。

$$\begin{gathered} y_{1j100} = 1 \quad j \in \boldsymbol{J}_{\iota} \\ \cdots \\ y_{4j100} = 1 \quad j \in \boldsymbol{J}_{\iota} \end{gathered} \tag{5.36}$$

由于假设每个工艺都有若干可选择的新承包商，属于一对多的映射关系，所以一个工艺只能选择众包下的新承包商中的一个进行加工。因此，约束式 (5.37) 约束了工艺在新承包商中的选择。

$$\begin{gathered} y_{ij15} + y_{ij111} + y_{ij112} \leqslant 1 \quad i \in \boldsymbol{I} \quad j \in \boldsymbol{J}_{\iota} \\ \cdots \\ y_{ij154} \leqslant 1 \quad i \in \boldsymbol{I} \quad j \in \boldsymbol{J}_{\iota} \end{gathered} \tag{5.37}$$

由于假设每个工艺都有若干可选择的平台固有再制造承包商，属于一对多的映射关系，所以一个工艺至少选择固有再制造承包商中的一个进行加工。因此，约束式 (5.38) 约束了工艺的固有再制造承包商选择。

$$\begin{gathered} z_{ij11} + z_{ij12} + z_{ij13} \leqslant 1 \quad i \in \boldsymbol{I} \quad j \in \boldsymbol{J}_{\iota} \\ \cdots \\ z_{ij151} + z_{ij154} \leqslant 1 \quad i \in \boldsymbol{I} \quad j \in \boldsymbol{J}_{\iota} \end{gathered} \tag{5.38}$$

5.4.3 优化模型计算结果

将提出的嵌套遗传算法用于求解本章构建的主从优化模型。本章在MATLAB上编写嵌套遗传算法的程序。根据遗传算法实验论证推导，本章确定上下层种群规模均为100，最大迭代次数为150代，二进制编码精度为0.01，交叉和变异概率分别为0.8和0.01。多属性效用函数中的ω_1取值为0.4，折扣系数ψ取值为0.6。图5-10展示了上下层目标函数的迭代过程，从图5-10中可以看出，上下层目标在开始时相互制约着不断变化，直到40代左右达到最优平衡状态并持续到150代。表5-8展示了四个损伤零件的可重构的工艺规划和众包下的承包决策的嵌套遗传算法的最优计算结果。

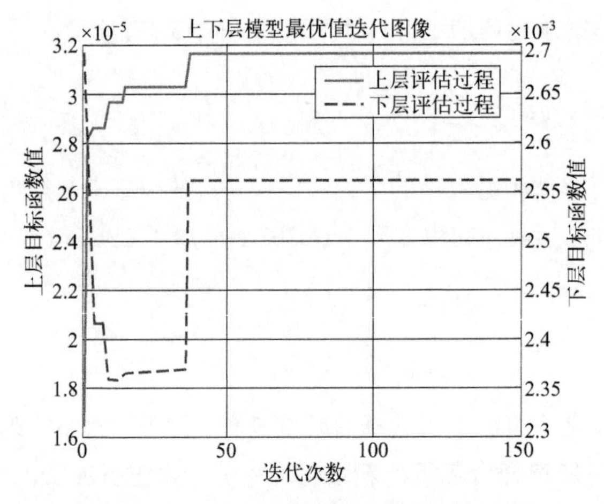

图5-10 损伤轴类零件嵌套遗传算法进化过程

表5-8 可重构工艺规划和最优众包承包决策结果

上层：最优的可重构工艺规划	
	上层最优目标函数值：3.1658×10^{-5}
	最优解：0 0 1 0 0 1 0 1 0 0 0 0 1
零件1	$p_1—p_4—p_5—p_6—p_7—p_8—p_{14}—p_9—p_2—p_{14}$
零件2	$p_1—p_4—p_5—p_6—p_7—p_9—p_{14}—p_1—p_2—p_3$
零件3	$p_1—p_4—p_5—p_6—p_{14}—p_1—p_2—p_3$
零件4	$p_1—p_4—p_5—p_6—p_{15}—p_8—p_9—p_{11}—p_{14}—p_{13}$

续表

下层：最优的众包承包决策				
	下层最优目标函数值：2.6×10^{-3}			
	最优解：			
	0 0 0 0 0 0 0 0 0 2,0 0 0 0 2 4 0 0 0 0,0 0 0 0 1 1 1 1 0 0,0 0 0 0 1 0 0 5 5 5;11 2 2 2 6 3 6 11 11 0,11 2 2 2 0 0 6 11 11 12,11 2 2 2 0 0 0 0 0 0,11 2 2 2 0 3 5 0 0 0			
零件	最优路基	固有 / 新	新承包商	固有承包商
零件 1	p_1	固有		11
	p_4	固有		2
	p_5	固有		2
	p_6	固有		2
	p_7	固有		6
	p_8	固有		3
	p_{14}	固有		6
	p_9	固有		11
	p_2	固有		11
	p_{14}	新	2	
零件 2	p_1	固有		11
	p_4	固有		2
	p_5	固有		2
	p_6	固有		2
	p_7	新	2	
	p_9	新	4	
	p_{14}	固有		6
	p_1	固有		11
	p_2	固有		11
	p_3	固有		12
零件 3	p_1	固有		11
	p_4	固有		2
	p_5	固有		2
	p_6	固有		2
	p_{14}	新	1	

续表

零件	最优路基	固有 / 新	新承包商	固有承包商
零件 3	p_1	新	1	
	p_2	新	1	
	p_3	新	1	
零件 4	p_1	固有		11
	p_4	固有		2
	p_5	固有		2
	p_6	固有		2
	p_{15}	新	1	
	p_8	固有		3
	p_9	固有		5
	p_{11}	新	5	
	p_{14}	新	5	
	p_{13}	新	5	

5.4.4 比较与分析

为了证明提出的主从优化模型的有效性，设计了一种计算实验，将主从优化方法的结果与传统的两种优化方法进行比较。以往研究工艺规划的优化方法有整合优化方法或两阶段优化方法。例如：Xia 等[281] 将工艺规划和生产调度整合为一个优化问题进行研究。Shi 和 You[282] 利用两阶段法研究制造工艺和生产调度的优化。

两阶段优化方法是将可重构的工艺规划与众包下的承包决策分离，以隔离的方式求解[283]。两阶段法的第一步是对可重构的工艺规划进行优化，其目标是工艺通用性与可靠性之和比成本，第二步是对众包下的承包决策进行优化，其目标是特征评价指标比成本。

整合优化方法是把可重构的工艺规划与众包下的承包决策看做一个优化问题，在求损伤零件再制造可重构的工艺规划的过程中，不考虑众包下的承包决策的优化，主从优化模型中的所有约束和决策变量都不改变，在得出上层优化结果后，把决策变量的值代入到众包下的承包决策的目标中，求出众包下的承包决策的目标函数。

图 5-11 直观展示了三种优化方法的性能。从图中可以看出，主从优化的方法得到的结果比整合优化方法和两阶段优化方法更优。对于两阶段优化方法，主从优化方法的可重构的工艺规划结果比两阶段优化方法的结果增加了 6.9%，众包下的承包决策的优化结果增加了 13%。两阶段优化方法的不足可能是由于它没有考虑众包下的承包决策对可重构的工艺规划的影响，导致可重构的工艺规划和众包下的承包决策之间没有任何反馈与交互。对于整合优化方法，主从优化方法的可重构的工艺规划结果比整合优化方法的结果增加了 3.5%，众包下的承包决策的优化结果增加了 4%。究其原因，可能是由于整合优化方法是一个单一的决策主体，忽略了可重构的工艺规划与众包下的承包决策之间的内部交互关系。这些优化结果表明，主从优化方法在开放制造环境下对可重构的工艺规划和众包下的承包决策具有更好的优越性。

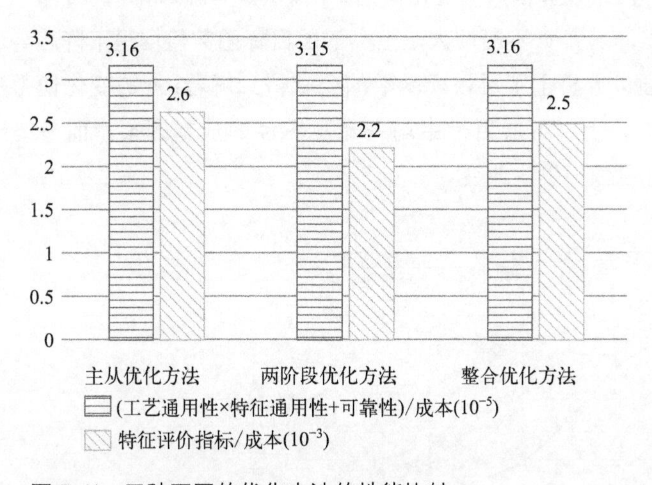

图 5-11　三种不同的优化方法的性能比较

5.4.5　灵敏度分析与管理启示

生产过程中由于一批需要再制造的零件的公共特征具有相同的加工方式，从而给零件的生产带来了成本的节约。本章选择的第一个灵敏度分析的参数为成本节约系数 ψ，研究零件的批量生产成本节约系数 ψ 对上、下层目标函数的影响，从而帮助平台企业选择合适的承包商。由于不同的外包商对同一个工艺的加工能力不同，因此，在选择承包商时除了考虑成本因素外，加工能力是另外一个重要的考虑因素。平台企业过于看重加工能力时，就容易忽略报价和交货期这两个因素，而平台企业若不太看重加工能力，又会影响再制造的加工质量等。因此，平台企业在选择再制造承包商时须合理考虑加工能力的权重。本章选择的第二个灵敏度分析的参数为加工能力满足程度的权重 ω_1，研究 ω_1 的不同取值对上、下层目标函数的影响，从而帮助企业确定出合理的权重值。两个参数均属于数学规划模型中目标函数中的参数。

5.4.5.1 ψ 对使用公共特征对应的相同工艺的影响

本实验研究了再制造工艺平台的折扣系数 ψ 的变化对上下层目标函数的影响。根据案例背景情况，参数 ψ 的取值范围为 0.5 ～ 1，步长为 0.05。用嵌套遗传算法来计算参数的变化对结果的影响，具体如图 5-12 所示。从图中可以看出，随着 ψ 不断增大，上、下层目标函数值均呈下降趋势。这一现象可以通过分析上下层目标函数的公式得到解释：ψ 的变化使得生产成本发生变化，上、下层目标中均考虑了零件的成本因素，而最终导致上、下层目标函数值发生改变。

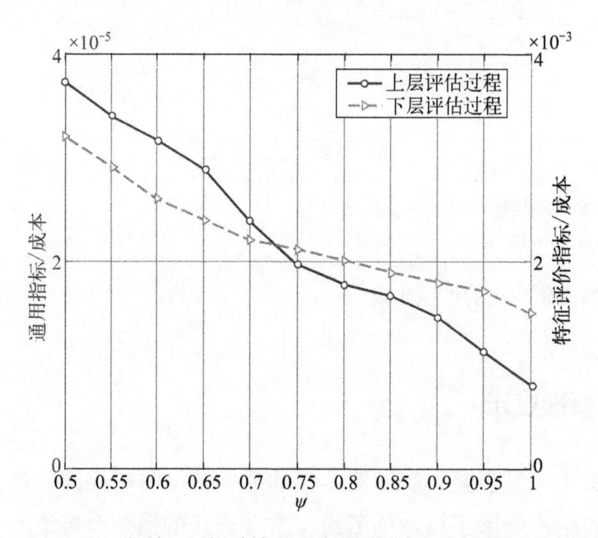

图 5-12　参数 ψ 在对使用公共特征对应的相同工艺的影响

通过实验，可以得到一些有价值的管理启示。折扣系数的变化导致总成本发生变化。折扣的增加导致成本的降低，直接使得上、下层目标函数的值逐渐增加，这个结果对企业是有利的。但是，考虑到众包承包企业的加工时间、最大产量等因素，再制造工艺平台的折扣系数 ψ 的一味改变在实际中能否给制造企业以及众包承包商带来如此大的成本节约是企业需要进一步考量的问题。除此之外，上层的目标函数值下降趋势较下层目标函数值更为明显。这可能是由于折扣系数的变化对上层决策变量的影响要大于下层决策变量的影响而导致的。

5.4.5.2　在多属性效用函数中 ω_1 对目标函数的影响

本实验研究了多属性效用公式中 ω_i 的变化对上、下层目标函数的影响。以能力实现程度的参数 ω_1 为例，研究 ω_1 的变化对上层的再制造零件可重构的工艺规划的目标和下层众包下的承包决策目标的影响。由于 $\omega_1+\omega_2+\omega_3=1$，根据案例背景情况，参数 ω_1 的取值范围为 0 ～ 1，步长为 0.1。用嵌套遗传算法来计算参数的变化对结果的影响，具体如图 5-13 所示。从图中可以看出，随着 ω_1 的不断增大，下层目标函数值呈上升趋势。当 ω_1 在 0 ～ 0.5 之间时，上层目标函数值小幅增加，当 ω_1 大于 0.5 以后开始有了波动，在 ω_1 等于 0.6 时有一个明显的下降趋势。这一现象可以通过分析损伤特征评价指标的公式得到解释：ω_1 的变化使得特征评价指标中的能力实现程度、报价和交货期的权重发生了相应的变化，最终引起了上、下层目标函数值的改变。

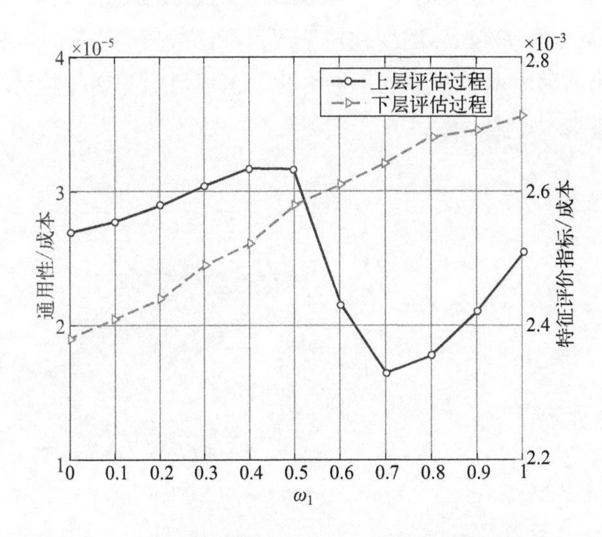

图 5-13　在多属性效用函数中 ω_1 对目标函数的影响

通过对参数 ω_1 的分析，可以得到一些管理启示。下层目标函数特征评价指标中的能力实现程度的权重增加将导致众包下的再制造承包决策的结果持续变好。但上层目标函数值的变化则没有与下层目标函数值的变化情况一致。当过程能力的权重增加到一定程度时，会降低再制造零件可重构的工艺规划的最优结果，这对平台公司不利。因此，众包下的承包决策者可以对其余的两个参数，即报价和交货期的权重进行联合分析后，根据实际情况的需要，平台企业在决策的早期阶段合理权衡这三个指标的权重值，以保证平台企业的利益最大化。

5.4.5.3　折扣减少系数 ψ 和参数 ω_1 对目标函数的联合影响

为了进一步分析成本节约系数 ψ 和多属性效用公式中 ω_1 的变化对目标函数的影响，设计了一个考虑两个参数协同变化下对零件再制造可重构的工艺规划和众包下的承包决策的影响实验。用嵌套遗传算法计算参数变化对结果的影响，其中 ψ 由 0.6 变化到 1.0，ω_1 由 0.2 变化到 1.0，步长均为 0.2。

为了展现出参数 ψ 和参数 ω_1 对上、下层目标函数的影响，根据已知数据做出两个三维展示图。图 5-14（a）为参数 ψ 和参数 ω_1 的变化对上层目标函数值的影响，从图中的变化趋势可知：ψ 取值越大，ω_1 取值越小，上层目标函数值越小；ψ 取值越小，ω_1 取值越大，上层目标函数值越大。图 5-14（b）为参数 ψ 和参数 ω_1 的变化对下层目标函数值的影响，从图的变化趋势可以看出，随着两个参数的不断变化，下层目标的变化趋势与上层目标的变化趋势基本一致。

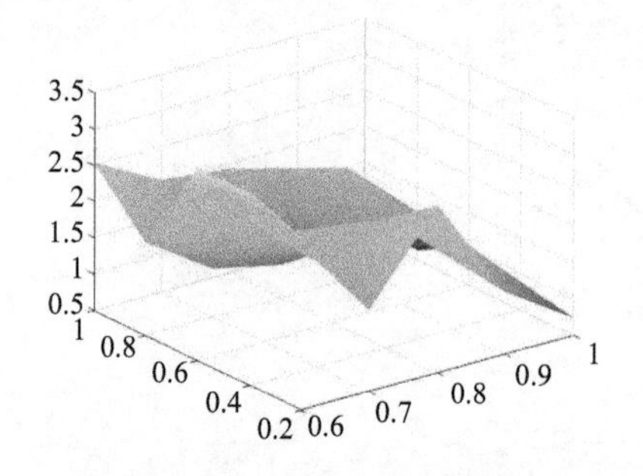

(a)系数ψ和参数ω_1对上层目标函数的联合影响

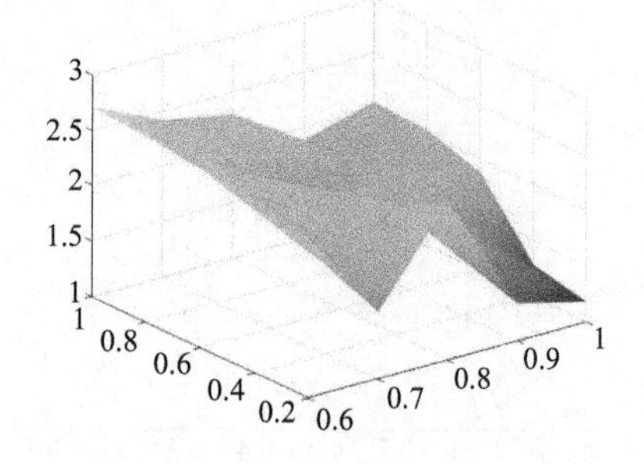

(b)系数ψ和参数ω_1对下层目标函数的联合影响

图 5-14　折扣减少系数 ψ 和参数 ω_1 对目标函数的联合影响

根据图 5-15 所示的计算结果，得到了参数 ψ 和 ω_1 对上层和下层目标函数值和解的综合影响。当 ψ 在 0.9 ～ 1 之间取值，ω_1 在 0.2 ～ 0.4 之间取值时，得到下层众包下的承包决策的最劣解；当 ψ 在 0.9 ～ 1 之间取值，ω_1 在 0.4 ～ 1.0 之间取值时，得到上层可重构的工艺规划和下层众包下的承包决策的最劣解；当 ψ 在 0.6 ～ 0.7 之间取值，ω_1 在 0.2 ～ 0.4 之间取值时，得到上层可重构的工艺规划和下层众包下的承包决策的可行解；当 ψ 在 0.7 ～ 0.9 之间取值，ω_1 在 0.4 ～ 0.8 之间时，得到上层可重构的工艺规划和下层众包下的承包决策的折中解；当 ψ 在 0.7 ～ 0.9 之间取值，ω_1 在 0.8 ～ 1.0 之间取值时，得到上层可重构的工艺规划和下层众包下的承包决策的可行解；当 ψ 在 0.6 ～ 0.7 之间取值时，ω_1 在 0.8 ～ 1.0 之间取值时，得到上层可重构的工艺规划的最优解；当 ψ 在 0.6 ～ 0.7 之间取值，ω_1 在 0.4 ～ 0.8 之间取值时，得到上层可重构的工艺规划和下层众包下的承包决策的最优解。

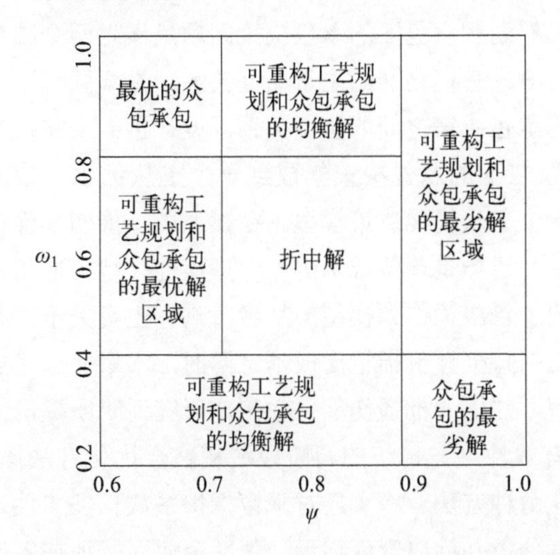

图 5-15　参数 ψ 和 ω_1 对上层和下层目标函数值和解的综合影响

从这些结果中可以得到以下管理启示。折扣系数和多属性效用函数中过程能力的权重参数在再制造零件族可重构工艺规划与众包承包决策的实施中起着重要的作用。目标函数中参数的变化对目标函数值和解均有不同影响。上层目标函数的最优结果、下层目标函数的最优结果以及上、下层目标均达到均衡的最优结果的参数取值范围并不相同，这对平台公司的决策者有指导作用。因此，平台公司应该根据实际情况对零件再制造的可重构的工艺规划和众包下再制造承包商的选择进行合理决策，有效设定两个参数的取值以保证公司利益的最大化。

5.5 本章小结

在开放制造的背景下，本章研究了基于智能决策平台的损伤零件再制造可重构工艺规划与平台承包商的关联优化问题，不同于传统制造企业的零件外包活动。传统的制造业外包考虑把某种需要再制造的零件外包给某个外包商来做，而本书是将每个零件的加工工艺外包。本章建立了可重构的工艺规划与众包供应商决策的主从优化框架，为面向再制造零件的加工平台的内部智能决策提供了一种解决方案。

以往的可重构的工艺规划和众包下的承包决策问题是作为两个独立的决策过程来处理的，没有考虑它们之间的主从交互关系。本章强调了可重构的工艺规划和众包下的承包决策之间的协调关系，设计了一个将损伤零件可重构的工艺规划和众包下的承包决策集成到一个主从优化决策的框架，并依据框架提出了一个主从优化决策模型。在模型中，损伤零件再制造可重构的工艺规划为主，目标是单位成本的零件通用性、特征通用性以及可靠性最大，众包下的承包决策作为模型的从者，响应主者关于工艺路径选择，其目标是最大化的特征评价指标比成本。同时，本章使用了嵌套遗传算法对模型进行求解，并以一批损伤零件为例，研究证明所提出的方法及嵌套式遗传算法的有效性。与传统的两阶段法和整合优化方法比较，发现主从优化方法优于这两种方法。本章还对平台折扣系数和多属性效用函数中的参数进行灵敏度分析并给出管理启示，帮助企业更好地在零件的可重构的工艺规划与众包下的承包选择中做出正确决策。最后，通过对两参数联合变化的敏感性分析，得出不同区域内每个决策者的目标变化情况，为决策者对参数联合变化导致企业目标的影响提供指导。

第6章 考虑众包的再制造零件工艺规划与生产调度主从关联优化

6.1
概述

与普通的零部件加工不同的是，需要再制造的零部件的工艺规划和生产调度会受到操作环境、维修手段和逆向物流等因素的影响，导致回收的零部件在质量和数量上具有高度不确定性。通过智能决策平台对分布式物理制造资源进行全面共享和按需使用，可以创建交付时间更短的众包制造网络，使再制造过程更加便利，帮助智能决策平台和下游承包企业实现双赢[284, 285]。本章研究的问题是上一章节的延伸和拓展。研究了在开放制造环境下智能决策平台制定再制造零部件的工艺规划策略后，与平台签约的众包承包商根据其工艺规划策略来协调自身企业的生产调度问题。

首先，是平台的工艺规划，灵活、适应性的工艺规划对于基于平台的制造业务模式至关重要[286]。平台需要为不同零件类型和数量的零件再制造订单划分生产批次。从平台效益的角度来看，不同生产批次所规划的工艺路径可能是不同的，即使是同一批次，相同的零件也可能会有不同的工艺规划路径[287]。常见的传统计算机辅助工艺规划（CAPP）系统生成的工艺计划已不能满足日益增多的非标准件、损伤不同的再制造件以及企业对柔性生产的需求[288, 289]。如何在短时间内规划出最优的工艺路径，以实现高工艺相似度、灵活性和低成本的量产效率，是平台企业面临的一个重要而又棘手的问题。

其次，在涉及零件损伤情况不同、批量不同的情况下，小型的再制造零件生产承包企业需要改变其制造策略，以适应当前的制造环境。一方面，再制造零件承包企业可以通过与平台签约的形式，保证订单来源，确保企业收益[156, 290, 291]。另一方面，生产调度是对机器中所有零件的操作顺序进行安排，必须符合工艺规划。合理的规划生产调度是再制造零件承包企业决策中必不可少的，合理的调度可以促进制造承包商的生产效率[289, 292]。

如上所述，考虑众包的工艺规划与生产调度之间存在着密切的关系。一方面，工艺规划的目的是通过确定必要的制造工艺来完成零件的制造。

调度是包括将可用资源分配给工艺计划中指定的操作[293]。下游生产调度问题必须与所选择的工艺计划相一致。在上游工艺规划阶段考虑生产调度也非常重要，以消除或减少调度冲突，提高生产资源利用率[156, 258]。另一方面，在传统制造业中，工艺规划和生产调度都是在企业内部完成的，对下游调度决策的重视程度有限。在开放制造的背景下，再制造零部件的工艺规划与生产调度涉及智能决策平台决策者和下游制造承包商决策者等，本质上是一个非合作博弈问题。然而，来自工艺规划问题的相关决策和生产目标与调度的最优资源分配高度相关[294]。因此，在开放制造环境下，工艺规划与调度的同步优化对于不同决策者具有重要意义。

在需要被再制造的零部件面临的损伤情况不一、小批量和频繁波动的市场需求的情况下，考虑众包的工艺规划和生产调度问题仍然面临着许多严峻的挑战。首先，在传统的制造系统中，工艺规划和生产调度都是在可用的资源范围内使用集成优化方法[295, 296, 143, 297]或两阶段优化方法[283]来优化的。单独处理工艺规划和调度决策往往忽视了这两个不同决策问题的交互特性以及层级之间的相互影响关系[132,298]。为了克服两阶段法的缺点，整合方法得到了广泛的应用。然而，它假设两个决策优化问题可以整合为一个问题[236]，忽略了不同的目标和决策关系。因此，开发一种有效的决策方法来明确地揭示具有不同层级之间耦合和协同的决策是一个挑战。其次，工艺规划与调度被划分为不同的领域，它们有一定的顺序，其中生产调度必须符合工艺规划的一致性。同时，将生产调度决策反馈到工艺规划中，以优化制造系统的成本和灵活性。这种协同优化问题可以看作是一种主从交互决策机制，由智能决策平台作为主者决策工艺规划，众包制造承包商作为从者来决定生产调度。因此，工艺规划决策对调度有着深远的影响。然而，虽然有很多关于主从优化机制的研究，但对于工程优化问题，还没有制定出明确的双层规划模型[299]。有效地建立基于 Stackelberg 博弈的主从交互决策框架是本章的另一个挑战。为此，本章提出了一种综合工艺规划和调度的主从互动评价机制。基于主从决策框架，采用众包策略结合工艺规划和调度，建立了双层混合 0-1 非线性优化模型。

6.2
工艺规划和生产调度关联优化问题

6.2.1 引例

中国的“芥子制造网”是一个典型的平台企业。一些有零件再制造加工需求的客户会联系平台，沟通加工零件的种类、批次、价格、交货日期等信息，以确定加工意向。同时，各种企业在平台上发布自己的制造能力。例如，一家制造企业在平台上公布了它拥有的机器类型、可以加工的零件以及它的加工能力。平台通过整合客户订单和下游制造业信息，划分零件族，选择不同的下游再制造承包商。

互联网时代的制造平台如何制定和确定满足当前需求的生产计划，已成为企业的核心问题。生产调度是平台经济下每个下游制造承包企业都需要考虑的问题。当众多批次的订单处于时间和批次不确定的情况下，平台企业该如何确定生产阶段和每个阶段的生产批次，如何权衡每批零件的工艺规划和调度问题？在实践中，平台公司和下游制造承包商应该制定加工计划，平衡工艺规划和调度，以确保最大的生产效率。

在本章中，使用有向图来表示可选工艺规划[300]。图 6-1 显示了可选工艺计划解决方案的网络图。O_i 表示工艺的处理内容，or 表示一条路径分为两条或多条路径，join 表示二条路径在这里聚合为一条路径，M 表示备选机器，对应的编号为机器编号。T 表示对应机器的加工时间。

如图 6-1 所示，一个部件有 4 种处理路径：$\{O_1—O_2—O_5—O_8—O_{12}\}$，$\{O_1—O_2—O_6—O_8—O_{12}\}$，$\{O_1—O_3—O_7—O_9—O_{11}\}$，$\{O_1—O_4—O_{10}—O_{11}\}$。每个工艺路径对应于许多可选的处理机器，并且工艺路径和机器的不同导致了不同的加工时间。例如，当第一个工艺路径中的每个工艺方法选择对应的第一台机器 $\{M$=1、5、6、4、6$\}$ 时，对应的加工时间为 $\{T$=10、10、11、38、19$\}$，总加工时间为 88。而对于第二条加工路径，若对应的选择第一台加工设备为 $\{M$=1、5、6、4、6$\}$，则对应的加工时间为 $\{T$=10、10、9、38、19$\}$，总加工时间为 86。虽然加工时间可以简单计算，但当企业面对许多不同的零件时，如何选择工艺路径、每批产品的产量，以及加工设备，成为一个需要综合考虑的问题。

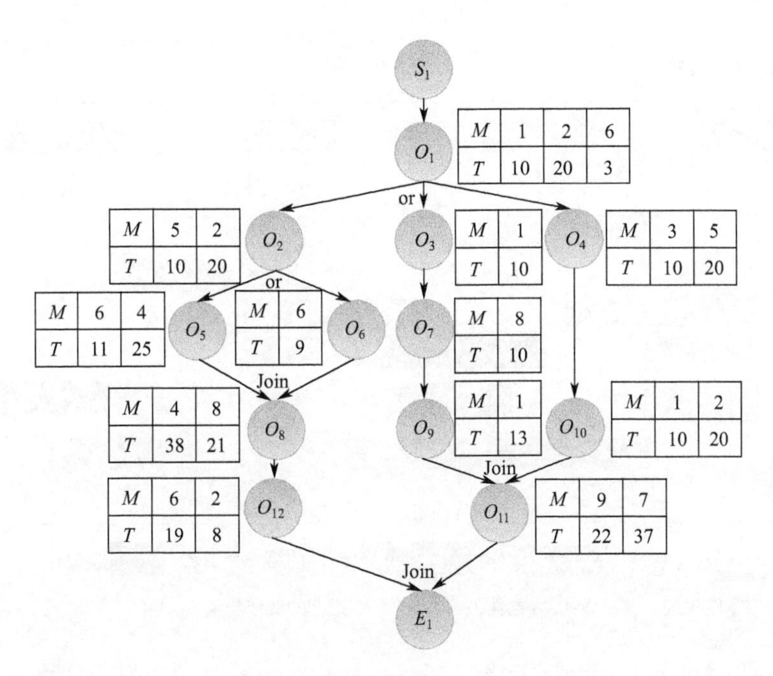

图 6-1　可选工艺规划解决方案的网络图

6.2.2 问题分析

零件族是根据订单信息确定的，每个需要再制造的零件族（零件 1，…，零件 i，…，零件 I）包含几个具有共同特征的零件[301]。根据公司的原始信息储备，可以快速确定每个零件的工艺路径。图 6-2 的上半部分说明了零件族、零件和可选工艺集之间的关系。假设一个企业通过对在线订单的需求分析和市场调研，确定了一个最多包含 J^+ 个零件的零件族。对于零件族中每个零件 i，有 j 个备选工艺路径（j=1, 2, …, J_i）。平台需要确定每个再制造零件族中包含的零件的类型和数量，并从备选工艺路径中选择对制造平台最有利的路径。

在调度阶段，由于零件的加工顺序会导致不同的准备时间、运输时间和机器上的再制造加工时间，合理安排加工设备也会减少零件的等待时间。以零件 2 为例，我们可以在图 6-2 的下半部分看到零件 2 在不同的机器上的加工顺序，每个工艺完成后，在几乎没有等待的情况下，零件被转换到下一道工序，从而确保最小冗余时间。虽然零件 2 有最小的冗余时间，但最

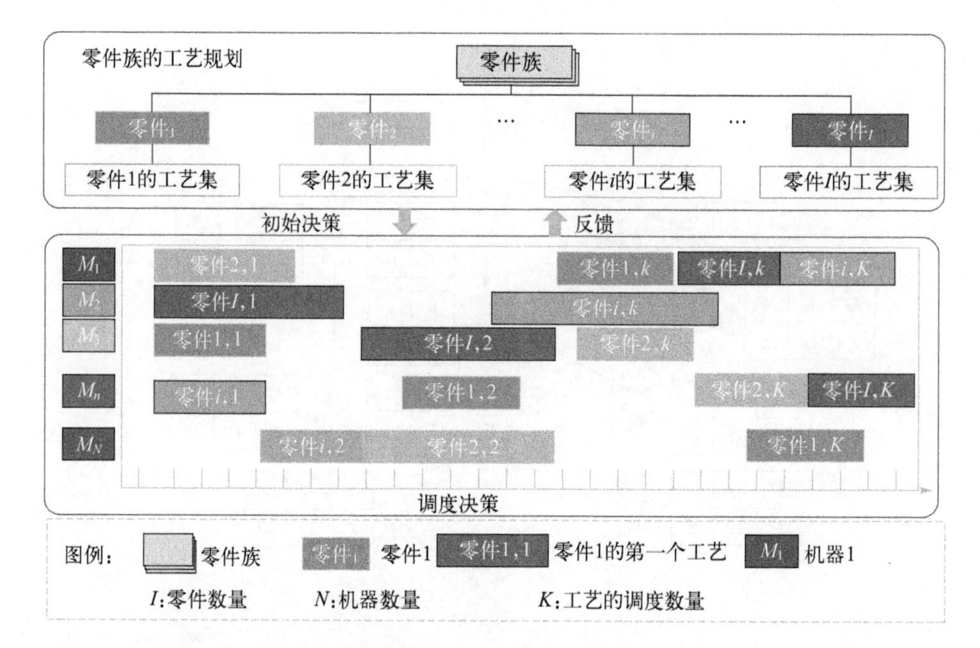

图 6-2　协同工艺规划和生产调度决策

小的冗余时间并不意味着这台机器的选择可以保证其再制造的加工时间、准备时间和运输时间也是最小的。因此，对于调度问题，我们需要确定如何安排零件在机器上的加工顺序，以确保每批的总时间最小。

根据这一描述，应该协调和优化平台公司的工艺规划和下游再制造承包企业的生产调度问题。一方面，工艺规划决定加工数量、工艺路线和运输方式；另一方面，生产调度需要决策设备的选择以及相应的开始时间，这会影响到平台企业和下游制造企业的成本。它们在本质上是交互决策并相互影响的。因此，对二者的协同优化进行研究具有重要意义。

6.2.3　主从交互决策机制

工艺规划与生产调度是基于不同层次决策过程的非合作博弈。虽然不同的决策者在工艺规划和生产调度中所占的决策地位不同，但它们是彼此关联的。换句话说，生产调度决策不仅取决于自身机器的选择，还取决于需要再制造零件的工艺路径的选择。显然，不同的工艺路径会导致不同的机器选择决策。机器的选择也将反馈到零件族的工艺规划，这将共同影响工艺规划的决策目标。此外，工艺规划和生产调度的优化过程可能存在目标冲突。在共同优化的过程中，要权衡各方的优缺点。工艺规划的优化目标是最大化工艺灵活性比成本，而生产调度的目标是使再制造加工时间最小化。

图 6-3 简洁地说明了开放制造环境下工艺规划和生产调度的主从博弈交互决策机制。图左边一列说明了主从优化机制。模型被划分为上层和下层。每个层级都有不同的目标、决策变量和约束条件。图右边一列显示了模型之间的内部评价机制。模型的上层决策零件族的再制造工艺规划，其目标是最大化的工艺灵活性（*FI*）/ 成本（*C*）。这里的成本包括三个部分：制造成本、准备成本和库存成本。为了克服目前需要大量的人工干预来进行再制造零件的特征识别等问题，将对应的制造环节分为添加操作和去除操作两个部分，以更为方便的方式明确再制造零件的加工过程。零件族的灵活性和生产成本受到下层机器的选择和零件在每台机器上的开始时间的影响。模型下层的目标是总时间最短。总时间包括：生产时间、准备时间、运输时间和冗余时间。上下两层的约束主要由逻辑约束和功能约束两部分组成。根据所分析的问题，确定了上层和下层优化模型的结构。通过对该模型的建立和求解，得到了最优的再制造零件族工艺规划与生产调度联合优化问题的解。

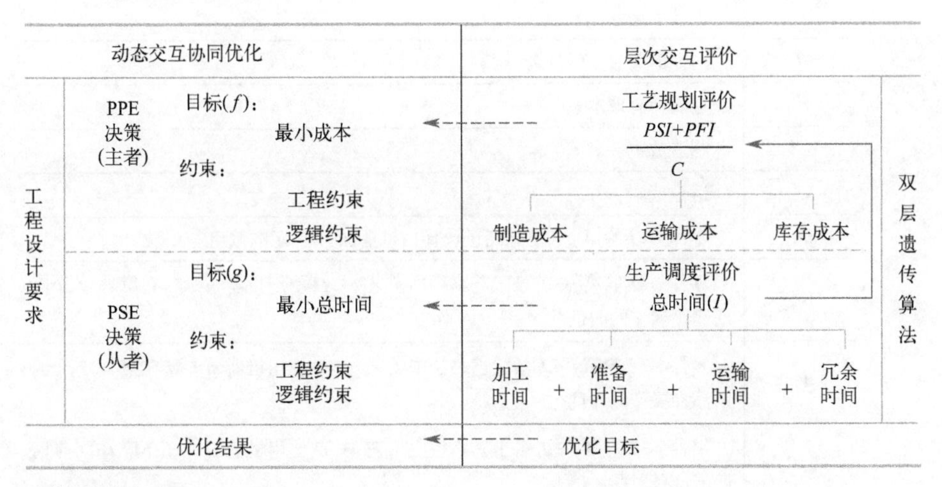

图 6-3　主从交互决策机制

6.3 双层优化模型

6.3.1 参数与假设

假设：

① 开始时所有零件和机器同时可用。

② 一个零件的不同操作不能同时进行。

③ 机器上操作的换模时间与操作顺序无关[274]。

④ 第一个和最后一个时期平台公司的库存为零。

参数：零件再制造工艺规划和生产调度决策模型中使用的参数如表 6-1 所示。

表 6-1 模型参数与符号

参数	参数描述
$\boldsymbol{I}$	零件的集合；$\boldsymbol{I}=\{1,2,\cdots,I\}$
$\boldsymbol{J}_i$	工艺路径的集合；$\boldsymbol{J}_i=\{1,2,\cdots,J_i\}$
$\boldsymbol{M}$	机器的集合；$\boldsymbol{M}=\{1,2,\cdots,M\}$
$\boldsymbol{O}$	工艺的集合；$\boldsymbol{O}=\{1,2,\cdots,O\}$
$\boldsymbol{T}$	时期的集合；$\boldsymbol{T}=\{1,2,\cdots,T\}$
c^H	存货持有成本
c^M	制造成本
c^T	运输成本
u_{ijm}	零件 $i\in\boldsymbol{I}$ 的第 j 条工艺路径选择由机器 m 来加工的效用
TW_{ijm}^{r-to}	零件 $i\in\boldsymbol{I}$ 的第 $j\in\boldsymbol{J}_i$ 条工艺路径中工艺 $o\in\boldsymbol{O}$ 使用机器 $m\in\boldsymbol{M}$ 在第 $t\in\boldsymbol{T}$ 个时期删除操作的时间
TW_{ijm}^{a-to}	零件 $i\in\boldsymbol{I}$ 的第 $j\in\boldsymbol{J}_i$ 条工艺路径中工艺 $o\in\boldsymbol{O}$ 使用机器 $m\in\boldsymbol{M}$ 在第 $t\in\boldsymbol{T}$ 个时期添加操作的时间
TP_{ijm}^{to}	零件 $i\in\boldsymbol{I}$ 的第 $j\in\boldsymbol{J}_i$ 条工艺路径中工艺 $o\in\boldsymbol{O}$ 使用机器 $m\in\boldsymbol{M}$ 在第 $t\in\boldsymbol{T}$ 个时期的准备时间
$TT_{ijm}^{to,t(o+1)}$	零件 $i\in\boldsymbol{I}$ 的第 $j\in\boldsymbol{J}_i$ 条工艺路径中工艺 $o\in\boldsymbol{O}$ 到工艺 $o+1\in\boldsymbol{O}$ 使用机器 $m\in\boldsymbol{M}$ 在第 $t\in\boldsymbol{T}$ 个时期的运输时间

续表

参数	参数描述
TT_i	零件 $i \in \boldsymbol{I}$ 从工厂到仓库的单位运输时间
CW_{ijm}^{r-to}	零件 $i \in \boldsymbol{I}$ 的第 $j \in \boldsymbol{J}_i$ 条工艺路径中工艺 $o \in \boldsymbol{O}$ 使用机器 $m \in \boldsymbol{M}$ 在第 $t \in \boldsymbol{T}$ 个时期删除操作的单位时间成本
CW_{ijm}^{a-to}	零件 $i \in \boldsymbol{I}$ 的第 $j \in \boldsymbol{J}_i$ 条工艺路径中工艺 $o \in \boldsymbol{O}$ 使用机器 $m \in \boldsymbol{M}$ 在第 $t \in \boldsymbol{T}$ 个时期添加操作的单位时间成本
CP_{ijm}^{to}	零件 $i \in \boldsymbol{I}$ 的第 $j \in \boldsymbol{J}_i$ 条工艺路径中工艺 $o \in \boldsymbol{O}$ 使用机器 $m \in \boldsymbol{M}$ 在第 $t \in \boldsymbol{T}$ 个时期的单位准备时间成本
CT_i	零件 $i \in \boldsymbol{I}$ 的单位运输成本
TI_m^t	机器 $m \in \boldsymbol{M}$ 的冗余时间
CTI_m	机器 $m \in \boldsymbol{M}$ 的单位冗余成本
c_i^f	零件 $i \in \boldsymbol{I}$ 的制造成本
c_i^h	零件 $i \in \boldsymbol{I}$ 的单位库存成本
DA_i^t	零件 $i \in \boldsymbol{I}$ 在 $t \in \boldsymbol{T}$ 时期的交货期
J^+	零件的最多生产数量
I_i^t	零件 $i \in \boldsymbol{I}$ 在 $t \in \boldsymbol{T}$ 末的库存级别
Q_i^t	零件 $i \in \boldsymbol{I}$ 在 $t \in \boldsymbol{T}$ 时期的最大产量
c_i^{pf}	零件 $i \in \boldsymbol{I}$ 的固定人工搬运费用

决策变量分为两部分。其中一部分是模型上层的决策变量，包括 q_i^t、x_{ij}^t、w_i^t、q_i^t。模型下层的决策变量有 x_{ijm}^{to} 和 s_{ijm}^{to}。具体含义如表 6-2 所示。

表 6-2 决策变量

决策变量	变量说明
q_i^t	连续变量；零件 $i \in \boldsymbol{I}$ 在 $t \in T$ 内的生产数量，q_i^t=0 表示零件 $i \in \boldsymbol{I}$ 在 $t \in T$ 内不再制造
x_{ij}^t	二进制整数 =1 或 0；是否零件 $i \in \boldsymbol{I}$ 在时期 $t \in T$ 内选择工艺路径 $j \in \boldsymbol{J}_i$
w_i^t	二进制整数 =1 或 0；是否零件 $i \in \boldsymbol{I}$ 在时期 $t \in T$ 内采用众包的方式运输
x_{ijm}^{to}	二进制整数 =1 或 0；是否零件 $i \in \boldsymbol{I}$ 的工艺路径 $j \in \boldsymbol{J}_i$ 的工艺 $o \in \boldsymbol{O}$ 在时期 $t \in T$ 内选择使用机器 $m \in \boldsymbol{M}$ 来完成加工
s_{ijm}^{to}	连续变量；零件 $i \in \boldsymbol{I}$ 的工艺路径 $j \in \boldsymbol{J}_i$ 的工艺 $o \in \boldsymbol{O}$ 在时期 $t \in T$ 内采用机器 $m \in \boldsymbol{M}$ 的开始时间

6.3.2 优化模型上层：工艺规划

上层优化的目标是根据生产数量、最优工艺路线和运输方式的决策来最大化工艺灵活性比成本，以保证平台企业的最大利益。

本章主要从零件工艺规范相似性和工艺路径排序柔性两个方面来考虑零件族的工艺灵活性[273, 274]。表达式如下：

$$FI = PSI + PFI \tag{6.1}$$

零件工艺规范的相似性表明了机器选择的灵活性。这意味着，在一台机器上可以加工的不同类型的零件越多，加工过程就越灵活。因此，对于任何种类的零件，本章提出的工艺规范的灵活性如下：

$$PSI = \sum_{t=1}^{T}\sum_{m=1}^{M}\frac{\sum_{i=1}^{I}\sum_{j=1}^{J_i}\sum_{o=1}^{O}x_{ijm}^{to}}{\sum_{i=1}^{I}\sum_{j=1}^{J_i}x_{ij}^{t}} \tag{6.2}$$

工艺路径排序柔性是指在机器上进行工艺排序的灵活性，即如果该加工过程的准备时间接近机器上的平均准备时间，则机器上所有分类方案的准备时间总和相等，而机器上当前所有操作的排序越大，灵活性就越大。具体排序灵活性的指标公式如下：

$$PFI = \sum_{t=1}^{T}\sum_{m=1}^{M}\frac{N\left(N-1\right)}{\sum_{i=1}^{I}\sum_{j=1}^{J_i}\sum_{o=1}^{O}\left(TP_{ijm}^{to} - \frac{\sum_{i=1}^{I}\sum_{j=1}^{J_i}\sum_{o=1}^{O}TP_{ajn}^{to}}{N\left(N-1\right)}\right)^2} \tag{6.3}$$

上层目标函数的总成本分为三个部分：制造成本、运输成本和库存成本[180]。

$$C = C^M + C^T + C^H \tag{6.4}$$

制造成本包括固定制造成本和可变制造成本。其中可变制造成本包括在不同机器上加工的每个零件的准备成本、加工成本和机器的闲置成本。其中，加工成本包括在单位时间内加工一个废旧零件的添加操作和去除操作的加工成本。整体这部分的成本由上层决策变量 x_{ij}^{t} 和下层决策反馈变量

x_{ijm}^{to}决定。

$$C^M = \sum_{t=1}^{T}\sum_{m=1}^{M}\left(\sum_{i=1}^{I}\sum_{j=1}^{J_i}\sum_{o=1}^{O}\left(c_i^f x_{ij}^t + q_i^t x_{ijm}^{to}\left(TW_{ijm}^{a-to} CW_{ijm}^{a-to} + TW_{ijm}^{r-to} CW_{ijm}^{r-to} + TP_{ijm}^{to} CP_{ijm}^{to}\right)\right) + TI_m^t CTI_m\right) \tag{6.5}$$

运输成本分为两部分，一部分是零件到仓库的运输成本，另一部分是零件生产过程中的运输成本。由于运输操作简单，越来越多的企业采用众包方式进行运输。如果零件通过众包运输，公司节省了雇佣工人的固定成本，增加了众包的可变运输成本。具体表达式如下：

$$C^T = \sum_{t=1}^{T}\sum_{i=1}^{I}\sum_{j=1}^{J_i} x_{ij}^t \left(w_i^t \left(TT_i + x_{ij}^t \sum_{o=1}^{O}\sum_{m=1}^{M} TT_{ijm}^{o,o+1} \right) q_i^t CT_i + \left(1 - w_i^t\right) c_i^{pf} \right) \tag{6.6}$$

库存成本由零件的单位库存成本、库存数量和库存时间决定。零件的库存时间由零件的交付时间减去完成时间的绝对值来表示。

$$C^H = \sum_{t=1}^{T}\sum_{i=1}^{I}\sum_{j=1}^{J_i} x_{ij}^t c_i^h I_i^t \left(\left| DA_i^t - \max_{\substack{j\in[1,J_i] \\ o\in[1,O] \\ m\in[1,M]}} \left(s_{ijm}^{to} x_{ij}^t + TW_{ijm}^{to} + TP_{ijm}^{to} \right) \right| \right) \tag{6.7}$$

零件 i 的需求 D_i 是整个市场需求 Q 与零件 $i \in \boldsymbol{I}$ 的选择概率 P_i 共同决策，即：

$$D_i = P_i Q \quad i \in \boldsymbol{I} \tag{6.8}$$

概率选择规则可以用离散的选择模型来确定，如多项 logit（MNL）选择规则，它被广泛用于提供更现实的消费者决策过程的表示[302]。在 MNL 模型下，选择概率 P_i，即客户从竞争部件中选择部件的概率，定义如下：

$$P_i = \frac{\exp\left(\mu U_i\right)}{\sum_{i}^{I} \exp\left(\mu U_i\right)} \quad i \in \boldsymbol{I} \tag{6.9}$$

其中，μ 是 MNL 选择规则的尺度参数。

第 $i \in \boldsymbol{I}$ 个零件的效用 U_i 可以假设为某需要再制造零件的不同工艺路线的部分价值效用的线性函数，可表示为：

$$U_i = \sum_{j=1}^{J_i}\sum_{m=1}^{M} w_{ij}\, u_{ijm}\left(\sum_{t=1}^{T}\sum_{o=1}^{O} x_{ij}^{t}\, x_{ijm}^{to}\right) + \varepsilon_i \quad i \in \boldsymbol{I} \tag{6.10}$$

式中，w_{ij} 为零件选择不同工艺路径时的效用权重；ε_i 为零件的随机误差项。我们使用联合分析来模拟零件不同加工工艺路径的效用值[228]。

6.3.3 优化模型下层：生产调度

下层优化问题主要考虑下游制造承包商通过智能决策平台获得众包订单后，如何安排生产以确保一批零件再制造的总时间最短。这里的总时间主要包括以下四个部分：准备时间、加工时间、机器闲置时间和运输时间。在再制造过程中，废旧零件的故障特征需要通过去除操作来达到表面质量标准，通过添加操作来恢复零件的性能。加工时间又分为添加操作（例如，电弧焊、冷焊）和去除操作（例如，磨削、车削）所消耗的时间。作为 Stackelberg 博弈的下层，生产调度优化模型如下：

$$TP = \sum_{t=1}^{T}\sum_{i=1}^{I}\sum_{j=1}^{J_i}\sum_{o=1}^{O}\sum_{m=1}^{M} x_{ij}^{t}\, x_{ijm}^{to}\, TP_{ijm}^{to} \tag{6.11}$$

$$TW = \sum_{t=1}^{T}\sum_{i=1}^{I}\sum_{j=1}^{J_i}\sum_{o=1}^{O}\sum_{m=1}^{M} x_{ij}^{t}\, x_{ijm}^{to}\left(TW_{ijm}^{r-to} + TW_{ijm}^{d-to}\right) \tag{6.12}$$

$$TI = \sum_{t=1}^{T}\sum_{i=1}^{I}\sum_{j=1}^{J_i}\sum_{m=1}^{M} x_{ij}^{t}\, TI_{m}^{t} \tag{6.13}$$

$$TT = \sum_{t=1}^{T}\sum_{i=1}^{I}\sum_{j=1}^{J_i}\sum_{o=1}^{O}\sum_{m=1}^{M} x_{ij}^{t}\, x_{ijk}^{to}\, TT_{ijm}^{t(o,o+1)} \tag{6.14}$$

机器 $m \in \boldsymbol{M}$ 的空闲时间为机器 $m \in \boldsymbol{M}$ 生产操作的最后一步结束时间减去第一次操作的开始时间，减去在机器 $m \in \boldsymbol{M}$ 上加工的所有零件的准备时间与加工时间。

具体表达式如下：

$$TI_m^t = \max_{\substack{j\in[1,J_i] \\ o\in[1,O] \\ i\in[1,I]}} (s_{ijm}^{to} x_{ij}^t) - \min_{\substack{j\in[1,J_i] \\ o\in[1,O] \\ i\in[1,I]}} (s_{ijm}^{to} x_{ij}^t) - \sum_{i=1}^{I}\sum_{j=1}^{J_i}\sum_{o=1}^{O}\left(x_{ij}^t x_{ijm}^{to}\left(TW_{ijm}^{to} + TP_{ijm}^{to}\right)\right) \quad t\in T \quad m\in M \tag{6.15}$$

6.3.4 双层优化模型

工艺规划与生产调度联合优化形成了上层和下层优化模型。上层平台决定了零件在不同时期的再制造工艺规划路径、产量和众包决策，以平台企业单位制造成本的生产灵活性最大化为目标。下层优化问题根据上层确定的工艺路径确定加工设备和各零件在不同设备上的开始时间，确保各零件的总加工时间最短。因此，本章建立的双层规划模型如下：

$$\text{Max} f\left(q_i^t, x_{ij}^t, w_i^t; x_{ijm}^{to}, s_{ijm}^{to}\right) = \frac{FI}{C} \tag{6.16}$$

s.t.

$$I_i^{t-1} + q_i^t = I_i^t + D_i\sum_{j=1}^{J_i} x_{ij}^t \quad i\in \boldsymbol{I} \tag{6.17}$$

$$\sum_{j=1}^{J_i} x_{ij}^t \leqslant 1 \quad i\in \boldsymbol{I} \tag{6.18}$$

$$\sum_{i=1}^{I}\sum_{j=1}^{J_i} x_{ij}^t \leqslant J^+ \tag{6.19}$$

$$q_i^t \leqslant Q_i^t \sum_{j=1}^{J_i} x_{ij}^t \quad i\in \boldsymbol{I} \quad t\in T \tag{6.20}$$

$$x_{ij}^t, w_i^t \in\{0,1\} \; q_i^t \geqslant 0 \tag{6.21}$$

$$\text{Min}\, g\left(x_{ij}^t; x_{ijm}^{to}, s_{ijm}^{to}\right) = TW + TT + TP + TI \tag{6.22}$$

s.t.

$$x_{ij}^t x_{ijm}^{to}\left(s_{ijm}^{to} + TW_{ijm}^{r-to} + TW_{ijm}^{d-to} + TP_{ijm}^{to} + TT_{ijm}^{to,t(o+1)}\right) \leqslant x_{ijm}^{to} s_{ijm}^{t(o+1)} x_{ij}^t \quad t\in T \quad i\in \boldsymbol{I} \quad j\in \boldsymbol{J}_i \quad o\in O \quad m\in M \tag{6.23}$$

$$x_{ij}^{t}=\sum_{o=1}^{O}\sum_{m=1}^{M}x_{ijm}^{to}\quad t\in T\quad i\in \boldsymbol{I}\quad j\in \boldsymbol{J}_{\iota}\tag{6.24}$$

$$\begin{aligned}&s_{i'j'm}^{to'}x_{i'j'}^{t}x_{i'j'm}^{to'}-s_{ijm}^{to}x_{ij}^{t}x_{ijm}^{to}\\&\geqslant\left(TW_{ijm}^{r-to}+TW_{ijm}^{d-to}+TP_{ijm}^{to}\right)x_{ij}^{t}x_{ijm}^{to}\\&t\in T\quad i\in \boldsymbol{I}\quad j\in \boldsymbol{J}_{\iota}\quad o\in O\quad m\in M\end{aligned}\tag{6.25}$$

$$\sum_{m=1}^{M}x_{ijm}^{to}\leqslant 1\quad t\in T\quad i\in \boldsymbol{I}\quad j\in \boldsymbol{J}_{\iota}\quad o\in O\tag{6.26}$$

$$x_{ijm}^{to}=0\ \text{if}\ \sum_{j=1}^{J_i}x_{ij}^{t}=0\quad t\in T\quad i\in \boldsymbol{I}\quad j\in \boldsymbol{J}_{\iota}\quad o\in O\quad m\in M\tag{6.27}$$

$$x_{ijm}^{to}\in\{0,1\}\quad s_{ijm}^{to}\geqslant 0\tag{6.28}$$

式 (6.17) 表示每个时期的库存和产量的关系约束。式 (6.18) 为可选工艺路径约束。式 (6.19) 表示零件族中最大生产类别的约束。式 (6.20) 表示零件的最大生产约束，即各零件的产量不能超过平台企业的最大生产能力。式 (6.21) 表示上层决策变量约束。

式 (6.23) 表示零件 $i\in \boldsymbol{I}$ 的工艺路径 $j\in \boldsymbol{J}_{\iota}$ 中工艺 $o\in \boldsymbol{O}$ 的开始时间必须小于或等于 $o+1\in \boldsymbol{O}$ 的开始时间，也就是说，一个零件的不同工艺不能同时进行。式 (6.24) 表示只有选择了工艺，才能选择该工艺对应的机器。公式 (6.25) 表明每台机器一次只能加工一个零部件。公式 (6.26) 规定每个工艺只能选择一台机器。式 (6.27) 表示，如果不选择再制造，则下层决策变量 x_{ijm}^{to} 的值为零，也就是说，模型下层不选择任何机器。式 (6.28) 表示的是下层决策变量约束。

在这个双层规划模型中，上层需要在工艺灵活性和零件成本之间进行平衡，以实现平台利益的最大化。下层需要在加工时间、冗余时间、运输时间和准备时间之间进行权衡，以确保零件族的总生产时间最小，从而使下游再制造承包商的利益最大化。上层决策变量中的 x_{ij}^{t} 影响下层决策变量的目标函数。生产调度决策以上层决策结果为基础，确定各工序的机器选择 (x_{ijm}^{to}) 和零件在每台机器上的加工时间 (s_{ijm}^{to}) 以达到最短的生产时间 ($TW+TT+TP+TI$)。下层变量 x_{ijm}^{to} 和 s_{ijm}^{to} 的结果也会反馈给上层的平台决策。

由于不同机器和零件的加工顺序对加工时间的影响，制造企业的加工成本 C 受到间接影响。据此，平台工艺规划人员应根据制造承包企业下层调度决策者的反馈，调整上层决策变量 (q_i^t, x_{ij}^t, w_i^t)，以确保上层目标的最大化 (FI/C)。模型的内部决策过程不断重复，当上层目标函数值和下层目标函数值不再变化时，表明上层智能决策平台不会改变其决策以应对下层再制造企业决策的影响。这时，得到了双层优化模型最优的均衡解。

6.3.5 模型求解

本章提出的双层规划模型由连续变量和0-1离散变量组成非线性双层规划。为解决零件再制造工艺规划与生产调度协同优化模型，设计了一种嵌套遗传算法。算法分为上层和下层，具体的流程如图6-4所示。

步骤1：参数设置。输入工艺规划的优化参数，包括上层种群规模 N、迭代次数 GN、单位时间加工成本、库存成本、客户需求。

步骤2：上层初始化。初始化一系列染色体 (q_i^t, x_{ij}^t, w_i^t)，选择合适的编码策略进行编码操作。

步骤3：上层评估。验证上层（工艺规划）染色体是否满足自身的约束。对于满足自身约束条件的染色体，将最优值设为适应度函数值，然后跳到步骤4。对于不满足自身约束的染色体，适应度函数设置为0，然后跳到步骤7。

步骤4：下层初始化。确定下层种群规模 M、迭代次数 GM，上层传递的种群作为参数来初始化下层种群。

步骤5：下层评价。对下层产生的每一个染色体，结合步骤2得到的上层工艺规划结果和步骤4的生产调度决策结果，对该染色体的适应度值进行评价。

步骤6：可行性鉴定。将所有种群放在一起，对适应度函数的大小进行排序，并将最优解和最优值传递给上层。

步骤7：终止检查。检查 GN 是否达到最大迭代数。如果是，记录最优工艺灵活性与成本比 (FI/C) 和总时间 $(TW+TT+TP+TI)$，以及对应的最优解 $q_i^{t*}, x_{ij}^{t*}, w_i^{t*}; x_{ijm}^{to*}, s_{ijm}^{to*}$。如果不是，工艺规划种群执行选择、交叉和变异操作，然后继续步骤2。

虽然该算法可以获得有效的解，但它是一种启发式算法。不能保证得到的解是唯一的全局最优解。因此，在计算过程中，需要多次运行同一模型以获得多个最优解。通过对比，选择最优计算结果作为最终解。

在嵌套遗传算法中，决策变量的实际值用染色体表示。在该遗传算法中，有两种染色体，分别代表上层决策变量 (q_i^t, x_{ij}^t, w_i^t) 和下层决策变量 $(x_{ijm}^{to}, s_{ijm}^{to})$。染色体编码策略因决策变量的不同而不同。

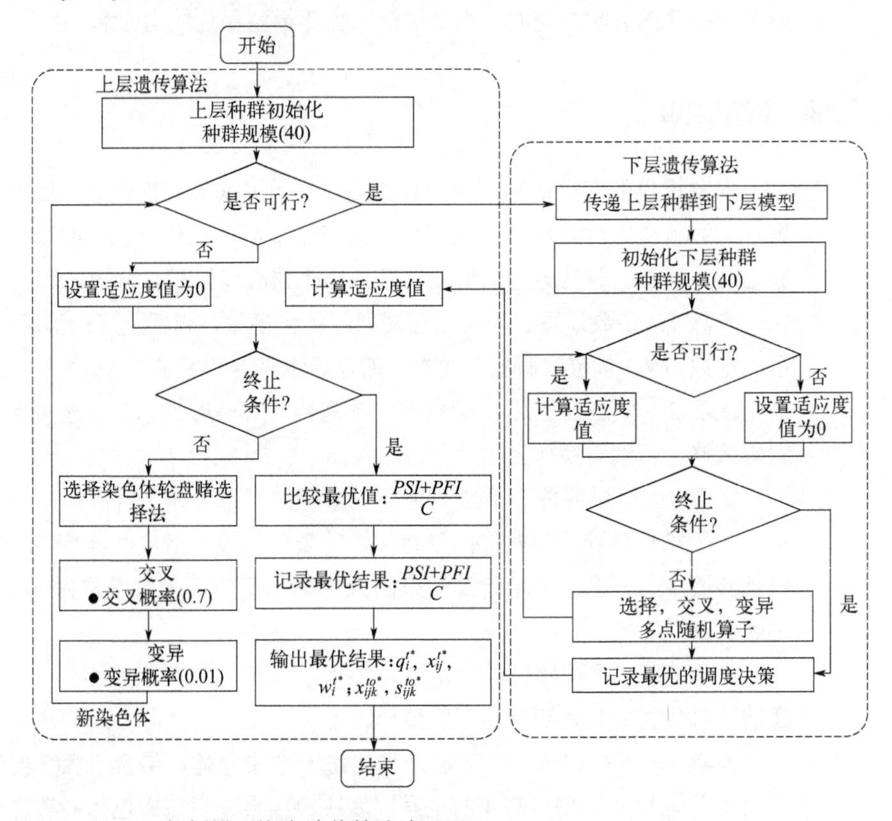

图 6-4　双层规划模型嵌套遗传算法流程图

这里，零件数量 (q_i^t) 采用整数编码策略。例如，基因值 10 表示第 i 个零件的产量为 10。工艺路径的选择 (x_{ij}^t) 采用整数编码策略，其中“0”表示不选择第 j 条工艺路径，“1”表示选择该工艺路径。如果第 i 个零件的所有工艺路径 $j \in \boldsymbol{J}_i$ 的基因值均为 0，则不产生第 $i \in \boldsymbol{I}$ 个再制造零件。众包方式决策 (w_i^t) 采用二进制编码策略。对下层决策变量的机器选择 (x_{ijm}^{to}) 采用二进制编码策略，共有 5 级。第一级，即周期级；第二级表示周期 $t \in T$，编码零件 $i \in \boldsymbol{I}$；第三级对应第 i 个零件，编码第 $i \in \boldsymbol{I}$ 个零件的第

$j \in \boldsymbol{J}_t$ 个工艺路线的选择；第四级表示工艺路径，对周期 $t \in T$ 的第 $i \in \boldsymbol{I}$ 个零件的工艺路线 $j \in \boldsymbol{J}_t$ 中的操作进行编码；第五级表示机器的选择，其中“0”表示在工艺路线操作中没有选择这个机器，“1”表示选择了这个机器设备。开始时间 (s_{ijm}^{to}) 采用整数编码策略。

6.4
汽车零件案例研究

6.4.1 案例描述

将本章提出的双层规划模型和嵌套遗传算法应用于智能决策平台中的一批汽车再制造零件。在不失一般性的条件下对零件数据作了适当的简化。案例中用到的数据是通过对内蒙古一机集团下属某分公司实际调研得到的。公司计划分两个阶段加工一批需要再制造的汽车零部件，每个阶段的产量是不同的。第一个周期内所有零件交货期为 6 天，第二个周期内所有零件交货期为 5 天。制造业企业具体数据如表 6-3 所示。库存成本和运输成本表示零件的单位运输成本，运输时间表示零件在众包策略下从工厂到仓库的运输时间。

表 6-3　零件的部分信息

编号	名称	固定成本	固定运输成本	库存成本	运输成本	运输时间	最大产量
1	刀盘主轴	23	2	0.16	0.012	10	100
2	套筒	50	3	0.15	0.013	30	100
3	上轴承的座	35	5	0.2	0.013	20	100
…	…	…	…	…	…	…	…
9	轴承盖	54	4	0.23	0.013	10	100

为了得到效用函数 U_i，在市场调查的基础上得到了权重系数 w_{ij}，并通过联合分析确定了在不同工艺路径和不同设备上的零件效用 u_{ijm}。细分市场的规模估计为 850，这是使用模糊 c 均值聚类技术得到的。表 6-4 列出了生产这批零部件用到的机器名称，表 6-5 显示了在机器之间运输零部

件的单位运输时间。表6-6显示了每个部件的可选工艺路径，以及每个工艺的可选机器、效用值、处理时间和不同机器的准备时间等。由于每台机器具有不同的能量消耗和精度水平，不同的机器具有不同的准备成本、加工成本和冗余成本。

表6-4 设备信息

设备编号	名称	设备编号	名称
M1	车床	M5	补焊机
M2	铣床	M6	磨床
M3	数控车床	M7	刷镀机
M4	数控加工中心		

表6-5 运输时间

设备编号	M1	M2	M3	M4	M5	M6	M7
M1	0	20	10	30	80	60	37
M2	20	0	23	56	34	64	21
M3	10	23	0	15	40	10	17
M4	30	56	15	0	32	50	22
M5	80	34	40	32	0	28	43
M6	60	64	10	50	28	0	39
M7	37	21	17	22	43	39	0

表6-6 工艺信息

编号	路径	工艺编号	工艺名称	机器编号	部分效用	准备时间	…	准备成本	…	冗余成本
1	R_{11}	O_{111}	车削	M1	1.23	40	…	10	…	5
				M3	1.53	50	…	15	…	12
				M4	1.98	102	…	30	…	17
		O_{112}	粗磨	M2	1.64	53	…	20	…	11
				M4	1.98	100	…	26	…	24
		O_{113}	精磨	M4	1.98	110	…	20	…	12
				M6	1.75	13	…	12	…	10

续表

编号	路径	工艺编号	工艺名称	机器编号	部分效用	准备时间	…	准备成本	…	冗余成本
2	R_{21}	O_{211}	车削	M1	1.23	153	…	10	…	5
				M3	1.53	140	…	10	…	5
				M4	1.98	230	…	10	…	5
		O_{212}	车削	M1	1.23	53	…	10	…	5
				M3	1.53	56	…	15	…	12
				M4	1.98	110	…	30	…	17
		O_{213}	粗磨	M2	1.64	56	…	20	…	11
				M4	1.98	119	…	26	…	24
		O_{214}	重熔焊补	M5	1.75	47	…	30	…	12
	R_{22}	O_{221}	车削	M1	1.23	69	…	20	…	11
				M3	1.53	73	…	26	…	24
				M4	1.98	107	…	20	…	11
		O_{222}	车削	M1	1.23	59	…	10	…	5
				M3	1.53	47	…	15	…	12
				M4	1.98	96	…	30	…	17
		O_{223}	重熔焊补	M5	1.75	73	…	30	…	12
		O_{224}	粗磨	M2	1.64	51	…	20	…	11
				M4	1.98	99	…	26	…	24
	R_{23}	O_{211}	车削	M1	1.23	62	…	10	…	5
				M3	1.53	59	…	15	…	12
				M4	1.98	103	…	30	…	17
		O_{212}	车削	M1	1.23	60	…	10	…	5
				M3	1.53	62	…	15	…	12
				M4	1.98	110	…	30	…	17
		O_{213}	加工中心	M4	1.98	120	…	50	…	33
…	…	…	…	…	…	…	…	…	…	…
9	R_{91}	O_{911}	车削	M1	1.23	57	…	10	…	5
				M3	1.53	48	…	15	…	12
				M4	1.98	139	…	30	…	17

续表

编号	路径	工艺编号	工艺名称	机器编号	部分效用	准备时间	…	准备成本	…	冗余成本
9	R_{91}	O_{912}	车削	M1	1.23	63	…	10	…	5
				M3	1.53	72	…	15	…	12
				M4	1.98	124	…	30	…	17
		…	…	…	…	…	…	…	…	…
		O_{914}	刷镀	M4	1.98	97	…	50	…	33

6.4.2 优化模型计算结果

本章提出的双层规划模型采用嵌套遗传算法求解。x 轴表示迭代次数，两个 y 轴表示工艺规划评价指标和调度决策评价指标。遗传算法的种群规模为 40。选择概率设定为 0.02，交叉概率设置为 0.7。本章设置的变异概率为 0.01。在 MNL 选择规则中，参数 μ 被设置为 1.5，该规则是由领域专家根据用户实验先验确定的。嵌套遗传算法是在 MATLAB 2016b 中计算的，计算机配置为：Core (TM) i5-8250U CPU，1.6 GHz 和 16GB RAM。随着代数的不断增长，上层和下层的优化结果同时收敛。70 代计算时间为 5485s。

图 6-5 显示了上层和下层目标不断权衡的优化过程，它们在 37 代中实现均衡并直到 70 代时均保持稳定状态。最终的上层优化结果如表 6-7 所示。

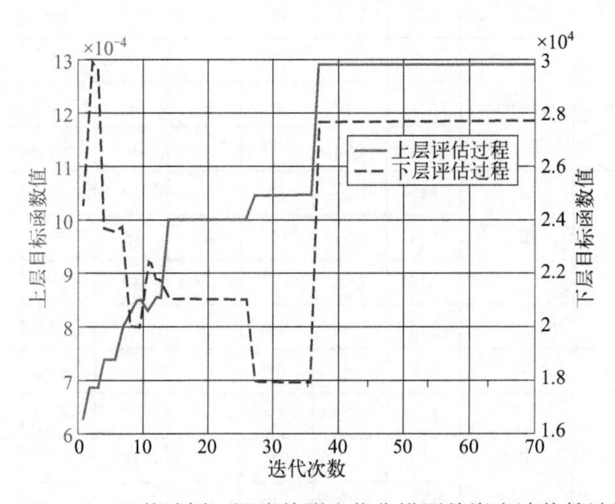

图 6-5 工艺计划和调度的联合优化模型的嵌套遗传算法迭代过程

下层优化结果如表 6-8 和表 6-9 所示。上层目标函数为 1.319×10^{-3}，下层目标函数为 2.7661×10^{4}。

表 6-7　工艺规划的结果

工艺时期	零件编号	产量 (q_i^t)	工艺路径 (x_{ij}^t)	众包决策 (w_i^t)
1	1	0	0	0
	2	0	0	0
	3	76	1	1
	4	100	1	0
	5	0	0	0
	6	73	1	1
	7	55	2	0
	8	32	1	1
	9	68	1	1
2	1	71	1	0
	2	42	3	1
	3	0	0	0
	4	34	1	1
	5	32	1	1
	6	0	0	0
	7	55	1	1
	8	0	0	0
	9	67	1	0

表 6-8　第一期生产调度的结果

零件	嵌套遗传算法
3	O_{311}, M4(27)-O_{312}, M2(652)-O_{313}, M4(1823)-O_{314}, M6(4178)
4	O_{411}, M4(1024)-O_{412}, M4(2463)-O_{413}, M6(3301)
6	O_{611}, M5(36)-O_{612}, M1(462)-O_{613}, M5(1023)-O_{614}, M4(3321)-O_{615}, M3(3742)-O_{616}, M4(4812)-O_{617}, M5(6592)
7	O_{721}, M4(581)-O_{722}, M7(1495)-O_{723}, M4(5821)-O_{724}, M6(6847)
8	O_{811}, M4(3842)-O_{812}, M5(5467)-O_{813}, M3(6619)-O_{814}, M6(7802)
9	O_{911}, M1(19)-O_{912}, M7(2801)-O_{913}, M7(4237)-O_{914}, M5(7691)

表 6-9 第二期生产调度的结果

零件	嵌套遗传算法
1	O_{111}, M4(59)-O_{112}, M6(491)-O_{113}, M2(993)-O_{114}, M4(1310)-O_{114}, M4(1557)-O_{114}, M6(1998)-O_{114}, M5(2478)
2	O_{231}, M3(47)-O_{232}, M1(942)-O_{233}, M4(1987)
4	O_{311}, M4(1062)-O_{312}, M4(2320)-O_{313}, M6(3444)
5	O_{521}, M1(384)-O_{522}, M4(2515)-O_{523}, M4(2836)-O_{524}, M7(3169)-O_{525}, M2(3543)-O_{526}, M6(4134)
7	O_{711}, M2(17)-O_{712}, M5(420)-O_{713}, M2(1252)-O_{714}, M4(3208)-O_{744}, M4(3520)
9	O_{911}, M1(19)-O_{912}, M7(4292)-O_{913}, M7(4954)-O_{914}, M5(5264)

6.4.3 分析与比较

为了验证所提双层规划方法的合理性和有效性，设计了计算实验，将双层规划方法的结果与传统工艺规划和调度优化方法的结果进行了比较。这两种方法分别是整合优化法和两阶段优化法。整合优化法实质上是将工艺规划和生产调度问题综合为一个优化问题，不考虑上下层之间的内在关系，将原有的上、下层约束集合在一起进行求解。两阶段法是将工艺规划和调度问题分为两个阶段。第一个阶段的目标是最大化工艺灵活性与成本的比，第二个阶段的目标是最小化总时间。也就是说，第二个目标不依靠第一阶段的决策。

图 6-6 比较了三种优化方法的结果。单位成本工艺灵活性和总时间的结果表明，双层规划方法得到的最优值明显大于整合优化法和两阶段方法的结果。单位成本的工艺灵活性指标从 1.25×10^{-3}（整合优化法）到 1.31×10^{-3}（双层规划），增加了 4.8%，总成本从 2.79×10^{4}（整合优化法）到 2.72×10^{4}（双层规划）减少了 9.19%。整合优化方法由于再制造工艺规划和生产调度决策是单一决策者，忽略了工艺规划和生产调度决策之间的内在联系，从而导致双层规划方法的性能优于整合优化方法。图 6-7 还显示双层规划方法比两阶段法有优势，可以看出，双层优化方法上层目标单位成本下的工艺灵活性比两阶段法的目标增加了 26.21%，下层目标总时间减少了 11.76%。这可能是由于在计算上层最优评价指标时忽略了生产调度的影响，导致工艺规划没有考虑生产调度决策的反馈。

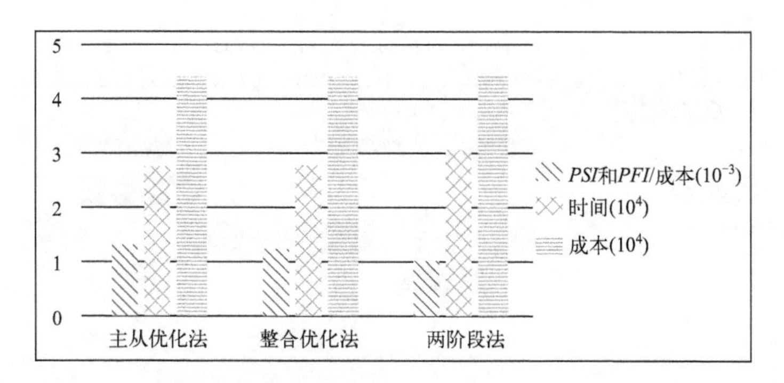

图 6-6　三个优化结果的性能比较

如果企业保留一定数量的库存来抵消众包带来的风险，企业的成本就会增加。通过考虑众包和平台承包商的库存来平衡工艺规划和生产调度势在必行。因此，本章针对两个目标进行了对比实验：① 4.2 节中建立的双层规划模型，该模型充分考虑了采用众包策略工艺规划和调度；②上层目标函数不考虑库存成本和众包决策变量。图 6-7（a）是双层规划模型中第 1 周期生产调度的甘特图。在目标①中，工艺规划得到单位成本的工艺灵活性是 1.3×10^{-3}，生产调度的目标函数值为 2.8×10^{4}。图 6-7（b）为双层规划模型中不考虑库存成本和众包决策变量时第 1 周期生产调度的甘特图。上层目标函数值为 3.5×10^{-5}，下层目标函数值为 3.5×10^{4}。通过以上两个图可以看出，图 6-7（a）中的生产调度比图 6-7（b）中的更分散，但却拥有更好的上层目标函数值。这说明在双层规划模型中，如果考虑库存成本和众包决策，再制造平台和下游制造企业也许会获得更好的解决方案。如果不考虑它们，平台和下游制造承包商相比，也许会遭受更多的损失。因此，平台决策者在面对特定的实际情况时，是否采用众包策略应在再制造工艺规划与生产调度之间进行适当的权衡。

6.4.4 灵敏度分析与管理启示

为了观察 MNL 选择规则中参数 μ 的变化对本章建立的双层规划模型的影响，设计了一个数值实验，将 μ 的值设置为 0.5 ～ 15、步长为 0.5 的一系列值。此外，将嵌套遗传算法应用于求解双层规划模型的灵敏度分析。从图 6-8 中可以观察到针对参数 μ 变化的最优工艺规划和相应调度的目标函数值。

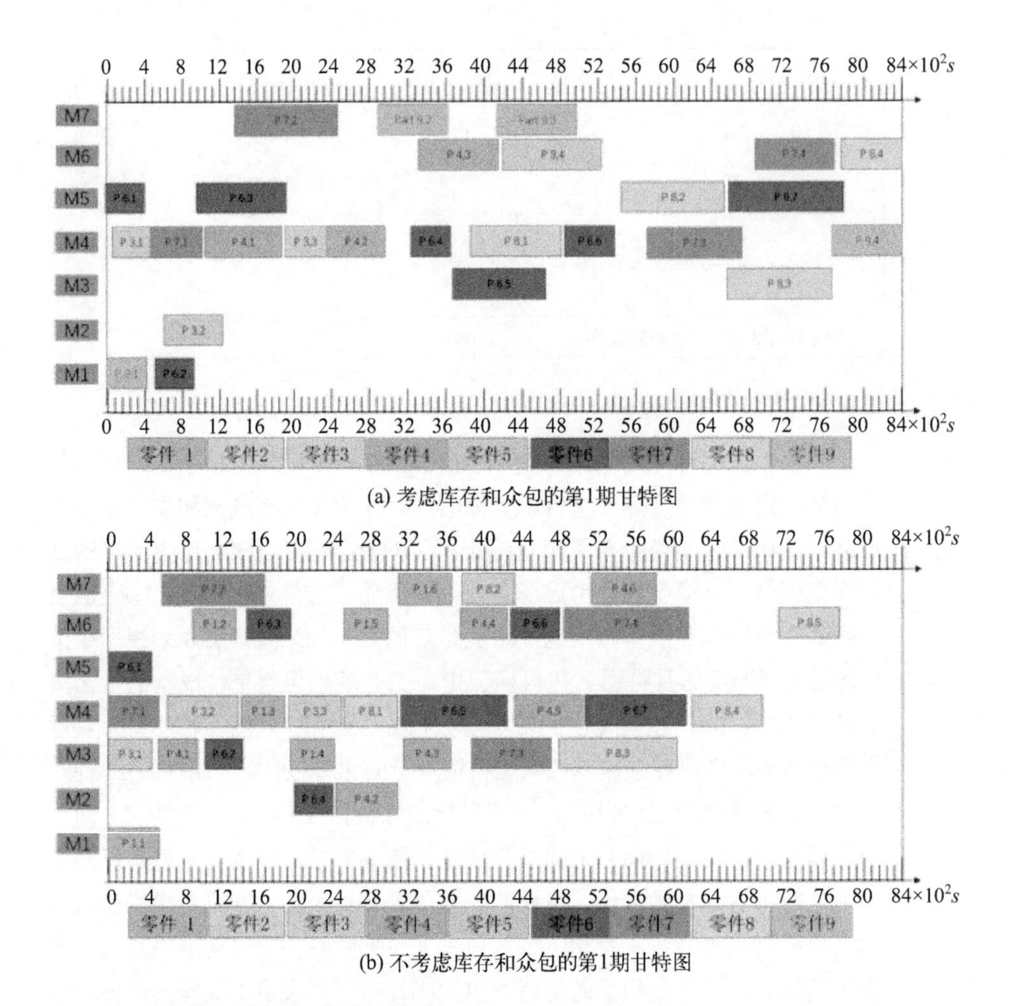

(a) 考虑库存和众包的第1期甘特图

(b) 不考虑库存和众包的第1期甘特图

图 6-7 两个优化目标第 1 期的甘特图

随着 μ 的增加，上层目标函数的值逐渐增大，但变化幅度不同。在 $\mu=4$ 之前，上层目标函数值有较大的增加，而在 $\mu=4$ 之后，增加的幅度逐渐变慢。当 $\mu=11$ 时，μ 的变化对上层目标函数值的影响几乎没有。同时，μ 的变化也影响了下层目标函数的值，但影响趋势不同于上层目标函数的趋势。在 $\mu=3$ 之前，下层目标函数值随着 μ 的增加显著增大，而在 $\mu=3$ 之后，下层目标函数值趋于下降波动。这种变化的原因可以解释为：随着参数 μ 的增加，MNL 选择规则逐渐成为确定性的选择规则，企业只选择具有较大剩余效用加工方法的零件。

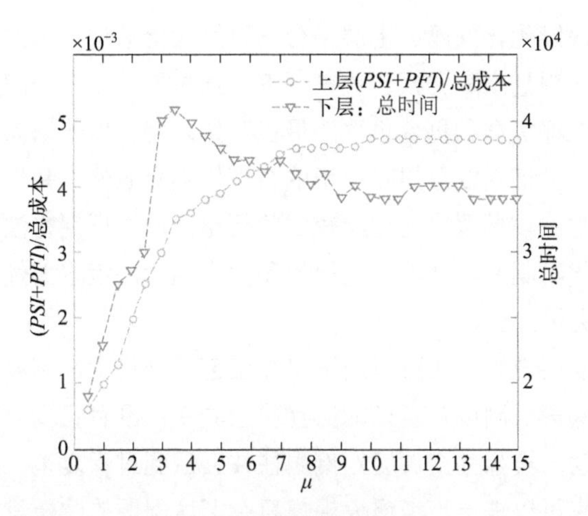

图6-8　μ的变化对目标函数的影响

通过对μ的敏感性分析，我们得到了相应的管理启示。μ的变化对上层决策变量和目标函数有重要影响，并且可以通过影响上层决策变量来改变下层目标函数值。当μ小于11时，工艺规划决策的目标函数值随着μ的增加而不断增加，工艺规划师可以在这个范围内持续增加μ的值以保证其利益的最大化，当μ大于11之后，μ的增加将不会影响上层目标函数值，工艺规划师这时候可以不必太在意μ的取值。然而μ的变化对生产调度的决策影响很大，生产调度决策者应该注意μ值的变化，以决策是否参与生产。同时，每一个负责制造的生产企业都应该做出一个最优的决策，以便得到更好的优化结果，生产调度决策者可以有多种方式来实现这一目的，比如改进生产技术以优化他们的加工时间。总而言之，在平台和制造企业对市场预判的早期阶段，应足够重视参数μ的校准。

6.5 本章小结

在开放制造环境下，再制造零部件的工艺规划与调度决策之间由固有的耦合关系和层次关系组成，有别于假定一开始就提供了一个固定的工艺规划这种传统的集成工艺规划与调度优化方法。本章建立了基于Stackelberg博弈论的双层规划模型，该模型有利于解决平台和下游制造承包商之间的分层交互决策优化问题。上层平台通过最大化单位成本的工艺灵活性来寻求最优工艺规划产量和众包决策，下层通过最小化总时间来寻找每一个操作的最优处理机器和每台机器的最优开始时间。以一组需要再制造的零件生产为例，验证了双层规划模型的合理性和有效性，并设计了一个嵌套遗传算法来解决该模型。通过比较试验得出，双层规划方法在开放制造环境下，在优化再制造零件的工艺规划和生产调度决策方面优于集成优化方法和两阶段优化方法。

本章侧重于采用双层规划方法可以展示出在工艺规划和生产调度决策之间内在的主从交互决策机制以及复杂的交互决策关系，没有强调大规模数据下的生产调度活动。实际生产调度案例中往往会遇到过程复杂、数据繁多庞杂的问题，未来可以进一步考虑大规模复杂调度问题的建模及相应人工智能算法的研究。

后记

本书对双层规划及相应求解算法及其应用进行了文献综述，在此基础上重点研究了面向再制造的产品族设计与制造过程的主从关联优化问题。以再制造产品族设计与制造过程中的主从关联优化为中心展开研究，包括再制造升级设计问题、考虑拆卸和再制造的产品族设计问题、再制造零部件的最优工艺规划与众包承包问题以及再制造零部件的工艺规划与调度问题，主要完成了以下四个部分的工作：

① 研究了面向再制造的产品族升级设计与再制造商及外包商的三层主从关联优化问题。构建了以考虑再制造的产品升级设计为主者、再制造商为第一从者、外包商为第二从者的三层主从优化决策框架。并在此框架的基础上建立了混合 0-1 非线性三层数学规划模型，开发了涵盖逆向求解法、分析法和嵌套遗传算法的混合求解法并将其应用到机床升级设计的案例中，通过两阶段法和整合优化方法的比较，验证了提出模型和算法的有效性。最后，对模型中的再制造产品参数和再制造企业参数进行了灵敏度分析。

② 建立了产品族设计与考虑拆卸和再制造的双层规划模型，模型上层考虑拆卸和再制造的产品族设计问题，下层研究了拆卸路径的选择以及再制造产品的决策问题。设计了嵌套遗传算法并将该模型和算法应用在了笔记本电脑的拆卸和再制造案例中。

③ 基于拆卸后的零部件再制造问题，建立了一个考虑零部件工艺规划和承包商选择的双层优化问题。上层工艺规划阶段考虑了大规模定制产品的零部件生产的工艺通用性和特征通用性问题，以优化企业的利益为目标，决策最优的零部件工艺规划路径，下层决策最优的承包商选择问题，包含平台固有再制造承包商和新进入平台承包商两部分。对模型中的折扣系数和多属性效用函数中的参数进行灵敏度分析，并分析了两个参数的联合变化对结果的影响，最后给出了相应的管理启示。

④ 在开放制造环境下，研究了工艺规划与生产调度的双层优化问题。模型上层以最大化工艺灵活性比成本为目标，决策再制造零部件的最优生产数量、最优工艺路线和运输方式。模型下层的主体是具体的承包企业，以承包企业生产一批零件的总时间最小为目标，决策每个工艺的设备选择，以及在此机器上的最佳开始时间。开发了复合双层规划求解机制的嵌套式遗传算法，并以一批需要再制造的零件为例，计算并得出了考虑众包及库存策略的最大化工艺灵活性与成本比、最短生产总时间和不考虑众包

及库存策略的最大化工艺灵活性与成本比、最短生产总时间。并对不同方法下目标函数值进行比较，得出双层优化方法具有较好的优化结果。

本书的研究结论有如下两个方面。①本书用动态交互的决策优化方法来研究面向再制造的产品族设计与制造的问题，建立的基于 Stackelberg 博弈的双层和三层优化模型能有效处理不同决策主体之间非合作的动态博弈过程，强调了主从优化的决策关系，其易于扩展和应用。②以考虑再制造的发动机、笔记本电脑及若干零部件产品族设计与规划为例，验证了所提出的双层和三层优化模型及其算法的可行性和有效性。对关键参数进行了灵敏度分析，发现参数变化对优化过程中参与者的目标有不同的影响。同时，给出了相应的管理启示，帮助决策者在产品族设计与规划的早期阶段，做出有利于自身企业的正确和合理的决策。

在目前研究的基础上，未来可进一步研究的方向有：

① 本书设计了工艺通用性和特征通用性公式，但只考虑了成本、时间和零件数量等因素，未来可以拓展通用性衡量的标准，将性能、功能和可靠性等因素纳入再制造零部件通用性公式的考虑范围。

② 在研究面向拆卸和再制造的产品族设计问题时，由于拆卸的可选路径数据量庞大冗杂，导致利用嵌套遗传算法计算结果的时间过长，未来可以考虑开发其他优化算法，如：禁忌搜索、蚁群算法、粒子群算法等，或多算法整合以缩短计算时间，增加计算的鲁棒性和全局搜索能力。

③ 在研究的再制造产品族设计与智能决策平台的优化问题中，以平台的利润最大化为目标。未来可以增加对平台的研究和讨论，如：如何在平台中体现出大规模生产的协同优化。可以考虑在平台的不同时期，平台的最优目标不同的情况下，进行决策结果的比较。如：平台初创时期的目标是利润最大化，中期建立多维度评价指标。可以讨论在不同目标下参数变化对平台决策结果的影响，为平台企业的运营提供更为现实的启示和建议。

④ 将不确定因素纳入再制造产品族设计与制造过程的优化研究中。本书建立的模型都假设了数据是确定的。未来可以进一步考虑在数据不确定的情况下的再制造产品族设计与优化问题，可以考虑如：废旧产品的回收量不确定，再制造产品的需求量不确定。同时，基于不确定的因素，可以在双层规划模型中加入如：模糊优化算法、随机森林或随机优化等优化或预测技术和决策工具。

参考文献

[1] Walmsley T G, Ong B H, Klemeš J J, et al. Circular Integration of processes, industries, and economies[J]. Renewable and Sustainable Energy Reviews. 2019, 107, 507-515.

[2] Bocken N M, Pauw I D, Bakker C, et al. Product design and business model strategies for a circular economy[J]. Journal of Industrial and Production Engineering. 2016, 33(5), 308-320.

[3] Hollander M C D, Bakker C A, Hultink E J. Product design in a circular economy: Development of a typology of key concepts and terms[J]. Journal of Industrial Ecology. 2017, 21(3), 517-525.

[4] Kwak M, Kim H. Green profit maximization through integrated pricing and production planning for a line of new and remanufactured products[J]. Journal of Cleaner Production, 2017, 142: 3454-3470.

[5] Kwak M J, Hong Y S, Hou N W. Eco-architecture Analysis for end-of-Life Decision Making[J]. International Journal of Production Research 2009, 47 (22): 6233-6259.

[6] Wu C H. Price and service competition between new and remanufactured products in a two-echelon supply chain[J]. International Journal of Production Economics, 2012, 140(1): 496-507.

[7] Sundin E. Product and process design for successful remanufacturing[D]. Linköping University Electronic Press, 2004

[8] Althaf S, Babbitt C W, Chen R. Forecasting electronic waste flows for effective circular economy planning[J]. Resources, Conservation and Recycling. 2019, *151*, 104362.

[9] Bocken N M P, Farracho M, Bosworth R, et al. The front-end of eco-innovation for eco-innovative small and medium sized companies[J]. Journal of Engineering and Technology Management. 2014, 31, 43-57.

[10] Hatcher G D, Ijomah W L, Windmill J F C. Design for remanufacture: a literature review and future research needs[J]. Journal of Cleaner Production, 2011, 19(17): 2004-2014.

[11] Prendeville S, Peck D, Balkenende R, et al. Map of Remanufacturing Product Design Landscape[R]. 2016.

[12] 朱胜，徐滨士，姚巨坤 . 再制造设计基础[M]. 哈尔滨：哈尔滨工业大学出版社，2019: 128-129.

[13] Kamrad B, Schmidt G M, Ulku S. Analyzing Product Architecture Under Technological Change: Modular Upgradeability Tradeoffs[J]. IEEE Transactions on Engineering Management, 2013, 60(2): 289-300.

[14] Khor K S, Udin Z M. Reverse logistics in Malaysia: Investigating the effect of green product design and resource commitment[J]. Resources Conservation & Recycling,

2013, 81: 71-80.
[15] Dowlatshahi S. A strategic framework for the design and implementation of remanufacturing operations in reverse logistics[J]. International Journal of Production Research, 2005, 43(16): 3455-3480.
[16] Savaskan R C, Bhattacharya S, Van Wassenhove L N. Closed-loop supply chain models with product remanufacturing[J]. Management Science, 2004, 50(2): 239-252.
[17] Li G, Reimann M, Zhang W. When remanufacturing meets product quality improvement: The impact of production cost[J]. European Journal of Operational Research. 2018, 271(3), 913-925.
[18] Khan M A, Mittal S, West S, et al. Review on upgradability-A product lifetime extension strategy in the context of product service systems[J]. Journal of Cleaner Production, 2018, 204, 1154-1168.
[19] Garud R, Kumaraswamy A. Technological and organizational designs for realizing economies of substitution[J]. Strategic Management Journal, 2010, 16(S1): 93-109.
[20] Ramachandran K, Krishnan V. Design Architecture and Introduction Timing for Rapidly Improving Industrial Products[J]. Manufacturing and Service Operations Management, 2008, 10(1): p.149-171.
[21] Kim H W, Park C, Lee D H. (2018). Selective disassembly sequencing with random operation times in parallel disassembly environment. International Journal of Production Research, 56(24), 7243-7257.
[22] Kuo T C. Enhancing disassembly and recycling planning using life-cycle analysis[J]. Robotics & Computer Integrated Manufacturing, 2006, 22(5-6): 420-428.
[23] 周济．智能制造是“中国制造 2025”主攻方向[J]. 企业观察家，2019 (11): 54-55.
[24] Lu Y. Industry 4.0: A survey on technologies, applications and open research issues[J]. Journal of Industrial Information Integration. 2017, 6, 1-10.
[25] Kortmann S, Piller F. Open business models and closed-loop value chains: Redefining the firm-consumer relationship[J]. California Management Review. 2016, 58(3), 88-108.
[26] Sniderman B, Mahto M, Cotteleer M J. Industry 4.0 and manufacturing ecosystems: Exploring the world of connected enterprises[M]. Deloitte Consulting. 2016.
[27] Li Z, Wang W M, Liu G, et al. Toward open manufacturing: A cross-enterprises knowledge and services exchange framework based on blockchain and edge computing[J]. Industrial Management & Data Systems. 2018, 118(1), 303-320.
[28] Bard J F. Practical bilevel optimization: algorithms and applications[M]. Springer Science & Business Media, 2013.
[29] Talbi E G. A Taxonomy of Metaheuristics for Bi-level Optimization[M].

Metaheuristics for Bi-level Optimization. Springer Berlin Heidelberg, 2013: 1-39.

[30] Dempe S. Foundations of bilevel programming[M]. Springer Science & Business Media, 2002.

[31] Pakala R, Rao J R J. A study of concurrent decisionmaking protocols in the design of a metal cutting tool using monotonicity arguments[J]. Engineering Optimization, 1996, 27(3): 229-264.

[32] 张英英 .考虑再制造的产品族设计主从关联优化研究[D]. 天津大学 .

[33] Chiu M C, Kremer G E O. An investigation on centralized and decentralized supply chain scenarios at the product design stage to increase performance[J]. Engineering Management, IEEE Transactions on, 2014, 61(1): 114-128.

[34] Hernandez G, Mistree F. Integrating product design and manufacturing: a game theoretic approach[J]. Engineering Optimization+ A35, 2000, 32(6): 749-775.

[35] Kalsi M, Hacker K, Lewis K. A comprehensive robust design approach for decision trade-offs in complex systems design[J]. Journal of Mechanical Design, 2001, 123(1): 1-10.

[36] Kim H M, Rideout D G, Papalambros P Y, et al. Analytical target cascading in automotive vehicle design[J]. Journal of Mechanical Design, 2003, 125(3): 481- 489.

[37] Kumar D, Chen W, Simpson T W. A market-driven approach to product family design[J]. International Journal of Production Research, 2009, 47(1): 71-104.

[38] Legillon F, Liefooghe A, Talbi E G. Cobra: A cooperative coevolutionary algorithm for bi-level optimization[C]//Evolutionary Computation (CEC), 2012 IEEE Congress on. IEEE, 2012: 1-8.

[39] Lewis K, Mistree F. Modeling interactions in multidisciplinary design: A game theoretic approach[J]. AIAA journal, 1997, 35(8): 1387-1392.

[40] Li H, Ji Y, Chen L, et al. Bi-level coordinated configuration optimization for product-service system modular design[J]. IEEE Transactions on Systems, Man, and Cybernetics: Systems, 2017, 47(3): 537-554.

[41] Li M, Feng H, Chen F, et al. Optimal versioning strategy for information products with behavior-based utility function of heterogeneous customers[J]. Computers & Operations Research, 2013, 40(10): 2374-2386.

[42] 张英英, 杜纲 . 考虑再制造的产品族配置主从关联优化[J]. 计算机集成制造系统, 2018, v.24; No.242(06): 189-199.

[43] Rowshannahad M, Absi N, Dauzère-Pérès S, et al. Multi-item bi-level supply chain planning with multiple remanufacturing of reusable by-products[J]. International Journal of Production Economics, 2018, 198(apr.): 25-37.

[44] Cao J, Zhang X, Hu L, et al. EPR regulation and reverse supply chain strategy on remanufacturing[J]. Computers & Industrial Engineering, 2018, 125(NOV.): 279-297.

[45] Jiao J R, Simpson T W, Siddique Z. Product family design and platform-based product development: a state-of-the-art review[J]. Journal of Intelligent Manufacturing, 2007, 18(1): 5-29.

[46] Erens F, Verhulst K. Architectures for product families[J]. Computers in Industry, 1997, 33(2-3): 165-178.

[47] Halman J I M, Hofer A P, Van Vuuren W. Platform - driven development of product families: linking theory with practice[J]. Journal of Product Innovation Management, 2003, 20(2): 149-162.

[48] Du G, Xia Y, Jiao R J, et al. Leader-follower joint optimization problems in product family design[J]. Journal of Intelligent Manufacturing, 2017: 1-19.

[49] Pirmoradi Z, Wang G G, Simpson T W. A Review of Recent Literature in Product Family Design and Platform-Based Product Development[J]. Advances in Product Family and Product Platform Design, 2014: 1-46.

[50] Meyer M, Lehnerd A P. The power of product platform - building value and cost leadership [J]. New York: Free Press, 1997.

[51] Simpson T W, Maier J R A, Mistree F. Product platform design: method and application[J]. Research in Engineering Design, 2001, 13(1): 2-22.

[52] Du X, Jiao J, Tseng M M. Architecture of product family: Fundamentals and methodology[J]. Concurrent Engineering: Research and Application, 2001,9(4), 309-325.

[53] Ulrich K T. The role of product architecture in the manufacturing firm[J]. Research Policy, 1995, 24(3): 419-440.

[54] Ulrich K, Eppinger S. Product design and development[M]. McGraw-Hill Higher Education, 2015.

[55] Jiao J, Tseng M M, Duffy V G, et al. Product family modeling for mass customization[J]. Computers & Industrial Engineering, 1998, 35(3): 495-498.

[56] Jiao J, Tseng M M. A methodology of developing product family architecture for mass customization[J]. Journal of Intelligent Manufacturing, 1999, 10(1): 3-20.

[57] Gershenson J K, Prasad G J, Allamneni S. Modular product design: a life-cycle view[J]. Journal of Integrated Design and Process Science.1999, 3, 3-26.

[58] Dahmus J B, Gonzalez-Zugasti J P, Otto K N. Modular product architecture[J]. Design Studies, 2001, 22(5): 409-424.

[59] Jiao J, Tseng M M. Understanding product family for mass customization by developing commonality indices[J]. Journal of Engineering Design, 2000,11(3), 225-243.

[60] Jiao J, Zhang L, Pokharel S. Process Platform Planning for Variety Coordination from Design to Production in Mass Customization Manufacturing[J]. IEEE Transactions on Engineering Management, 2007, 54: 112-129.

[61] Moon S K, Simpson T W, Shu J, et al. Service representation for capturing and reusing design knowledge in product and service families using object-oriented concepts and an ontology[J]. Journal of Engineering Design, 2009, 20(4): 413-431.

[62] Jiao R J. Prospect of design for mass customization and personalization[C]. In: International Design Engineering Technical Conferences and Computers and Information in Engineering Conference. 2011. p. 625-632.

[63] Fujita K, Amaya H, Akai R. Mathematical model for simultaneous design of module commonalization and supply chain configuration toward global product family[J]. Journal of Intelligent Manufacturing. 2013, 24(5), 991-1004.

[64] Tang D, Wang Q, Ullah I. Optimisation of product configuration in consideration of customer satisfaction and low carbon[J]. International Journal of Production Research. 2017, 55(12), 3349-3373.

[65] Wang Q, Tang D, Li S, et al. An optimization approach for the coordinated low-carbon design of product family and remanufactured products[J]. Sustainability. 2019, 11(2), 460.

[66] Gray C, Charter M. Remanufacturing and product design[J]. International Journal of Product Development. 2008, 6(3-4), 375-392.

[67] Esmaeili M, Gamchi N S, Asgharizadeh E. Three-level warranty service contract among manufacturer, agent and customer: a game-theoretical approach. European Journal of Operational Research[J]. 2014, 239(1), 177-186.

[68] Liu X, Du G, Jiao R J. Bilevel joint optimisation for product family architecting considering make-or-buy decisions[J]. International Journal of Production Research. 2017, 55(20), 5916-5941.

[69] Agrawal V V, Ülkü S. The Role of Modular Upgradability as a Green Design Strategy[J]. Manufacturing & Service Operations Management, 2013, 15(4):640-648.

[70] Du G, Jiao R J, Chen M. Joint optimization of product family configuration and scaling design by Stackelberg game[J]. European Journal of Operational Research, 2014, 232(2): 330-341.

[71] Sinha A, Malo P, Frantsev A, et al. Finding optimal strategies in a multi-period multi-leader-follower Stackelberg game using an evolutionary algorithm[J]. Computers & Operations Research, 2014, 41: 374-385.

[72] Liu X, Du G, Jiao R J, et al. Co-evolution of product family configuration and supplier selection: a game-theoretic bilevel optimisation approach[J]. Journal of Engineering Design, 2018: 1-34.

[73] Mangun D, Thurston D L. Incorporating component reuse, remanufacture, and recycle into product portfolio design[J]. IEEE Transactions on Engineering Management, 2002, 49(4): 479-490.

[74] Kwak M, Kim H. Design for life-cycle profit with simultaneous consideration of

initial manufacturing and end-of-life remanufacturing[J]. Engineering Optimization, 2015, 47(1): 18-35.

[75] Kim H, Kwak M. Market Positioning of Remanufactured Products with Optimal Planning for Part Upgrades[J]. Journal of Mechanical Design, 2013, 135(1): 184-194.

[76] Wu J, Du G, Jiao R J. Dynamic postponement design for crowdsourcing in open manufacturing: A hierarchical joint optimization approach[J]. IIE Transactions, 2020, 52(3): 255-275.

[77] Pakseresht M, Mahdavi I, Shirazi B, et al. Co-reconfiguration of product family and supply chain using leader-follower Stackelberg game theory: Bi-level multi-objective optimization [J]. Applied Soft Computing. 2020, 106203.

[78] Shang C, You F. Distributionally Robust Optimization for Planning and Scheduling under Uncertainty[J]. Computers & Chemical Engineering, 2017, 110(FEB.2): 53-68.

[79] Chung W H, Kremer G E O, Wysk R A. A dynamic programming method for product upgrade planning incorporating technology development and end-of-life decisions[J]. Journal of the Chinese Institute of Industrial Engineers, 2016, 34(1): 30-41.

[80] Haynesworth H C, Lyons R T. Remanufacturing by design, the missing link. Production &Inventory Management, 1987,28(2): 24-29.

[81] Amezquita T, Hammond R, Salazar M, et al. Characterizing the remanufacturability of engineering systems[C].ASME Advances in Design Automation Conference. 1995, 82: 271-278.

[82] Ijomah L W. A model-based definition of the generic remanufacturing business process[D]. University of Plymouth, 2002.

[83] Ijomah W L, McMahon C A, Hammond G P, et al. Development of design for remanufacturing guidelines to support sustainable manufacturing[J]. Robotics and Computer-Integrated Manufacturing, 2007, 23(6): 712-719.

[84] Ijomah W L, Childe S, McMahon C. Remanufacturing-a key strategy for sustainable development[C]. In Proceedings of the Third International Conference on Design and Manufacture for Sustainable Development. Loughborough, UK. 2004.

[85] Lund R T. The remanufacturing industry: hidden giant[M]. Boston University, 1996.

[86] Parker S C. Remanufacturing: The ultimate form of recycling[J]. Air and Waste Management Association, Pittsburgh, PA (United States), 1997.

[87] Ijomah W L, McMahon C, Hammond G, et al. Development of robust design-for-remanufacturing guidelines to further the aims of sustainable development[J]. International Journal of Production Research 2007, 45 (18), 4513-4536.

[88] Shu L H, Flowers W C. Application of a design-for-remanufacture framework to the selection of product life-cycle fastening and joining methods[J]. Robotics and Computer Integrated Manufacturing. 1999, 15: 179-190.

[89] Nasr N, Thurston M. Remanufacturing: A Key Enabler to Sustainable Product

Systems[C]. Proceedings of CIRP International Conference on Lifecycle Engineering. Leuven. 2006.

[90] Lund R T, Mundial B. Remanufacturing: The experience of the United States and implications for developing countries[M]. World Bank, 1984.

[91]Bras B, Hammond R. Towards Design for remanufacturing-metrics for assessing remanufacturability[C]//Proceedings of the 1st International Workshop on Reuse. Eindhoven, The Netherlands, 1996: 5-22.

[92] Hammond R, Bras B A. Design for Remanufacturing Metrics[C]. Proceedings of the First International Workshop on Reuse, SD Flapper and AJ de Ron, eds., Eindhoven, The Netherlands, Nov. 1996: 11-13.

[93] Matsumoto M, Yang S, Martinsen K, et al. Trends and Research Challenges in Remanufacturing[J]. International Journal Precision Engineering Manufacturing-Green Technology, 2016, 3(1): 129-142.

[94] Zwolinski P, Brissaud D. Remanufacturing strategies to support product design and redesign[J]. Journal of Engineering Design, 2008, 19(4): 321-335.

[95] Du Y, Cao H, Liu F, et al. An integrated method for evaluating the remanufacturability of used machine tool[J]. Journal of Cleaner Production, 2012,20(1): 82-91.

[96]Chakraborty K, Mondal S, Mukherjee K. Analysis of product design characteristics for remanufacturing using Fuzzy AHP and Axiomatic Design[J]. Journal of Engineering Design, 2017, 28(5): 338-368.

[97] Tao J, Yu S. Incorporating reuse and remanufacturing in product family planning[M]. Design for innovative value towards a sustainable society. Springer, Dordrecht, 2012: 795-800.

[98] Kwak M, Kim H M. Assessing product family design from an end-of-life perspective[J]. Engineering Optimization, 2011, 43(3): 233-255.

[99] Wu Z, Kwong C K, Aydin R, et al. A cooperative negotiation embedded NSGA-II for solving an integrated product family and supply chain design problem with remanufacturing consideration[J]. Applied Soft Computing, 2017, 57, 19-34.

[100] Wu Z, Kwong C K, Lee C K M, et al. Joint decision of product configuration and remanufacturing for product family design[J]. International Journal of Production Research, 2016, 54(15): 4689-4702.

[101] Joshi A D, Gupta S M. Evaluation of design alternatives of End-Of-Life products using internet of things[J]. International Journal of Production Economics. 2019, 208, 281-293.

[102] Wang W, Mo D Y, Wang Y, et al. Assessing the cost structure of component reuse in a product family for remanufacturing[J]. Journal of Intelligent Manufacturing, 2019, 30(2), 575-587.

[103] Fegade V, Shrivatsava R L, Kale A V. Design for remanufacturing: methods and

their approaches[C]. Materials Today: Proceedings. 2015, 2(4-5), 1849-1858.

[104] AzizN A, Wahab D A, Ramli R, et al. Modelling and optimisation of upgradability in the design of multiple life cycle products: a critical review[J]. Journal of Cleaner Production. 2016, 112, 282-290.

[105] Copani G, Behnam S. Remanufacturing with upgrade PSS for new sustainable business models[C]. CIRP Journal of Manufacturing Science and Technology. 2020,29: 245-256.

[106] Tomiyama T. A manufacturing paradigm toward the 21st century[J]. Integrated Computer Aided Engineering. 1997, 4: 159-178.

[107] Ishigami Y, Yagi H, Kondoh S, et al. Development of a Design Methodology for Upgradability Involving Changes of Functions[C]. Proceedings of the EcoDesign' 03: 3rd International Symposium on Environmentally Conscious Design and Inverse Manufacturing. 2003, 235-242.

[108] Chung W H, Okudan G E, Wysk R A. An Optimal Upgrade Strategy for Product Users Considering Future Uncertainty[C]. Proceedings of the IIE Annual Conference and Expo 2010 (IERC 2010). Cancun, Mexico. 2010.

[109] Xing K. Design for Upgradability: Modelling and Optimisation [D]. Division of Information, Technology, Engineering and the Environment, School of Advanced Manufacturing and Mechanical Engineering, University of South Australia. 2006.

[110] Sakundarini N, Taha Z, Abdul-Rashid S H, et al. Optimal multi-material selection for lightweight design of automotive body assembly incorporating recyclability [J]. Materials & Design. 2013, 50(9), 846-857.

[111] Zhou G C, Yin G F, Hu X B. Multi-objective optimisation of material selection for sustainable products: artificial neural networks and genetic algorithm approach [J]. Materials & Design. 2009,30, 1209-1215.

[112] Zhou C, Liu Z, Liu C. Customer-driven product configuration optimization for assemble-to-order manufacturing enterprises [J]. The International Journal of Advanced Manufacturing Technology. 2008,38, 185-194.

[113] Tsubouchi K, Takata S. Module-Based Model Change Planning for Improving Reusability in Consideration of Customer Satisfaction[C]. Proceedings of the 14th CIRP-LCE. 2007.

[114] Xing K, Belusko M, Luong L, et al. An evaluation model of product upgradeability for remanufacture[J]. The International Journal of Advanced Manufacturing Technology, 2007, 35(1): 1-14.

[115] Rachaniotis N P, Pappis C P. Preventive Maintenance and Upgrade System: Optimizing the Whole Performance System by Components' Replacement or Rearrangement[J]. International Journal of Production Economics. 2008, 112 (1): 236-244.

[116] Lee D H, Kang J G, Xirouchakis P. Disassembly planning and scheduling: review and further research[J]. Proceedings of the Institution of Mechanical Engineers, Part B: Journal of Engineering Manufacture. 2001, 215(5), 695-709.

[117] Lambert A J D. Optimal disassembly of complex products. International Journal of Production Research. 1997, 35, 2509-2523.

[118] Jovane F, Alting L, Armoillotta A, et al. A Key Issue in Product Life Cycle: Disassembly[J]. CIRP Annals - Manufacturing Technology, 1993, 42(2): 651-658.

[119] Tang Y, Zhou M, Zussman E, et al. Disassembly modeling, planning and application: a review[C]. IEEE International Conference on Robotics and Automation. Symposia Proceedings.2000,3: 2197-2202.

[120] Lee H, Kim S S. Integration of process planning and scheduling using simulation based genetic algorithms[J]. The International Journal of Advanced Manufacturing Technology. 2001, 18(8), 586-590.

[121] Luo Y, Peng Q, Gu P. Integrated multi-layer representation and ant colony search for product selective disassembly planning[J]. Computers in Industry, 2016, 75: 13-26.

[122] Habibi M K, Battaïa O, Cung V D, et al. Collection-disassembly problem in reverse supply chain[J]. International Journal of Production Economics, 2016, 183: 334-344.

[123] Feng Y, Gao Y, Tian G, et al. Flexible Process Planning and End-of-Life Decision-Making for Product Recovery Optimization Based on Hybrid Disassembly[J]. IEEE Transactions on Automation Science and Engineering, 2018, PP: 1-16.

[124] Ren Y, Zhang C, Zhao F, et al. An asynchronous parallel disassembly planning based on genetic algorithm[J]. European Journal of Operational Research, 2018, 269(2): 647-660.

[125] Go T F, Wahab D A, Rahman M A, et al. Disassemblability of end-of-life vehicle: a critical review of evaluation methods[J]. Journal of Cleaner Production, 2011, 19(13): 1536-1546.

[126] Kroll E, Beardsley B, Parulian A. A methodology to evaluate ease of disassembly for product recycling[J]. IIE transactions. 1996, 28(10), 837-846.

[127] Tseng H E, Chang C C, Cheng, C J. Disassembly-oriented assessment methodology for product modularity[J]. International Journal of Production Research. 2010, 48(14), 4297-4320.

[128] Huang C C, Liang W Y, Chuang H F, et al. A novel approach to product modularity and product disassembly with the consideration of 3R-abilities[J]. Computers & Industrial Engineering. 2012, 62(1), 96-107.

[129] Liu Y, Ong S K, Nee A Y C. Modular design of machine tools to facilitate design for disassembly and remanufacturing[C]. Procedia CIRP. 2014, 15, 443-448.

[130] Bentaha M L, Voisin A, Marangé P. A decision tool for disassembly process planning under end-of-life product quality[J]. International Journal of Production Economics. 2020, 219, 386-401.

[131] Chang P T, Chang C H. An integrated artificial intelligent computer-aided process planning system[J]. International Journal of Computer Integrated Manufacturing. 2000, 13(6), 483-497.

[132] Shen W, Wang L, Hao Q. Agent-based distributed manufacturing process planning and scheduling: a state-of-the-art survey[J]. IEEE Transactions on Systems, Man, and Cybernetics, Part C (Applications and Reviews). 2006, 36(4), 563-577.

[133] Niebel B W. Mechanized process selection for planning new designs[J]. ASME paper. 1965, 737.

[134] Alting L, Zhang H. Computer aided process planning: the state-of-the-art survey[J]. The International Journal of Production Research. 1989, 27(4), 553-585.

[135] Srinlvasan G, Narendran T T, Mahadevan B. An assignment model for the part-families problem in group technology[J]. The International Journal of Production Research. 1990, 28(1), 145-152.

[136] Chandrasekharan M P, Rajagopalan R. An ideal seed non-hierarchical clustering algorithm for cellular manufacturing[J]. International Journal of Production Research. 1986, 24(2), 451-463.

[137] Zhao F L, Tso S K, Wu P S. A cooperative agent modelling approach for process planning[J]. Computers in Industry. 2000, 41(1), 83-97.

[138] Jiang Z, Zhou T, Zhang H, et al. Reliability and cost optimization for remanufacturing process planning[J]. Journal of Cleaner Production. 2016, 135, 1602-1610.

[139] He Y, Hao C, Wang Y, et al. An Ontology-based Method of Knowledge Modelling for Remanufacturing Process Planning[J]. Journal of Cleaner Production, 2020, 258: 120952.

[140] Zheng Y, Liu J, Ahmad R. A cost-driven process planning method for hybrid additive-subtractive remanufacturing[J]. Journal of Manufacturing Systems, 2020, 55: 248-263.

[141] 罗瑶，高更君 . 不确定环境下可再制造零件加工车间调度[J]. 重庆师范大学学报 (自然科学版)，2018，35(05): 32-38.

[142] Petrović M, Vuković N, Mitić M, et al. Integration of process planning and scheduling using chaotic particle swarm optimization algorithm[J]. Expert Systems with Applications. 2016, 64, 569-588.

[143] Li X, Gao L, Shao X, et al. Mathematical modeling and evolutionary algorithm-based approach for integrated process planning and scheduling[J]. Computers and Operations Research. 2010, 37(4), 656-667.

[144] Balakrishnan J, Cheng C H. The Theory of Constraints and the Make-or-Buy

Decision: An Update and Review[J]. Journal of Supply Chain Management, 2005, 41(1): 40-47.

[145] Grossman G M, Helpman E. Outsourcing in a global economy[J]. The Review of Economic Studies, 2005, 72(1): 135-159.

[146] Padillo J M, Diaby M. A multiple-criteria decision methodology for the make-or-buy problem[J]. International Journal of Production Research. 1999, 37(14), 3203-3229.

[147] Gunasekaran A, Irani Z, Choy K L, et al. Performance measures and metrics in outsourcing decisions: A review for research and applications[J]. International Journal of Production Economics. 2015, 161, 153-166.

[148] Lahiri S, Kedia B L. The effects of internal resources and partnership quality on firm performance: An examination of Indian BPO providers[J]. Journal of International Management. 2009, 15(2), 209-224.

[149] Li S, Murat A, Huang W. Selection of contract suppliers under price and demand uncertainty in a dynamic market[J]. European Journal of Operational Research. 2009, 198(3), 830-847.

[150] Wang J J, Yang D L. Using a hybrid multi-criteria decision aid method for information systems outsourcing[J]. Computers & Operations Research. 2007, 34(12), 3691-3700.

[151] Leng J, Jiang P, Zheng M. Outsourcer-supplier coordination for parts machining outsourcing under social manufacturing[J]. Proceedings of the Institution of Mechanical Engineers Part B-Journal of Engineering Manufacture, 2015.

[152] Wang M, Tian T, Zhu X. Self-Remanufacturing or Outsourcing? Hybrid Manufacturing System with Remanufacturing Options Under Yield Uncertainty[J]. IEEE Access, 2019, PP (99): 1-1.

[153] Tsai W H, Hsu J L, Chen C H. Integrating activity-based costing and revenue management approaches to analyse the remanufacturing outsourcing decision with qualitative factors[J]. International Journal of Revenue Management, 2010, 1(4): 367-387.

[154] 段彩丽，陈晓春 . 不同外包策略下的产品模块化设计和供应链决策分析[J]. 管理工程学报，2021，5(35)，212-224.

[155] Olivares-Aguila J, Elmaraghy H. Co-development of product and supplier platform[J]. Journal of Manufacturing Systems, 2020, 54: 372-385.

[156] Lee Y H, Jeong C S, Moon C. Advanced planning and scheduling with outsourcing in manufacturing supply chain[J]. Computers & Industrial Engineering. 2002, 43(1-2), 351-374.

[157] Howe J. Crowdsourcing[M]. Crown Publishing Group, New York. 2008.

[158] Schenk E, Guittard C. Towards a characterization of crowdsourcing practices[J].

Journal of Innovation Economics Management. 2011, (1), 93-107.

[159] Thuan N H, Antunes P, Johnstone D. Factors influencing the decision to crowdsource: A systematic literature review[J]. Information Systems Frontiers. 2016, 18(1), 47-68.

[160] Chan F T, Kumar V, Tiwari M K. The relevance of outsourcing and leagile strategies in performance optimization of an integrated process planning and scheduling model[J]. International Journal of Production Research. 2009, 47(1), 119-142.

[161] Mishra N, Choudhary A K, Tiwari M K. Modeling the planning and scheduling across the outsourcing supply chain: a Chaos-based fast Tabu-SA approach[J]. International Journal of Production Research. 2008, 46(13), 3683-3715.

[162] Khazankin R, Schall D, Dustdar S. Predicting qos in scheduled crowdsourcing. In International Conference on Advanced Information Systems Engineering. 2012,460-472.

[163] Wu D, Rosen D W, Wang L, et al. (2015). Cloud-based design and manufacturing: A new paradigm in digital manufacturing and design innovation. Computer-Aided Design, 59, 1-14.

[164] Huang K, Ardiansyah M N. A decision model for last-mile delivery planning with crowdsourcing integration[J]. Computers & Industrial Engineering, 2019, 135(C): 898-912.

[165] Kaihara T, Katsumura Y, Suginishi Y, et al. Simulation model study for manufacturing effectiveness evaluation in crowdsourced manufacturing[J]. CIRP Annals. 2017, 66(1), 445-448.

[166] Johnson N. Process Capability Indices[M]. Routledge. 2017.

[167] Wadhwa V, Ravindran A R. Vendor selection in outsourcing[J]. Computers & Operations Research. 2007, 34(12), 3725-3737.

[168] Mason W, Watts D. Financial incentives and the "performance of crowds"[C]. In: Proceedings of the ACM SIGKDD Workshop on Human Computation. 2009, 77-85.

[169] Wang Y, Cai Z, Yin G, et al. An incentive mechanism with privacy protection in mobile crowdsourcing systems[J]. Computer Networks. 2016, 102, 157-171.

[170] Yang D, Xue G, Fang X, et al. Crowdsourcing to smartphones: incentive mechanism design for mobile phone sensing[C]. The 18th Annual International Conference on Mobile Computing and Networking. 2013, 173-184.

[171] Duan L, Kubo T, Sugiyama K, et al. Incentive mechanisms for smartphone collaboration in data acquisition and distributed computing[C]. The 31st IEEE Conference on Computer Communications. 2012.

[172] Jaimes L, Vergara-Laurens I, Labrador M. A location-based incentive mechanism for participatory sensing systems with budget constraints[C]. The 10th IEEE International Conference on Pervasive Computing and Communications. 2012, 103-108.

[173] Zhang X, Yang Z, Zhou Z, et al. Free market of crowdsourcing: incentive mechanism design for mobile sensing [J]. IEEE Transactions. 2014,25: 3190-3200.

[174] Bower D, Ashby G, Gerald K, et al. Incentive mechanisms for project success[J]. Journal of Management in Engineering. 2002, 18(1), 37-43.

[175] Katmada A, Satsiou A, Kompatsiaris I. Incentive mechanisms for crowdsourcing platforms[C]. International Conference on Internet Science.2016, 3-18.

[176] Ting C T, Hsieh C M, Chang H P, et al. Environmental consciousness and green customer behavior: The moderating roles of incentive mechanisms[J]. Sustainability. 2019, 11(3), 819.

[177] Nie J, Luo J, Xiong Z, et al. A stackelberg game approach toward socially-aware incentive mechanisms for mobile crowdsensing[J]. IEEE Transactions on Wireless Communications. 2018, 18(1), 724-738.

[178] Bracken J, McGill J T. Mathematical programs with optimization problems in the constraints[J]. Operations Research. 1973, 21(1), 37-44.

[179] Roghanian E, Sadjadi S J, Aryanezhad M B. A probabilistic bi-level linear multi-objective programming problem to supply chain planning[J]. Applied Mathematics and Computation. 2007, 188(1), 786-800.

[180] Chu Y, You F, Wassick J M, et al. Integrated planning and scheduling under production uncertainties: Bi-level model formulation and hybrid solution method[J]. Computers & Chemical Engineering. 2015, 72, 255-272.

[181] Yang D, Jiao J R, Ji Y, et al. A. Joint optimization for coordinated configuration of product families and supply chains by a leader-follower Stackelberg game[J]. European Journal of Operational Research. 2015, 246(1), 263-280.

[182] Hansen P, Jaumard B, Savard G. New branch-and-bound rules for linear bilevel programming[J]. Journal on Scientific and Statistical Computing. 1992, 13(5), 1194-1217.

[183] Bialas W F, Karwan M H. Two-level linear programming[J]. Management Science. 1984, 30(8), 1004-1020.

[184] Jeroslow R G. The polynomial hierarchy and a simple model for competitive analysis[J]. Mathematical Programming, 1985, 32(2): 146-164.

[185] Bard J F, Moore J T. A branch and bound algorithm for the bilevel programming problem[J]. Journal on Scientific and Statistical Computing. 1990, 11(2), 281-292.

[186] Bialas W, Karwan M. On two-level optimization[J]. IEEE Transactions on Automatic Control. 1982, 27(1), 211-214.

[187] Colson B, Marcotte P, Savard G. Bilevel programming: A survey[J]. 4OR: A Quarterly Journal of Operations Research, 2005, 3(2): 87-107.

[188] Colson B, Marcotte P, Savard G. An overview of bilevel optimization[J]. Annals of Operations Research, 2007, 153(1): 235-256.

[189] 王广民，万仲平，王先甲 . 二（双）层规划综述[J]. 数学进展，2007，36(05)：513-529.

[190] Mathieu R, Pittard L, Anandalingam G. Genetic algorithm based approach to bi-level linear programming[J]. RAIRO-Operations Research. 1994, 28(1), 1-21.

[191] Liu B. Stackelberg-Nash equilibrium for multilevel programming with multiple followers using genetic algorithms[J]. Computers & Mathematics with Applications, 1998, 36(7): 79-89.

[192] Tutuko B, Nurmaini S, Saparudin P S. Route optimization of non-holonomic leader-follower control using dynamic particle swarm optimization[J]. IAENG International Journal of Computer Science. 2019, 46(1): 1-11.

[193] Kuo R J, Huang C C. Application of particle swarm optimization algorithm for solving bi-level linear programming problem[J]. Computers & Mathematics with Applications. 2009, 58(4), 678-685.

[194] Xia H, Li X, Gao L. A hybrid genetic algorithm with variable neighborhood search for dynamic integrated process planning and scheduling [J]. Computers and Industrial Engineering. 2018, 102, 99-112.

[195] Sinha S. Fuzzy programming approach to multi-level programming problems. Fuzzy Sets and Systems[J]. 2003, 136(2), 189-202.

[196] Huang Y, Huang G Q, Newman S T. Coordinating pricing and inventory decisions in a multi-level supply chain: a game-theoretic approach. Transportation Research Part E: Logistics and Transportation Review[J]. 2011, 47(2), 115-129.

[197] He L, Chen Y, Li J. A three-level framework for balancing the tradeoffs among the energy, water, and air-emission implications within the life-cycle shale gas supply chains. Resources, Conservation and Recycling[J]. 2018, 133, 206-228.

[198] Wu J, Du G, Jiao R J. Optimal postponement contracting decisions in crowdsourced manufacturing: A three-level game-theoretic model for product family architecting considering subcontracting[J]. European Journal of Operational Research. 2021, 291(2), 722-737.

[199] Shimomura Y, Umeda Y, Tomiyama T. A proposal of upgradable design[C]. Environmentally Conscious Design and Inverse Manufacturing, 1999. Proceedings. EcoDesign '99: First International Symposium On. IEEE, 1999.

[200] Xing K, Abhary K. A genetic algorithm-based optimisation approach for product upgradability design[J]. Journal of Engineering Design. 2010, 21(5), 519-543.

[201] Umeda Y, Kondoh S, Shimomura Y, et al. Development of design methodology for upgradable products based on function-behavior-state modeling[J]. Artificial Intelligence for Engineering Design, Analysis and Manufacturing: AI EDAM. 2005, 19(3), 161.

[202] Heydari J, Govindan K, Sadeghi R. Reverse supply chain coordination under

stochastic remanufacturing capacity[J]. International Journal of Production Economics. 2018, 202, 1-11.

[203] Bag S, Gupta S, Foropon C. Examining the role of dynamic remanufacturing capability on supply chain resilience in circular economy[J]. Management Decision, 2019, 57(4): 863-885.

[204] Schoenherr T. Outsourcing decisions in global supply chains: an exploratory multi-country survey[J]. International Journal of Production Research. 2010, 48(2), 343-378.

[205] Fathianathan M, Panchal J H. Incorporating design outsourcing decisions within the design of collaborative design processes[J]. Computers in Industry. 2009, 60(6), 392-402.

[206] Tayles M, Drury C. Moving from make/buy to strategic sourcing: the outsource decision process[J]. Long Range Planning. 2001, 34(5), 605-622.

[207] Agrawal S, Singh R K, Murtaza Q. Outsourcing decisions in reverse logistics: Sustainable balanced scorecard and graph theoretic approach[J]. Resources, Conservation and Recycling. 2016, 108, 41-53.

[208] Yu J S, Gonzalez-Zugasti J P, Otto K N. Product Architecture Definition Based Upon Customer Demands[J]. Journal of Mechanical Design, 1999, 121(3): 329.

[209] Kerin M, Pham D T. A review of emerging industry 4.0 technologies in remanufacturing[J]. Journal of Cleaner Production. 2019, 237, 117805.

[210] Basar T, Olsder G J. Dynamic noncooperative game theory[M]. Academic Press. 1982.

[211] Hua Z, Zhang X, Xu X. Product design strategies in a manufacturer-retailer distribution channel[J]. Omega. 2011, 39(1), 23-32.

[212] Reimann M, Xiong Y, Zhou Y. Managing a closed-loop supply chain with process innovation for remanufacturing[J]. European Journal of Operational Research. 2019, 276(2), 510-518.

[213] Zhang F, Chen H, Xiong Y, et al. Managing collecting or remarketing channels: different choice for cannibalisation in remanufacturing outsourcing[J]. International Journal of Production Research.2020, 1-16.

[214] Jiang Z, Ding Z, Zhang H, et al. Data-driven ecological performance evaluation for remanufacturing process[J]. Energy Conversion and Management. 2019, 198, 111844.

[215] Fadeyi J A, Monplaisir L, Aguwa C. The integration of core cleaning and product serviceability into product modularization for the creation of an improved remanufacturing-product service system[J]. Journal of Cleaner Production. 2017, 159, 446-455.

[216] 梅赛德斯 - 奔驰亚洲再制造项目环境影响评价报告[EB/OL].2017-06.[2021-

06-06]. http://max.book118.com/html/2017/0708/121172430.shtm.
[217] Wu C H. OEM product design in a price competition with remanufactured product[J]. Omega. 2013, 41(2), 287-298.
[218] Saadany A E, Jaber M Y. A production/remanufacturing inventory model with price and quality dependant return rate[J]. Computers & Industrial Engineering. 2010, 58(3), 352-362.
[219] Tripathi V, Weilerstein K, McLellan L. Marketing Essentials: What Printer OEMs must do to Compete against Low-Cost Remanufactured Supplies[R]. Gartner Inc. <http://www.gartner.com/id=1035914>.2009.
[220] Ferrer G, Swaminathan J M. Managing new and remanufactured products[J]. Management Science. 2006, 52(1), 15-26.
[221] Huang Y, Wang K, Zhang T, et al. Green supply chain coordination with greenhouse gases emissions management: a game-theoretic approach[J]. Journal of Cleaner Production. 2016, 112, 2004-2014.
[222] 雷英杰 .MATLAB 遗传算法工具箱及应用[M]. 西安：西安电子科技大学出版社，2014：46-48.
[223] Harivardhini S, Chakrabarti A. A new model for estimating End-of-Life disassembly effort during early stages of product design[J]. Clean Technologies & Environmental Policy, 2016, 18(5): 1585-1598.
[224] Sundin E, Lindahl M. Rethinking product design for remanufacturing to facilitate integrated product service offerings[C]. In 2008 IEEE International Symposium on Electronics and the Environment. 2008, 1-6.
[225] Soh S L, Ong S K, Nee A Y C. Design for assembly and disassembly for remanufacturing[J]. Assembly Automation, 2016, 36(1): 12-24.
[226] Khajavirad A, Michalek J J, Simpson T W. An efficient decomposed multiobjective genetic algorithm for solving the joint product platform selection and product family design problem with generalized commonality[J]. Structural and Multidisciplinary Optimization, 2009, 39(2): 187-201.
[227] Wittink D R, Cattin P. Commercial Use of Conjoint Analysis: An Update[J]. Journal of Marketing, 1989, 53(3): 91-96.
[228] Jiao J, Zhang Y. Product portfolio planning with customer-engineering interaction[J]. IIE Transactions, 2005, 37(9): 801-814.
[229] Gustafsson A, Herrmann A, Huber F. Conjoint analysis as an instrument of market research practice[M]. Conjoint measurement. Springer Berlin Heidelberg, 2001: 5-46.
[230] Wang X, Camm J D, Curry D J. A branch-and-price approach to the share-of choice product line design problem[J]. Management Science, 2009, 55(10): 1718- 1728.
[231] Kroll E, Hanft T A. Quantitative evaluation of product disassembly for recycling[J].

Research in Engineering Design, 1998, 10(1): 1-14.

[232] Kwong C K, Luo X G, Tang J F. A multiobjective optimization approach for product line design[J]. IEEE Transactions on Engineering Management, 2011, 58(1): 97- 108.

[233] Jiao R J, Tseng M M. Customizability Analysis in Design for Mass Customization[J]. Computer-Aided Design.2004, 36 (8): 745-757.

[234] Berman O, M Cutler. Optimal Software Implementation Considering Reliability and Cost [J]. Computers & Operations Research, 1997, 25(10): 857-868.

[235] Oliveto P S, He J,Yao X. Time complexity of evolutionary algorithms for combinatorial optimization: a decade of results[J]. International Journal of Automation and Computing. 2007, 4(3), 281-293.

[236] Shao X, Li X, Gao L, et al. Integration of process planning and scheduling—a modified genetic algorithm-based approach[J]. Computers & Operations Research. 2009, 36(6), 2082-2096.

[237] Ji Y J, Jiao R J, Chen L, et al. Green modular design for material efficiency: a leader-follower joint optimization model[J]. Journal of Cleaner Production. 2013, 41, 187-201.

[238] Zhang R, Ong S K, Nee AYC. A simulation-based genetic algorithm approach for remanufacturing process planning and scheduling[J]. Applied Soft Computing, 2015, 37: 521-532.

[239] 周济，李培根，周艳红等.走向新一代智能制造[J]. Engineering，2018，4(01): 28-47.

[240] Liu J, Zhou H, Tian G, et al. Digital twin-based process reuse and evaluation approach for smart process planning[J]. The International Journal of Advanced Manufacturing Technology. 2019, 100(5-8), 1619-1634.

[241] Wang L, Shen W. DPP: An agent-based approach for distributed process planning[J]. Journal of Intelligent Manufacturing. 2003, 14(5), 429-439.

[242] Zhou Y W, Lin X, Zhong Y, et al. Contract selection for a multi-service sharing platform with self-scheduling capacity[J]. Omega. 2019, 86, 198-217.

[243] Gong G, Deng Q, Chiong R, et al. Remanufacturing-oriented process planning and scheduling: mathematical modelling and evolutionary optimisation[J]. International Journal of Production Research. 2020, 58(12), 3781-3799.

[244] ElMaraghy H A. Flexible and reconfigurable manufacturing systems paradigms[J]. International Journal of Flexible Manufacturing Systems. 2005, 17(4), 261-276.

[245] Azab A, Perusi G, ElMaraghy H A, et al. Semi-generative macro-process planning for reconfigurable manufacturing[C]. In Digital Enterprise Technology. 2007, 251-258.

[246] 李培根.中国制造 2025[J]. 广东科技，2016，25(17)：16-19.

[247] Wang, L. Machine availability monitoring and machining process planning towards Cloud manufacturing[J]. CIRP Journal of Manufacturing Science and Technology. 2013, 6(4), 263-273.

[248] Goyal K K, Jain P K, Jain M. A comprehensive approach to operation sequence similarity based part family formation in the reconfigurable manufacturing system[J]. International Journal of Production Research. 2013, 51(6), 1762-1776.

[249] Huang S, Yan Y. Part family grouping method for reconfigurable manufacturing system considering process time and capacity demand[J]. Flexible Services and Manufacturing Journal. 2019, 31(2), 424-445.

[250] Wemmerlöv U, Hyer N L. Procedures for the part family/machine group identification problem in cellular manufacturing[J]. Journal of Operations Management. 1986, 6(2), 125-147.

[251] Liao T W, Lee K S. Integration of a feature-based CAD system and an ART1 neural model for GT coding and part family forming[J]. Computers & Industrial Engineering. 1994, 26(1), 93-104.

[252] Howard T J, Achiche S, Özkil A, et al. Open Design and Crowdsourcing: Maturity, Methodology and Business Models[C]. Design 2012 - International Design Conference. 2012.

[253] Kumar M, Vaishya R. Real-time monitoring system to lean manufacturing[C]. Procedia Manufacturing. 2018, 20, 135-140.

[254] Tao F, Cheng Y, Zhang L, et al. Advanced manufacturing systems: socialization characteristics and trends[J]. Journal of Intelligent Manufacturing. 2017, 28(5), 1079-1094.

[255] Kastalli I V, Looy B V. Servitization: Disentangling the impact of service business model innovation on manufacturing firm performance[J]. Journal of Operations Management. 2013, 31(4), 169-180.

[256] Schenk E, Guittard C. Crowdsourcing: What can be Outsourced to the Crowd, and Why[C]. In Workshop on Open Source Innovation. 2009, 72: 3.

[257] Usher J M, Fernandes K J. Dynamic process planning—the static phase[J]. Journal of Materials Processing Technology. 1996, 61(1-2), 53-58.

[258] Lee H, Kim S S. Integration of Process Planning and Scheduling Using Simulation Based Genetic Algorithms[J]. International Journal of Advanced Manufacturing Technology, 2001, 18(8): 586-590.

[259] Kumar M, Rajotia S. Integration of scheduling with computer aided process planning[J]. Journal of Materials Processing Technology. 2003, 138(1), 297-300.

[260] Li H C, Wang Y P. Hybrid genetic algorithm for several classes of nonlinear bi-level programming problems[J]. Systems Engineering and Electronics. 2008, 30(6), 1168-1172.

[261] Purba J H. Fuzzy probability on reliability study of nuclear power plant probabilistic safety assessment: A review[J]. Progress in Nuclear Energy, 2014, 76(sep.): 73-80.

[262] Joseph RD. 1998. Metals Handbook Desk Edition[S]. ASM, America, pp. 371-380.

[263] Zhang X. Product Failure Mode Information Transfer Polychromatic Model for Design for Remanufacture[J]. Journal of Mechanical Engineering, 2017, 53(3): 201.

[264] Burwell J T, Strang C D. On the Empirical Law of Adhesive Wear[J]. Journal of Applied Physics, 1952, 23(1): 18-28.

[265] Archard J F. Contact and rubbing of Flat Surfaces[J]. Journal of Applied Physics, 1953, 24(8): 981-988.

[266] Suh N P. The delamination theory of wear[J]. Wear, 1977, 25(1): 111-124.

[267] Watson S W, Friedersdorf F J, Madsen B W, et al. Methods of measuring wear-corrosion synergism[J]. Wear, 1995, 181(part-P2): 476-484.

[268] Souza V, Neville A. Corrosion and synergy in a WC-Co-Cr HVOF thermal spray coating - Understanding their role in erosion-corrosion degradation[J]. Wear, 2005, 259(1-6): 171-180.

[269] Li C B, Li L L, Cao H J, et al. Fuzzy learning system for uncertain remanufacturing process time of used components. Journal of Mechanics Engineering[J]. 2013,49 (15), 137-146.

[270] Yeung D S, Wang X Z, Tsang E C C. Handling interaction in fuzzy production rule reasoning[J]. IEEE Transactions on Systems, Man, and Cybernetics, Part B (Cybernetics), 2004, 34(5): 1979-1987.

[271] Thevenot H J, Simpson T W. Commonality indices for product family design: a detailed comparison[J]. Journal of Engineering Design. 2006, 17(2), 99-119.

[272] Jiao R J, Tseng M M. Fundamentals of product family architecture[J]. Integrated Manufacturing Systems, 2000, 11(7): 469-483.

[273] Tsubone H, Matsuura H, Satoh S. Component part commonality and process flexibility effects on manufacturing performance[J]. International Journal of Production Research. 1994, 32(10), 2479-2493.

[274] Treleven M, Wacker J G. The sources, measurements, and managerial implications of process commonality[J]. Journal of Operations Management. 1987, 7(1-2), 11-25.

[275] Collier D. A. A product structure measure: the degree of commonality[C]. In Proceedings of the Tenth National AIDS Meeting. 1978

[276] Collier D A. The measurement and operating benefits of component part commonality[J]. Decision Sciences. 1981, 12(1), 85-96.

[277] Roque I M. Production-inventory systems economy using a component standardization factor[C]. In Proceedings of the Midwest AIDS Meeting. 1977.

[278] Tavakkoli-Moghaddam R, Safari J, Sassani F. Reliability optimization of series-parallel systems with a choice of redundancy strategies using a genetic algorithm[J].

Reliability Engineering & System Safety. 2008, 93(4), 550-556.
[279] He Y H, Shen Z. Reliability analysis modeling of manufacturing systems based on process quality data[J]. Journal of Beijing University of Aeronautics and Astronautics. 2014, 40(8), 1027-1032.
[280] Han J, Kang M, Choi H. STEP-based feature recognition for manufacturing cost optimization[J]. Computer-Aided Design. 2001, 33(9), 671-686.
[281] Xia H, Li X, Gao L. A hybrid genetic algorithm with variable neighborhood search for dynamic integrated process planning and scheduling[J]. Computers & Industrial Engineering. 2016, 102, 99-112.
[282] Shi H, You F. A computational framework and solution algorithms for two - stage adaptive robust scheduling of batch manufacturing processes under uncertainty[J]. AIChE Journal. 2016, 62(3), 687-703.
[283] Zhong R Y, Huang G Q, Lan S, et al. A two-level advanced production planning and scheduling model for RFID-enabled ubiquitous manufacturing[J]. Advanced Engineering Informatics. 2015, 29(4), 799-812.
[284] Omar M K, Teo S C. Hierarchical production planning and scheduling in a multi-product, batch process environment[J]. International Journal of Production Research. 2007, 45(5), 1029-1047.
[285] Simeone A, Caggiano A, Boun L, et al. Intelligent cloud manufacturing platform for efficient resource sharing in smart manufacturing networks[C]. Procedia CIRP. 2019, 79, 233-238.
[286] Mourtzis D, Vlachou E, Xanthopoulos N, et al. Cloud-based adaptive process planning considering availability and capabilities of machine tools[J]. Journal of Manufacturing Systems. 2016, 39, 1-8.
[287] Wang X V, Givehchi M, Wang L. Manufacturing system on the cloud: a case study on cloud-based process planning[C]. Procedia CIRP. 2017, 63, 39-45.
[288] Xu X, Wang L, Newman S T. Computer-aided process planning-A critical review of recent developments and future trends[J]. International Journal of Computer Integrated Manufacturing. 2011, 24(1), 1-31.
[289] Ponnambalam S G, Aravindan P, Rao P S. Comparative evaluation of genetic algorithms for job-shop scheduling[J]. Production Planning and Control. 2001, 12(6), 560-574.
[290] Liu X, Tu Y L. Capacitated production planning with outsourcing in an OKP company[J]. International Journal of Production Research. 2008, 46(20), 5781-5795.
[291] Yue D, You F. Planning and scheduling of flexible process networks under uncertainty with stochastic inventory: MINLP models and algorithm[J]. AIChE Journal. 2013, 59(5), 1511-1532.

[292] Ponnambalam S G, Ramkumar V, Jawahar N. A multiobjective genetic algorithm for job shop scheduling[J]. Production Planning and Control. 2001, 12(8), 764-774.

[293] Sobeyko O, Mönch L. Integrated process planning and scheduling for large-scale flexible job shops using metaheuristics[J]. International Journal of Production Research. 2017, 55(2), 392-409.

[294] Navaei J, Elmaraghy H. Grouping part/product variants based on networked operations sequence[J]. Journal of Manufacturing Systems. 2016, 38, 63-76.

[295] Zhang H, Mallur S. An integrated model of process planning and production scheduling[J]. International Journal of Computer Integrated Manufacturing. 1994, 7(6), 356-364.

[296] Huang S, Zhang H, Smith M L. A progressive approach for the integration of process planning and scheduling[J]. IIE Transactions. 1995, 27(4), 456-464.

[297] Guo Y W, Li W D, Mileham A R, et al. Optimisation of integrated process planning and scheduling using a particle swarm optimisation approach[J]. International Journal of Production Research. 2009, 47(14), 3775-3796.

[298] Tan W, Khoshnevis B. Integration of process planning and scheduling—a review[J]. Journal of Intelligent Manufacturing. 2000, 11(1), 51-63.

[299] Jiao R J, Tseng M M. On equilibrium solutions to joint optimization problems in engineering design[J]. CIRP Annals. 2013, 62(1), 155-158.

[300] Catron BA, Ray S R. ALPS: A language for process specification[J]. International Journal of Computer Integrated Manufacturing. 1991, 4(2), 105-113.

[301] Allada V, Anand S. Feature-based modelling approaches for integrated manufacturing: state-of-the-art survey and future research directions[J]. International Journal of Computer Integrated Manufacturing. 1995, 8(6), 411-440.

[302] Kaul A, Rao VR. Research for product positioning and design decisions: An integrative review[J]. International Journal of Research in Marketing.1995, 12(4), 293-320.